地质工作传帮带

碎屑岩野外地质工作指南

于兴河　李顺利　编著

石油工业出版社

内容提要

本书是一本有关碎屑岩野外工作方法的实用手册,内容突出实用性、系统性及可操作性。包括野外考察路线选择及准备工作、野外工作的方法技术、碎屑岩基本类型、碎屑岩沉积结构和构造、野外沉积相识别与层序划分等,旨在培养和提高地质人员野外观察能力、应变能力,以及分析成因与解决问题的逻辑思维能力。

本书可供矿产、石油、煤炭、核工业等行业地质人员及相关院校师生参考阅读。

图书在版编目(CIP)数据

碎屑岩野外地质工作指南／于兴河,李顺利编著. — 北京:石油工业出版社,2019.12
ISBN 978-7-5183-2805-5

Ⅰ.①碎… Ⅱ.①于…②李… Ⅲ.①碎屑岩-油气勘探-指南 Ⅳ.P618.130.8-62

中国版本图书馆 CIP 数据核字(2018)第 196522 号

出版发行:石油工业出版社
（北京安定门外安华里 2 区 1 号　100011）
网　　址:www.petropub.com
编辑部:(010)64523544
图书营销中心:(010)64523633
经　　销:全国新华书店
印　　刷:北京中石油彩色印刷有限责任公司

2019 年 12 月第 1 版　2019 年 12 月第 1 次印刷
889 毫米×1194 毫米　开本:1/32　印张:9.125
字数:270 千字
定价:98.00 元
(如出现印装质量问题,我社图书营销中心负责调换)
版权所有,翻印必究

前言 | Preface

"将今论古"是地质学最基本且核心的思维方式与研究准则,也是本着"眼见为实,以实为准"的原则来认识地球科学中千姿百态、万象更新的地质现象。百余年来,全球的地质学家秉承这一科学理念,指导着该学科的不断探索与创新。为更好地让该学科的实际记录、认识、理论及预测为人类社会活动服务,这就更需要地质学的研究以"逼近地质的真实"为目标。因此,正确认识野外各种地质现象就显得尤为重要。认识野外地质现象就是通过直观观察、写实描述、过程认识及成因理解,用具体而科学的表现形式使之成为连接古今的桥梁。"纸上得来终觉浅,绝知此事需躬行",野外工作不仅是地球科学的基础与研究主体,更是每一位地质学工作者应具备的基本素质,是对地质人员观察能力、应变能力、分析成因及解决问题的逻辑思维能力的锻炼。碎屑岩是中国乃至全球在野外出露最多的岩石类型,同时也是中国油气勘探开发的主体,更是野外地质研究的重中之重。通过野外踏勘,系统认识地质现象,使书本知识与实际认知得以融会贯通,而非仅仅纸上谈兵,这或许也是国外有多种版本类似书籍的原因,更是笔者出版此书的初衷。

国内外地学专业理论教材层出不穷,但许多学生真正从课堂走到野外之时却只能四顾茫然,无从下手,犹如《论语·微子》"四体不勤,五谷不分"一样,无法将课堂知识运用到实际工作中去。为此,笔者一直想编著一本关于碎屑岩野外地质工作方法的实用指导书,一方面提高我国高校地质专业学生的基本素质,另一方面供广大地质工作者查阅参考。笔者深知野外地质能力的培养并非一蹴而就,更需自身有过硬的野外工作经验与学术素养。本着认真负责的态度，迟迟未敢动笔，恐管中窥天，无法道出其真谛。然韩愈《师说》"师者，所以传道授业解惑也"的古训让笔者未敢忘却此书。经近40年碎屑岩野外与科研经历，在花甲年华到来之际，同科研团队共同努力，终提笔将野外工作方法经验和心得与理论知识结合在一起，并参考国外类似书籍，总结成本书，也算是了却笔者一个夙愿，为地质事业奉献自己的绵薄之力。

为避免成为理论教科书，全书突出"实用性"这一指导方针，以笔者及笔者科研团队30多年来野外工作积累的典型且丰富野外实拍照片为基础，结合简明扼要的野外特征总结为特色，内容除包括野外考察路线准备工作外，还包括野外工作的方法技术、碎屑岩基本类型、碎屑岩沉积结构和构造、野外沉积相识别与层序划分等方面，力求言简意赅、层次分明、现象典型、简单实用。协助本书编写的人员有：谭程鹏、张驰、陈宏亮、王进、李文（第一、第二章），单新、王进（第三章），高阳、单新、姚宗全（第四章），张驰、李顺利、谭程鹏（第五、第六章）。

本书在编写的过程中参阅了大量的中英文资料，力求涉及碎屑岩野外工作的各个方面，但落笔之时仍感"吾生也有涯，而知也无涯"，因此难免百密一疏，望各位专家与同仁不吝批评，指正书中的纰漏和错误。

花甲提笔夙愿圆
野外穷究碎屑岩
将今论古辩真理
卅载仍求探奥渊

于兴河
2018年元旦

目录 Contents

第一章 野外考察准备工作 (1)
第一节 考察路线确定 (1)
一、选择考察目的区域 (1)
二、确定踏勘路线 (2)
第二节 地质工具准备 (4)
一、地质工具类型 (4)
二、工具使用方法 (12)
第三节 野外后勤保障 (18)
一、饮食住宿 (18)
二、交通工具 (19)
三、应急预案 (19)
第四节 野外注意事项 (19)
一、确保各项安全 (19)
二、使用野外装备 (19)
三、注意环境保护 (19)
四、野外蚊虫防护 (20)

第二章 野外工作方法技术 (22)
第一节 地层露头考察步骤 (22)
一、露头层序界面识别 (22)
二、宏观特征与信手剖面 (25)
三、地层剖面实测 (27)
四、综合柱状图绘制 (28)

五、分析总结……………………………………………（28）
　第二节　地层露头考察方法……………………………（29）
　　一、地层厚度测量与计算………………………………（29）
　　二、照片的拍摄与比例尺的使用………………………（32）
　　三、野外记录方法………………………………………（36）
　　四、野外素描和露头剖面………………………………（43）
　　五、综合柱状图的描述方法……………………………（56）
　　六、样品采集……………………………………………（65）
　第三节　地层露头主要研究内容…………………………（69）
　　一、综合命名……………………………………………（70）
　　二、界面划分……………………………………………（70）
　　三、旋回分析……………………………………………（71）
　　四、构造识别……………………………………………（73）
　　五、化石鉴别……………………………………………（75）
　　六、特殊矿物描述………………………………………（75）
　　七、古流向分析…………………………………………（76）
　　八、综合精细描述………………………………………（82）
　　九、背景思考……………………………………………（84）
　　十、岩相划分与环境确定………………………………（84）
第三章　沉积结构……………………………………………（86）
　第一节　颗粒结构特征……………………………………（86）
　　一、粒度与分选…………………………………………（86）
　　二、颗粒形态……………………………………………（89）
　　三、表面结构……………………………………………（91）
　　四、颗粒排列方式………………………………………（93）
　第二节　填隙物组构特征…………………………………（94）
　　一、支撑形式……………………………………………（94）
　　二、胶结类型……………………………………………（97）
　第三节　结构成熟度………………………………………（97）
　　一、概述…………………………………………………（97）
　　二、结构成熟度表征方法………………………………（98）
第四章　碎屑岩类型…………………………………………（100）
　第一节　砾岩………………………………………………（101）

一、砾岩分类 …………………………………………（101）
　　二、沉积特征 …………………………………………（106）
　　三、砾岩相关沉积环境 ………………………………（108）
　第二节　砂岩 ……………………………………………（116）
　　一、砂岩分类 …………………………………………（118）
　　二、砂岩研究方法 ……………………………………（123）
　　三、砂岩野外鉴别 ……………………………………（129）
　第三节　泥岩 ……………………………………………（131）
　　一、粉砂岩 ……………………………………………（131）
　　二、黏土岩 ……………………………………………（133）
第五章　沉积构造 …………………………………………（144）
　第一节　沉积构造基本概念与组成单元 ………………（144）
　　一、沉积构造基本概念 ………………………………（144）
　　二、沉积构造的基本单元 ……………………………（145）
　第二节　机械成因沉积构造 ……………………………（146）
　　一、层理构造 …………………………………………（146）
　　二、层面构造 …………………………………………（169）
　　三、变形构造 …………………………………………（176）
　第三节　化学成因沉积构造 ……………………………（183）
　　一、晶体印痕 …………………………………………（183）
　　二、压溶构造 …………………………………………（184）
　　三、结核 ………………………………………………（186）
　第四节　生物成因沉积构造 ……………………………（187）
　　一、生物遗迹 …………………………………………（189）
　　二、生物扰动构造 ……………………………………（192）
　　三、植物印痕和根迹 …………………………………（194）
第六章　野外沉积相识别与旋回地层分析 ………………（196）
　第一节　野外相分析 ……………………………………（196）
　　一、沉积相分析原则 …………………………………（196）
　　二、沉积相的概念 ……………………………………（197）
　　三、野外沉积相分析 …………………………………（198）
　第二节　相和相模式 ……………………………………（205）
　　一、冲积扇 ……………………………………………（206）

二、河流相 …………………………………………… （212）
三、三角洲相 ………………………………………… （229）
四、湖泊相 …………………………………………… （249）
五、滨—浅海相 ……………………………………… （253）
六、半深海—深海相 ………………………………… （261）
第三节　露头旋回地层分析 …………………………… （266）
一、概述 ……………………………………………… （266）
二、研究方法 ………………………………………… （268）
三、露头选择 ………………………………………… （269）
四、界面识别 ………………………………………… （269）
第四节　综合实例分析 ………………………………… （271）
一、河流环境 ………………………………………… （271）
二、滨岸环境 ………………………………………… （272）
三、三角洲环境 ……………………………………… （274）
参考文献 …………………………………………………… （277）

第一章
野外考察准备工作

野外地质调查是一项复杂而又庞大的工作，从考察的目的、考察路线的确定，到中间的考察工具准备、野外后勤保障，以及实际的考察内容和后期的资料整理等工作均需要精细的策划与准备，以确保考察工作能顺利进行并达到预期的目的。本章旨在从野外考察的路线制定的原则着手，重点讲述在野外勘察前期与勘查过程中应注意哪些方面，做好哪些准备工作。

第一节 考察路线确定

一、选择考察目的区域

中国幅员辽阔，各类地质现象丰富，不仅有大量地层出露的典型剖面，还有许多河流、三角洲、湖泊等现代沉积，为沉积学家提供了众多野外实验室。为了更全面地分析与了解各地区/盆地不同地质时期的地质特征及其分布规律，尤其是研究不同背景下的沉积结果，以分析其地质过程与机理，就应当对野外剖面与现代沉积开展系统的研究与调查工作。正因如此，野外考察工作必须有计划、有步骤、有重点地规划和部署。在确定野外考察基本内容与目标的前提下，正确合理地选定考察目的区应考虑的原则有以下几个方面。

（1）地理条件：优先选择自然条件较好且无安全隐患，或成熟的考察区开展工作。

（2）地质条件：选择地层出露较为齐全且良好，便于观察与测量，尤其是有多条多方向的露头剖面。

（3）后勤条件：优先选择交通条件便利、后勤保障充分的考察区。

确定上述地理、地质、后勤等条件的宗旨是为了最大限度确定野外考察的可行性，在考察区域的选择上应重点把握：

（1）目标区应具备战略意义，符合国家经济建设战略布局，地质矿产条件较好、具有勘探需求与开发远景或地质知识学习与创新的作用。

（2）自然、经济、人文条件应优先选择无安全隐患、交通较便利、后勤保障充足，能够确保地质工作人员基本的饮食、住宿和医疗卫生等条件。

（3）野外考察目的地应具备充足详细的基础资料，包括前人研究文献、研究区不同比例尺的地质图、构造图、地理图等，以确保考察的准确性，达到考察目的。

（4）地形图和卫星照片情况。地形图或卫星照片是进行地质考察必不可少的基础资料，也是室内确定考察区的重要资料。随着现代科技的发展，Google 地图等高精度的网上地图的出现使这一资料的获取更为便捷。

二、确定踏勘路线

在选择考察区域之后，需要对具体的踏勘路线进行拟定。确定踏勘路线的过程包括室内路线初步拟定以及实地踏勘两步。

（一）室内拟定初步路线

在开展野外地质考察之前，首先应该明确本次考察的目的并选择相应的考察路线。考察的目的可以包括科研、生产、地质调查、地质知识学习等多种，依据考察目的的不同，合理选择相应的考察区。在考察区确定后，应先在室内拟定考察路线，做好前期资料准备工作，调研前人对考察区所做的各种工作，查阅相关文献，提取与观察内容相关的有用信息。由于在野外不容易获取相关资料，因此前期室内的工作显得尤为重要。除了前人所做的相关研究之外，各种比例的区域地质图、地层展布图、地形图等也很重要。结合区域地质图利用地形图及卫星航片等资料，针对考察目的，在室内初步拟定考察路线（图1-1）。

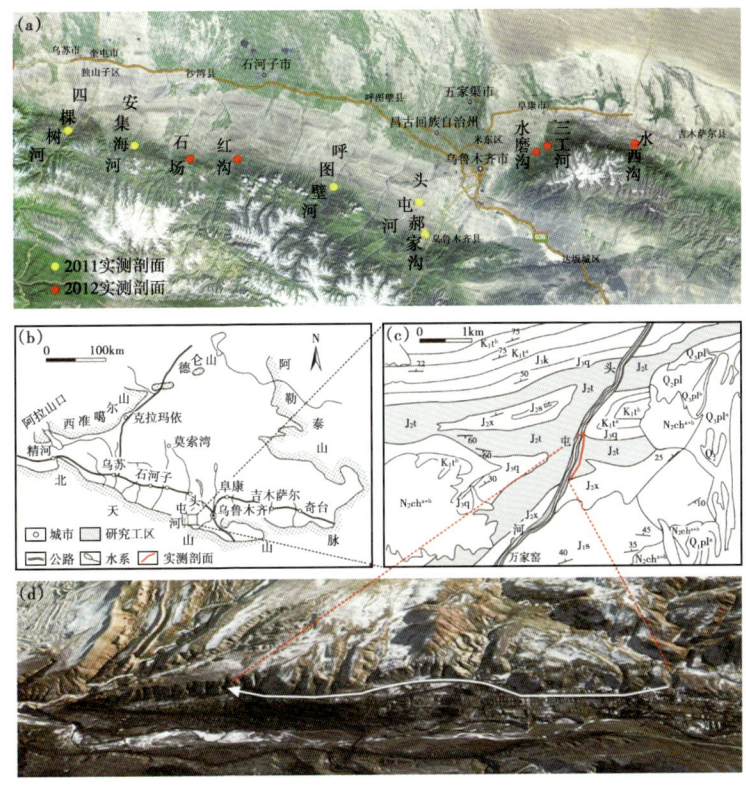

图1-1 野外考察路线

(a) 准噶尔盆地南缘实测剖面分布；(b) 准噶尔盆地概况图；(c) 准噶尔盆地头屯河地区地质图及剖面位置；(d) 在三维卫星地图上选取河流下切剖面为实测位置

（二）实地踏勘

在室内拟定考察路线之后，需要实地踏勘以确定考察路线。实地踏勘主要的任务包括：

1. 了解区域地质概况

了解区域地质概况包括基岩的分布和裸露程度、覆盖物的类型和覆盖面积；主要地层单位及其特征和划分标志；各类地质体的主要特征、分布范围及接触关系；构造变动的程度和主要类型。确定调查区地质构造的复杂程度及类型划分。在大比例尺地质图上选择实测剖面的位置，有条件时可完成部分实测剖面任务。

2. 了解区域自然、经济地理概况

利用地形图或网络查询并了解山川形势及逾越程度、交通运输条件、气候变化特点、居民点分布、物产等。确定适于野外工作的季节和期限，选择基站和营地的位置，并对交通及通信工具和其他有关装备和设备的选择提供设计依据。

3. 检查有关资料

如前人工作成果的质量及其资料可供利用的程度；核实地形图近期变化，检查航空照片的解译效果，落实并补充解译标志。

4. 调查访问

了解当地风土人情及当地居民对考察区的一些认识，收集对考察有用的信息。

第二节　地质工具准备

一、地质工具类型

根据使用的功能，野外地质工具可划分为基础工具、记录与绘图工具、测量工具、电子工具、探槽工具、防护工具、通信工具和导航工具八大类，每种工具又可以细分为多种具体的类型。值得注意的是，虽然有的工具看似常见且简单普通，但在野外却能发挥不可或缺的重要作用，因此在准备地质工具的过程中，要仔细而全面（图1-2）。

图1-2　野外地质勘查常用工具

（一）基础工具

地质工作者的基础工具即"地质三大件"，包括地质锤、罗盘、放大镜。

1. 地质锤

地质锤是地质工作的基本工具之一，用于敲开露头新鲜面以及露头岩石取样。地质锤样式多样（图1-3），一般选用优质钢材制成，按重量地质锤还分轻型、重型等。一般来说，一个重0.5~1kg的地质锤便足够应付大多数野外环境。地质锤的选择应随工作地区的岩石性质而异。用于火成岩或变质岩发育地区的地质锤，多数一端呈长方形或正方形，另一端呈尖形或楔形；用于沉积岩发育的地区，其中一端常呈鹤嘴形，可插入裂缝撬开疏松的岩石，也可以用来挖掘薄土的覆盖物。

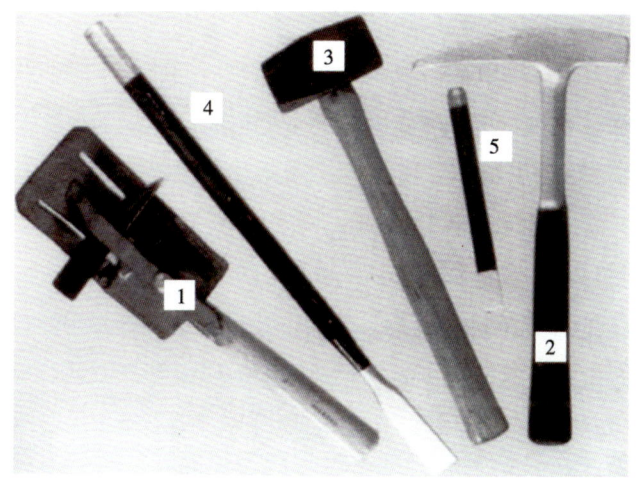

图1-3 不同类型的地质锤（据Richard J. Lisle等, 2011）
1—传统地质锤；2—钢柄勘探锤；3—长柄大锤；4—长柄凿子；5—短柄凿子

2. 罗盘

地质罗盘又称"袖珍经纬仪"，是野外地质工作不可缺少的工具。主要包括磁针、水平仪和倾斜仪。结构上可分为底盘、外壳和上盖，主要仪器均固定在底盘上，三者用合页联结成整体。可用于识别方向、确定位置、测量地质体产状及草测地形图等。具体的使用方法在下文有详细介绍。

3. 放大镜

地质放大镜的作用是放大一些肉眼无法直接看到的矿物、生物、颗粒结构等特征，携带方便，野外考察必备工具之一（图1-4）。一般来说，7~10倍的放大倍数可以观察到小至 $100\mu m$ 左右的粒径和特征，足够野外常规使用。随着现代科技的发展，市面上也可以采购到带LED灯的放大镜，这极大地提高了视域内的亮度，方便野外观察（图1-5）。

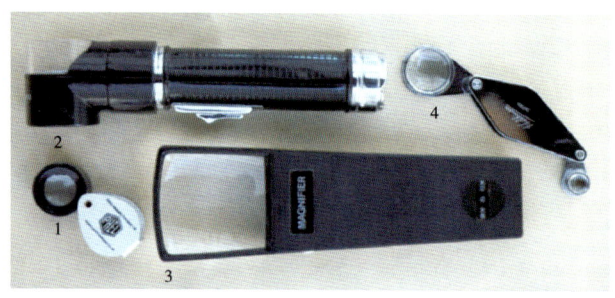

图1-4 不同类型的放大镜

图1-5 带LED灯光的放大镜

（二）记录与绘图工具

1. 野簿

野簿全称"野外记录簿"，包括毫米方格纸页和单行记录页，主要记录野外考察过程中的地质现象以及素描的各种地质图件。

2. 铅笔

野外记录与绘图尽量使用AB或B1铅笔。第一是为了方便擦除修改；第二是为了确保在下雨天野外记录的内容被淋湿后还能保持字迹清楚；第三，更重要的是便于长期保存。而如若用中性笔书写，字迹淋湿后容易变花，无法完整保存。

3. 橡皮

橡皮是与铅笔配套的工具，如果是单独的一块橡皮建议在野外将橡皮和铅笔绑定在一起，以免丢失。

4. 小刀

小刀主要用于削铅笔，其次还可用于判断岩石的硬度。莫氏硬度从 1~10 依次为：滑石—石膏—方解石—萤石—磷灰石—正长石—石英—黄玉—刚玉—金刚石。小刀的硬度是 5.5，比这个硬度小的矿物所组成的岩石都能被小刀刻得动，比如方解石组成的石灰岩。

5. 水性白板笔与水墨笔

水性白板笔与水墨笔用于教学与地质现象的现场讨论以及不同层位开始的拍照记录，便于多次涂改。

(三) 测量工具

1. 测绳/皮尺

测绳是地质工作者在野外测量地层厚度的必备工具，在没有测绳的条件下也可使用皮尺进行测量，一般选择最大测量长度为 50m 的皮尺。

2. 比例尺

任何一张野外地质现象照片中必须有相应的比例尺，因而在拍摄野外照片时要根据所拍摄对象的规模注意比例尺的选择，在考察前有条件的可自制一个具有横向与纵向标尺的比例尺（图 1-6）。

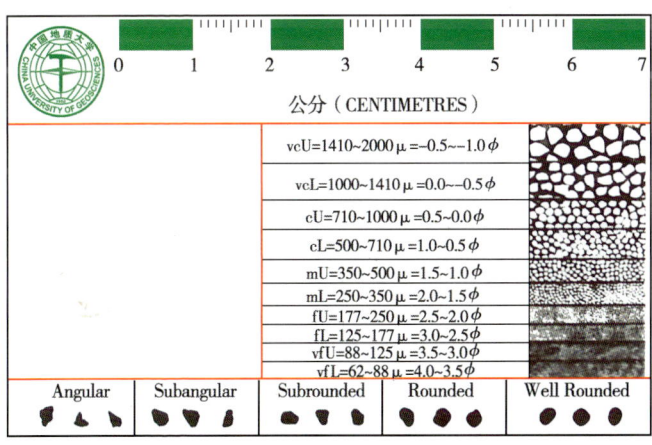

图 1-6　比例尺要素

3. 样品袋

样品袋的选择根据取样内容而定，野外露头的岩石样品主要用白色布质样品袋，现代沉积的松散沉积物主要用透明塑料封口袋。

4. 记号油性笔

在野外需要记号油性笔对所取样品和样品袋分别进行标注，以便后期整理。

（四）电子工具

1. 相机

在野外需要对典型地质现象进行拍照留存，因而相机也是野外考察的必备工具之一。近年来随着对分辨率的精度和拍摄的广度要求越来越高，地质工作者更多的是采用单反相机作为野外拍照的工具。

2. 测距仪

测距仪是一种利用光、声音、电磁波的反射、干涉等特性，测量长度或者距离的工具，新型测距仪在长度测量的基础上，可以利用长度测量结果，对待测目标的面积、周长、体积、质量等其他参数进行科学计算，在测量露头出露厚度等方面上有着重要的作用（图1-7）。

图1-7 测距仪

3. 电子罗盘

电子罗盘是一种现代高端罗盘，可提供方位角、俯仰角、横滚角、气压温度、海拔等信息，提高了野外测量的准确性。但需注意，电子罗盘不能取代常规地质罗盘（图1-8）。

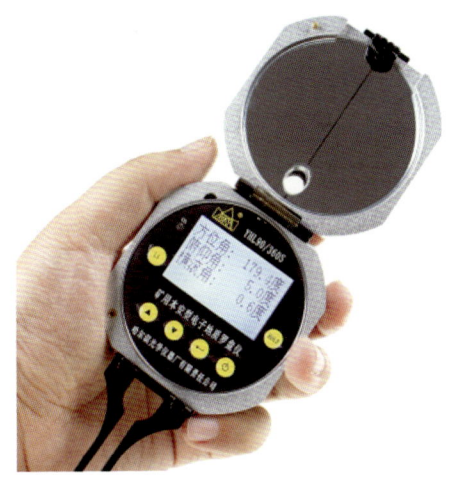

图1-8 电子罗盘

4. 无人机

无人机是一种新兴的现代科技产品,在野外勘测的过程中,可利用无人机去观察那些难以到达地区的沉积现象(图1-9)。

图1-9 民用无人机

(五)探槽工具

在现代沉积考察中需要挖掘一些探槽(图1-10),建立沉积体系不同部位的垂向序列,因此在现代沉积考察前需要准备一些挖掘探槽工具:

图 1-10　现代沉积考察人工探槽挖掘（拍摄于内蒙古岱海天成河）

1. 军用铁锹

军用铁锹主要作用是挖掘现代沉积物，在考察现代沉积时，需要人工挖出探槽，军用铁锹可拆卸，方便携带（图 1-11）。

2. 抹平铲

军用铁锹挖掘的探槽壁表面凹凸不平，沉积现象不清楚，因而需要用抹平铲对壁面进行修复，尽量使其恢复平整光滑，易于观察拍照（图 1-12）。

图 1-11　军工铲

图 1-12　抹平铲

3. 喷水壶

有的现代沉积探槽剖面经过太阳的照射十分干燥，砂泥层都变得灰白，其沉积界面与现象难以观察，由于砂泥层吸水程度不一，因此需要喷水壶将其润湿，使其各级界面清晰，便于观察。

(六) 防护工具

1. 手套

野外工作都与坚硬的岩石或砂泥土接触,需要戴上手套以尽量保护手不受到伤害(图1-13b)。

2. 安全帽

安全帽能一定程度地保护头部,但在一些露头剖面下进行测量时需时刻注意高空坠石的危险(图1-13c)。

3. 警示服

考察路线位于公路两侧时,考察队员穿上警示服有助于预防交通事故;并且在一些偏远地区,在紧急求救时警示服更利于辨认搜救(图1-13a)。

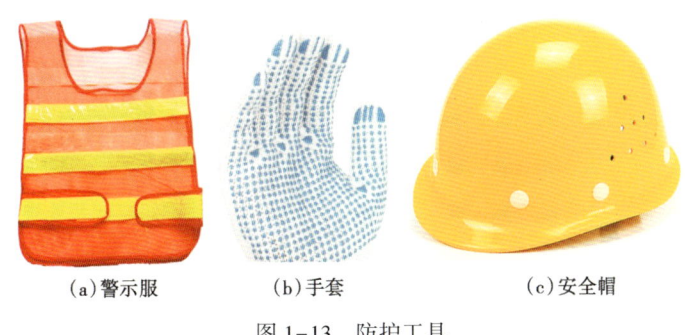

(a) 警示服　　　(b) 手套　　　(c) 安全帽

图 1-13　防护工具

4. 药物

野外考察需要准备的药物包括晕车药、中暑药、防蚊虫药、防蛇药以及其他各类药物。

(七) 通信工具

1. 手机

手机作为现代生活的必需品,在野外工作中也发挥了重大的作用。除了即时通信外,也可以作为临时相机进行拍照。

2. 对讲机

野外考察按任务不同需要进行分组,并且在一些手机信号尚未覆盖的偏远地区,对讲机既是为了方便不同小组之间的沟通,保证考察队伍之间的实时联系,也是考察的必备工具之一。

(八) 导航工具

1. GPS

GPS 是现今野外定位的基本工具，不仅可以帮助抵达之前预计的考察点，还可以记录下实际考察路线，后续有具体的使用方法。过去的 GPS 较为简单，一般只提供简单的经纬度坐标（图 1-14a），随着电子技术的发展，一些功能更全面、精度更高的 GPS 已经问世，当前可以在屏幕底图上标绘出位置的 GPS（图 1-14b），还可以通过蓝牙获取卫星照片并与安装在电脑上的软件联合使用的掌上电脑等（图 1-14c）。除此之外，还也可在智能手机上下载 Google Earth 软件（图 1-14d）。

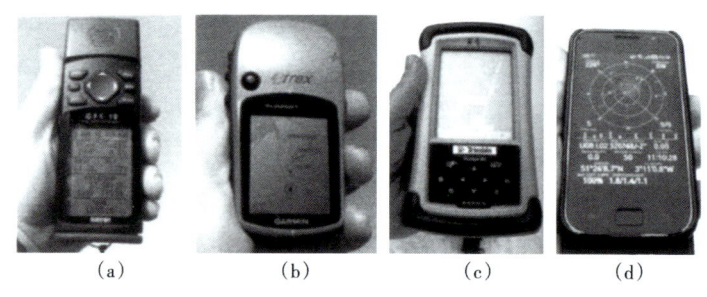

图 1-14　不同类型的 GPS 系统

2. 地质图与地形图

地质图又可分四大类，包括区域地质图、勘测图、局部地区的大比例尺地质详图以及特殊用途地质图。在传统的地质勘测过程中，地质图在确定勘测点位和导航上发挥了至关重要的作用。

地形图与地质图的作用不同：地质图主要是了解地层、岩层（含岩性）出露的情况、位置、层位接触关系等；而地形图的作用则主要是了解各种地貌（山脉、湖泊、河流及沟壑）的分布与地形高差变化。同样有不同比例尺的差异，尽量带上大比例尺的；若有可能还尽量带上地貌图，如卫星照片等。

二、工具使用方法

(一) 罗盘及其使用

1. 组成部件

1) 磁针

一般为中间宽两边尖的菱形钢针，安装在底盘中央的顶针上，可自由转动，不用时应旋紧制动螺钉，将磁针抬起压在盖玻璃上避免磁针帽与顶针尖的碰撞，以保护顶针尖，延长罗盘使用时间。在进行测量时放松固动螺钉，使磁针自由摆动，最后静止时磁针的指向就是磁针子午线方向。由于中国位于北半球，磁针两端所受磁力不等，使磁针失去平衡。为了使磁针保持平衡，常在磁针南端绕上几圈铜丝，因此也便于区分磁针的南北两端。

2）水平刻度盘

水平刻度盘的刻度标示方式为：从零度开始按逆时针方向每10°一记，连续刻至360°，0和180°分别为N和S，90°和270°分别为E和W，利用它可以直接测得地面两点间直线的磁方位角（图1-15）。

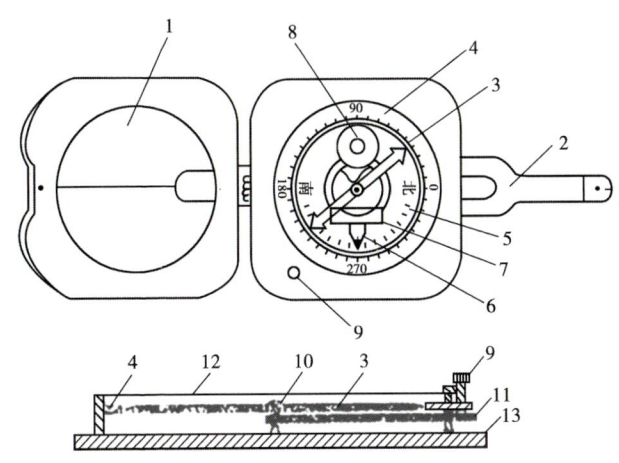

图1-15 罗盘的结构

1—反光镜；2—瞄准器；3—磁针；4—水平刻度盘；5—垂直刻度盘；
6—垂直刻度指示器；7—垂直水准器；8—底盘水准器；9—磁针固定螺旋；
10—顶针；11—杠杆；12—玻璃盖；13—罗盘仪圆盆

3）垂直刻度盘

垂直刻度盘专用来读倾角和坡角读数，以E或W位置为0，以S或N为90°，每隔10°标记相应数字。

4）垂直刻度指示器

垂直刻度指示器是测斜器的重要组成部分，悬挂在磁针的轴下方，可通过底盘转动悬锥，其中央的尖端所指刻度即为倾角或坡角的度数。

5）水准器

水准器通常有两个，包括圆形水准器和长形水准器，分别装在圆形玻璃管中，圆形水准器固定在底盘上，长水准器固定在测斜仪上。

6）瞄准器

瞄准器包括接物觇板和接目觇板，反光镜中间有细线，下部有透明小孔，使眼睛、细线、目的物三者成一线，作瞄准之用。

值得注意的是，在使用罗盘前必须进行磁偏角的校正（图1-16）。因为地磁的南、北两极与地理上的南北两极位置不完全相符，即磁子午线与地理子午线不相重合，地球上任一点的磁北方向与该点的正北方向不一致，这两方向间的夹角称为磁偏角。

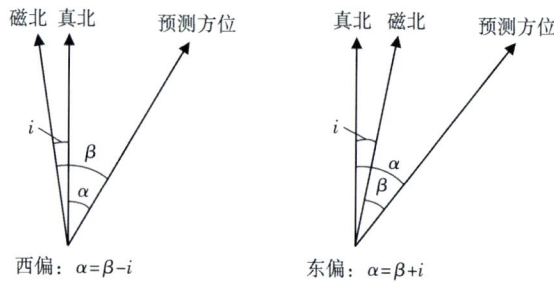

图1-16 罗盘磁偏角的校正方法

地球上某点磁针北端偏于正北方向的东边称为东偏，偏于西边称为西偏。东偏为（+），西偏为（-）。

地球上各地的磁偏角都按期计算、公布以备查用。若某点的磁偏角已知，则测线的磁方位角 $A_{磁}$ 和正北方位角 A 的关系为 $A = A_{磁} \pm$ 磁偏角。应用这一原理可进行磁偏角的校正，校正时可旋动罗盘的刻度螺旋，使水平刻度盘向左转动或向右转动（磁偏角东偏则向右，西偏则向左），使罗盘底盘南北刻度线与水平刻度盘 0~180° 连线间夹角等于磁偏角。经校正后测量时的读数就为真方位角。

2. 作用与使用方法

1）测方位

测量某物体的方位是野外地质工作者应具备的最基本的技能。在定点时，首先要做的就是测量观察点位于某地形或地物的方位。测量时打开罗盘盖，放松制动螺钉，让磁针自由转动。当被测量的物体较高大时，把罗盘放在胸前，罗盘的长水准器对准被测物体，然后转动反光镜，使物体及长瞄准器都映入反光镜，并且使物体、长瞄准器上的短瞄准器的尖及反光镜的中线位于一条直线上，同时保持罗盘水平（圆水准器的气泡居中），当磁针停止摆动时，即可直接读出磁针所指圆刻度盘上的读数，也可按下制动螺钉再读数。

2）测量岩层产状

岩层产状要素包括岩层的走向、倾向和倾角。岩层走向是岩层层面与水平面交线的延伸方向。岩层倾向是岩层面上的倾斜线在水平面上的投影所指方向。倾角是倾斜线与水平面的夹角。

测量岩层走向时，将罗盘的长边（与罗盘上标有 N—S 相平行的边）的一条棱与层面紧贴（图 1-17），然后缓慢转动罗盘（注意：在转动过程中，罗盘紧靠层面的那条棱在任何一点都不能离开层面），使圆形水准器的气泡居中，磁针停止摆动，这时读出磁针所指的读数即为岩层的走向。读磁北针或磁南针都可以，因为岩层走向是朝两个方向延伸的，相差 180°。

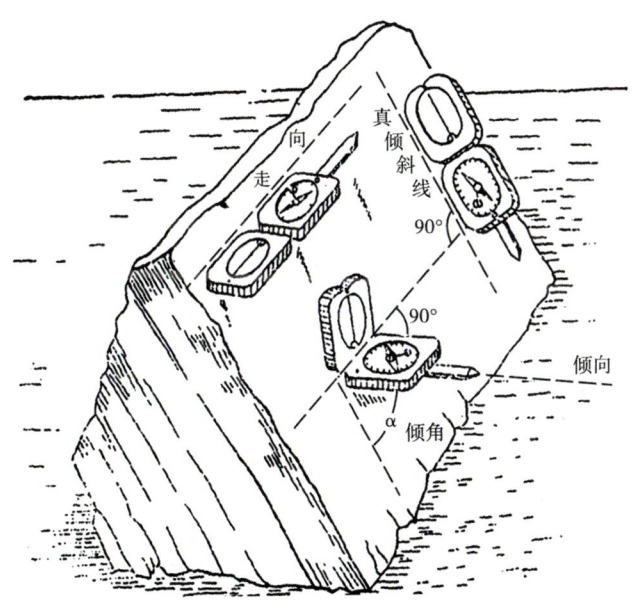

图 1-17　罗盘的使用

测量岩层的倾向时,将罗盘南端(标有S)的一条棱紧靠岩层面,这时长瞄准器指向与岩层的倾向一致,并转动罗盘,转动方法及原则同上。当罗盘水平、磁针不摆动时,就可读数。当测量完倾向后,不要让罗盘离开岩层面,马上把罗盘转90°(罗盘直立),使罗盘的长边紧靠岩层面,并与倾斜线重合,然后转动罗盘底面的手把,使测斜器上的水准器(长形水准器)气泡居中,这时测斜器上的游标所指半圆刻度盘的读数即为倾角。

在测量地层产状时,一般只需测量地层的倾向和倾角,而走向可通过倾向的数字加或减90°得到。测量倾向和倾角时,必须先测倾向,后测倾角。

若被测量的岩层表面凹凸不平,可把记录本平放在岩层面上当作层面辅助测量(图1-18),以便提高测量的准确性和代表性。如果岩层出露很不完整时,这时要找岩层的断面,找到属于同一层面的三个点(一般在两个相交的断面易找到),再用记录本把这三个点连成一平面(相当于岩层面),这时测量记录本的平面即可。

图1-18 辅助测量倾角

3)测坡度

地形坡度是指斜坡的斜面(线)与水平面之间的夹角。其测量方法是:在坡顶、坡底或斜坡上各站立一人,或立一个与人等高的标杆;坡底的工作人员将罗盘直立,使用长瞄准镜指向测量者并转动反光镜,以观察到长水准镜为准;视线从短瞄准镜的小孔或尖通过,经反光镜的椭圆孔直达标杆或坡顶工作人员的头顶;调整罗盘底面的手把,使长形水准器的气泡居中(从反光镜里看),这时测斜器上的游标所指示半圆刻度盘的读数即为坡度(图1-19)。

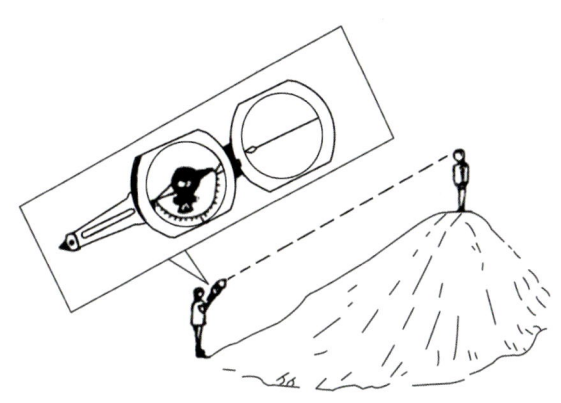

图1-19 地形坡度测量

(二) GPS 使用方法

国产 GPS 中内置北京 54 坐标系和西安 80 坐标系,使用前先确定地形图采用哪个坐标系,找出所在投影带的带号并计算出中央子午线经度,将 GPS 坐标系统选择为相应的坐标系统,设置好中央子午线经度即可使用。

中国台湾及国外生产的 GPS 中没有中国大陆坐标系统,机器默认的是 WGS84 坐标系统。需要校正到与地形图相匹配的坐标系统。其具体操作步骤如下:

第一步:测区范围内,在均匀分布的不少于三个已知三角点上(此时选择的三角点应尽量分布在工作区的四周),先将 GPS 接收机内部的参数全部设为"0",即 $DX=0$、$DY=0$、$DZ=0$、$DA=0$、$DF=0$,其中 DX、DY、DZ 为同一点两种坐标系统三维坐标差值,DA 为两种坐标系统长半轴差值,DF 为两种坐标系统扁率的差值。上述操作完成后,用 GPS 接收机分别观测已知三角点的坐标,根据观测结果与已知坐标值求出各自的差值,并取其平均值作为 DX、DY、DZ 的改正值(因 GARMIN 公司所产系列手持定位仪目前市面上除桂冠、展望两种型号具有气压测高功能外,其余几种型号均为 GPS 测高,精度较低,无法利用,因此可将 DZ 设为 0,也可将 DZ

设为其改正数，改正与否对其他参数设置均没有影响），此时上述改正数只作为参考。

第二步：在已进行观测的三角点上将接收机的参数 DX、DY、DZ 设为已经取得的改正数，将 DA、DF 设为相应的差值，即 a(84)－a(54)＝DA＝－108、α(84)－α(54)＝DF＝0.0000005，或 a(84)－a(80)＝－3、α(84)－α(80)＝0.00000003。再在相同的三角点上观测已知点坐标，根据观测结果对 DX、DY、DZ 加入第二次新的改正数。此时，再用 GPS 接收机第二次观测所有已知点的坐标进行第二次改正，直到 GPS 接收机观测的坐标值接近已知点坐标，其差值一般小于 5m 时，取其各点的观测值与已知坐标差值的平均值作为 DX、DY、DZ 的最终改正数，上述操作一般循环到第二次即可得到理想的改正数。

（三）放大镜使用方法

手持放大镜是野外地质工作必备的工具之一，通常使用的放大镜有 5 倍、5～10 倍和 10～20 倍三种类型。放大倍数越大的放大镜，其镜片的曲面半径越小，焦距越短，景深也越小，只有把放大镜置于非常靠近眼镜的位置才能清晰地看到放大了的现象，因此必须正确地掌握放大镜的使用方法。

使用放大镜观察岩石、矿物、生物化石及其结构和构造时，一只手持需要观察的标本，另一只手的大拇指和食指夹持打开的放大镜，而中指轻轻地压在被观察物表面上，始终与另一只手保持不离不弃之势。同时移动两只手，使放大镜靠近眼睛至看到放大的现象为止，与此同时可微微弯曲中指，调节放大镜与观察物之间的距离即可得到最佳稳定、清晰放大后的现象。

第三节　野外后勤保障

一、饮食住宿

野外考察团队需要有专人负责后勤保障，如若考察点分布在多个城镇，需提前安排好整个团队在下一地点的饮食和住宿。此外，每天野外考察结束后都应准备好第二天所有人在野外足够的饮水和食物，食物多以干粮为主，条件允许也可准备少量水果。

二、交通工具

野外考察地点多在人烟稀少的地区，需要提前根据考察人数租赁好汽车，安排好行程。对于一些需要坐船的路线，也需提前联系好水上交通工具。

三、应急预案

需提前对诸如山洪、泥石流、风暴及海啸等自然灾害，或人员生命、财产安全受到伤害等野外突发情况进行预案设计，并将预案下发给团队中每位成员，以尽可能减小突发事件造成的损害。

第四节 野外注意事项

一、确保各项安全

安全第一，野外考察中的任何行动都必须以安全为前提。相互间需保持联系，听从指挥，严禁单独行动；在观察过程中要注意高空悬崖落石与路面打滑，确保安全。

考察团队可统一带避暑药、腹泻药、创可贴、风油精等；每人在出发前须针对个人的身体情况和病史，针对性准备一些药品，特别是晕车或患有高血压、心脏病的人员，一定要准备急救药品。在高原地区进行考察时需逐步靠近目的地，必要时可在中途停留一段时间使身体适应高海拔环境。

二、使用野外装备

野外考察中要求穿长袖、长裤，以防晒伤、扎伤。所穿鞋须适合于野外登山和长途行走的不带鞋跟的旅游鞋、野外地质鞋。每人出发前最好准备些防晒霜，并携带遮阳帽。

三、注意环境保护

野外就餐的垃圾不可随地乱扔，注意保护植被；禁止破坏和践踏植物、农作物以及社会公共设施。

四、野外蚊虫防护

野外考察的过程中不可避免地会出现各种各样的意外,如受到蚊虫叮咬,遇见蛇、蝎、蜈蚣等危险动物,因此,掌握一定的野外防护知识至关重要。

(一)野外防蚊

除了长袖、长裤外,可随身携带花露水或杀虫喷雾剂,出发前需在身上喷涂一些花露水,并将裤腿和袖口封住,尽量避免身体暴露在外。当需要去一些蚊虫较多的地方测量或采样时,可提前喷洒杀虫喷雾驱赶蚊虫。如若条件不允许,也可在野外采摘一些艾草或薄荷碾碎涂在身体暴露处,亦可以有效达到驱虫效果。

(二)野外防蜱虫

蜱虫是一种在野外经常遇到的蚊虫之一,常蛰伏在浅山丘陵的草丛、植物上,或寄宿在动物皮毛间,以吸食血液为生,状若黄豆,背面常长有坚硬的盾板。由于携带大量细菌,人类被叮咬后极易患上传染病。蜱虫在叮刺吸血时多无痛感,但由于螯肢、口下板同时刺入宿主皮肤,可造成局部充血、水肿、急性炎症反应,还可引起继发性感染。

在野外当进入一些林区或草丛时,要穿长袖衣衫,扎紧腰带、袖口、裤腿,颈部系上毛巾,皮肤表面涂擦药膏可预防蜱虫叮咬,外出归来时洗澡更衣,防止把蜱虫带回营地。发现蜱虫叮咬皮肤时不可强行拔除,以免撕伤皮肤及防止口器折断在皮内。可用乙醚、氯仿、旱烟油涂在蜱虫的头部或用燃烟头、蚊香烤它,数分钟后蜱虫就自行松口,或用凡士林、液体石蜡涂在蜱虫的头部,使其窒息,然后用镊子轻轻把蜱虫拉出。去除蜱虫后伤口要进行消毒处理,如发现蜱虫的口器断在皮内要手术切开取出。症状严重时,应及时送医。

(三)野外防蚂蟥

蚂蟥,学名水蛭,常在沟渠、浅水污秽坑塘等处内生长繁殖,嗜吸血。硫黄具较强的驱蚂蟥能力,出野外时可在衣物上涂抹一些,但需注意,硫黄会伤害皮肤,因此要避开皮肤、眼睛。

当发现被蚂蟥叮咬附着时,不应硬扯,防止口器断落在皮肤内,应先远离蚂蟥生长区,找到一个较为干旱的地方后,将随身携带的风油精、酒精、醋等滴在蚂蟥身上，便会自然脱落，也可以用力拍打其他被叮咬的地方，这种振荡会使蚂蟥脱落，或者用打火机烤，受热后蚂蟥会松开口器脱落。之后应及时消毒处理伤口。

（四）野外防蛇

野外环境错综复杂、危机重重，除了蚊虫之外，草丛中可能潜伏一些致命的毒蛇，因此掌握野外防蛇技巧也至关重要。

古语有云"打草惊蛇"，蛇一般不会主动攻击人类，只有在受到惊吓时才会发起攻击。所以，随身携带登山杖或者树枝，在草丛行进时进行探路，千万不可徒手去伸入一些隐蔽洞穴等，因为那可能是蛇类的栖息地。在草丛、灌木林等地行走时，把雄黄粉和大蒜搅在一起，用纱布包起来，挂在腰上或者绑在鞋上，可以驱蛇；此外还可以用风油精驱蛇。如果发现蛇跟着你时，不要惊慌，尽量向坡上跑，并左右弯曲的逃跑，切忌向坡下跑，如若甩不掉，被追上，可打蛇的后脑（七寸）。如果被蛇叮咬后，不要惊慌，将伤口放低，不要运动，防止蛇毒加速扩散。在伤口上方 5~10cm 处扎紧，把伤口切成"十"字形，用盐水或肥皂水反复冲洗，并用双手挤压排出蛇毒，尽快转移到安全地区，及时送往医院。

第二章
野外工作方法技术

本章主要介绍野外露头考察工作的基本方法和野外考察过程中所应详细观察描述的基础地质信息。其中包括地层厚度的测量和计算方法、野外照片的拍摄和处理、野外信息记录方法、地质素描图和垂向序列描述方法及样品采集等内容。

第一节 地层露头考察步骤

野外露头考察首先要对各级物理界面和时间界面进行识别,确保考察目标层的准确性。之后应在宏观的角度把控露头出露的整体状况,明确大范围内各层的接触关系、构造状况等;在对考察层有一个宏观了解之后,再进行地层剖面实测与描述,结合考察的目的进行细节研究,绘制地层综合柱状图并进行分析总结与讨论。以上步骤是野外考察的基础步骤,除此之外,不同研究内容的野外地层考察根据考察目的还有许多其他的步骤,本章不做多余的介绍。

一、露头层序界面识别

野外露头层序地层界面识别,包括基于物理的界面和基于时间的界面。物理界面是根据野外可观察到的物理属性定义的界面,这些属性包括界面本身属性、界面上下地层的物理属性以及界面上下地层的几何接触关系。时间界面是在层序地层学中诠释出来的、与特定地点相联系的事件定义的,这些事件或与岸线迁移方向的改变有关,或与基准面变化方向有关。界面识别是划分等时地层格架、判断各套地层沉积演化规律的重要步骤。

露头中主要识别的界面一般有六大类（表2-1），即陆上不整合面（subaerial unconformity，SU）、海退冲刷面（regressive surface of marine erosion，RSME）、滨岸侵蚀面（shoreline erosion，SE）、最大海退面（maximum regressive surface，MRS）、最大海泛面（maximum flooding surface，MFS）及陆坡上超面（slope onlap surface，SOS）。其中，沉积趋势的变化是识别露头层序界面的基础，这种沉积趋势

表2-1 六大露头界面及其识别

界面	识别特征	野外实例（据 Ashton Embry）
陆上不整合面（SU）	陆上不整合面是一个分开较新与较老地层的物理界面，沿着该界面存在重大沉积间断性质的陆上侵蚀削截面或暴露面	陆上不整合面（SU）为河道底部突变冲刷面，其下伏地层被削截，其上被河流相地层上超
海退冲刷面（RSME）	海退冲刷面形成于基准面下降时期，在整个时间内不断向海方向迁移，具明显的冲刷面，其下发育向上变粗的滨外海相地层，其上发育向上变粗、变浅的临滨地层	海退冲刷面（RSME）为基准面下降期间临滨前的内陆架冲刷带，在整个基准面下降期间该带不断向盆地方向迁移，并被临滨地层下超，临滨地层之上是又一个陆上不整合面
滨岸侵蚀面（SE）	滨岸侵蚀面识别特征包括突变冲刷接触面，以及上覆粒度向上变细、水体变深的河口湾或海相地层。该界面可以是小的沉积间断面，也可以是显著不整合面	不整合型滨岸海蚀面位于薄层海相陆架石灰岩底部，其下为来源于中陆架的海相粉砂岩，具有明显的冲刷接触面以及向上变深的海相地层序列

第二章 野外工作方法技术

续表

界面	识别特征	野外实例（据 Ashton Embry）
最大海退面（MRS）	最大海退面绝不是不整合面，在海相碎屑岩地层中，其识别的主要依据是，它是一个整合面或沉积间断面，反映沉积趋势从向上变粗转变为向上变细，或者说从向上变浅转变为向上变深趋势	 图中最大海退面为一整合面，靠近一套白色的风化临滨砂岩顶部，之下地层向上变粗、水体向上变浅，之上地层向上变细、水体向上变深
最大海泛面（MFS）	最大海泛面以由向上变细趋势变为向上变粗趋势为标志，在近滨区，这种趋势与该面之下水体向上变深、该面之上水体向上变浅的变化一致，而向远滨区域则无这种对应关系	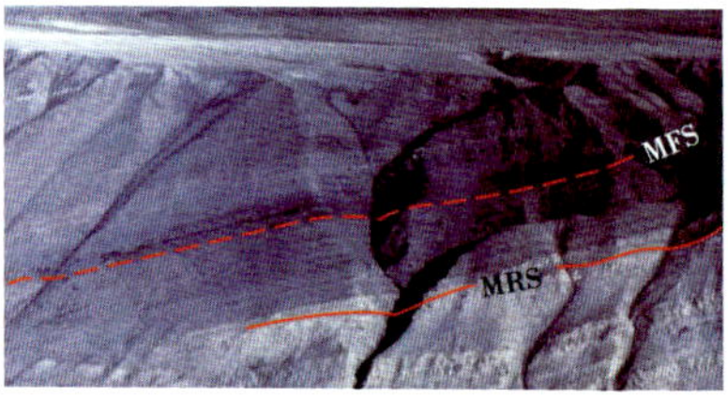 最大海退面（MRS）位于向上变粗、变浅的陆架砂岩顶部。其上地层向上变细、变深直到富含生物化石的薄层石灰岩，石灰岩顶部为最大海泛面（MFS），最大海泛面之上地层剖面颜色变浅表明地层向上变粗
陆坡上超面（SOS）	陆坡上超面是一个明显的不整合面，发育于斜坡环境，以上覆地层对其上超为首要特征，与其下伏地层可以是整合接触关系，没有冲刷或侵蚀现象，也可以是明显的冲刷或削截关系	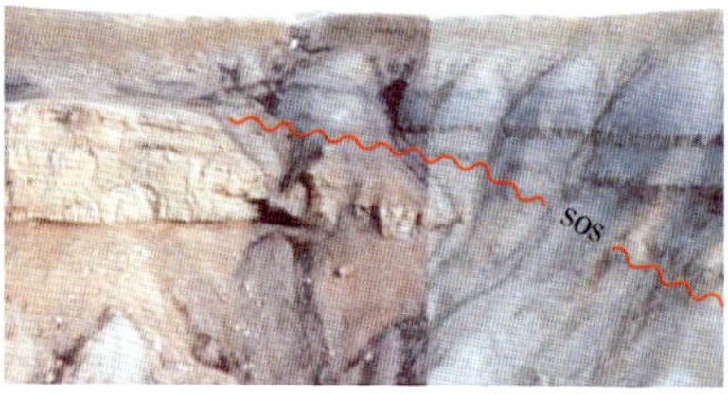 陆架地层位于礁体的左侧，右侧为盆地方向。礁体向盆地一侧为明显的陆坡上超面，该面进积的硅质碎屑岩上超

的变化反映在沉积作用与侵蚀作用或饥饿沉积作用的转变、向上变粗的沉积序列与向上变细的沉积序列之间的转变。因此，在野外露头界面识别一般是通过识别和对比反映岩石记录中沉积趋势变化的

地层界面，利用界面本身以及界面上下地层沉积学标志、界面与其上下地层之间的几何学关系，描述和解释以这些界面为边界的相应的成因地层单元。

通过沉积趋势进行界面识别是为了更好地判断基准面变化规律，分析露头成因单元。以准噶尔盆地南缘四棵树剖面侏罗系八道湾组水进型扇三角洲界面划分为例（图2-1）。根据露头剖面的高分辨率层序地层学基准面旋回识别标准，在八道湾组底部发育多期水道砂砾岩体的叠置，每期水道均发育有明显的冲刷面，为陆相不整合面（SU）；整体上，向上水道砂砾岩体厚度减薄，粒度变细转变为中细砂岩、粉砂岩及深色泥岩，表现出水体向上变深的沉积序列，基准面逐渐上升，物源供给逐渐减少。其中，下部厚层的砂砾岩反映了沉积时期物源近、地形较陡、沉积速率快等特点；中部为泥岩与中薄层状砂岩，沉积物粒度较细，为一期湖泛面；泥岩之上砂砾岩逐渐增多，粒度逐渐变粗，反映了基准面不断下降；上部又由粗粒岩逐渐过渡为细粒沉积，顶部为一套厚层泥岩，为另一期明显的湖泛面。

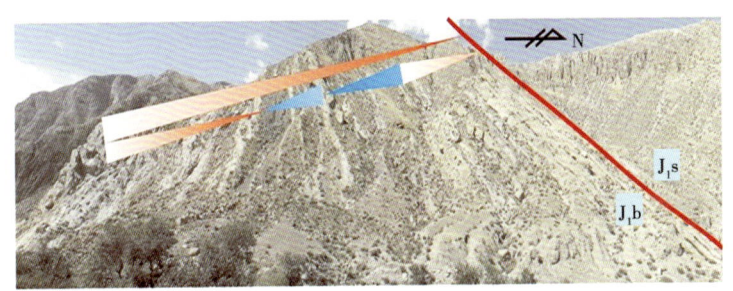

图2-1 地层宏观界面识别（拍摄于准噶尔盆地南缘）
J_1b—八道湾组；J_1s—三工河组

二、宏观特征与信手剖面

野外地质工作中需全面收集各类地层资料，包括地层结构、厚度和形态、接触关系、岩石学特征及生物学特征等。这些是地层划分和对比的重要依据，也是野外进行地层研究所必须观察和描述的。在野外观察一个剖面时，首先应对该剖面有一个宏观的把控，观察露头出露的整体状况，利用信手剖面表现出地层总的上下接触关系及构造情况，尤其是大型构造（如褶皱、断层等），确定地层的顶底面与接触关系，初步确定该层能大致划分出几套沉积体，各沉积体的厚度、粒度、颜色的变化趋势和形态等宏观特征（图2-2）。

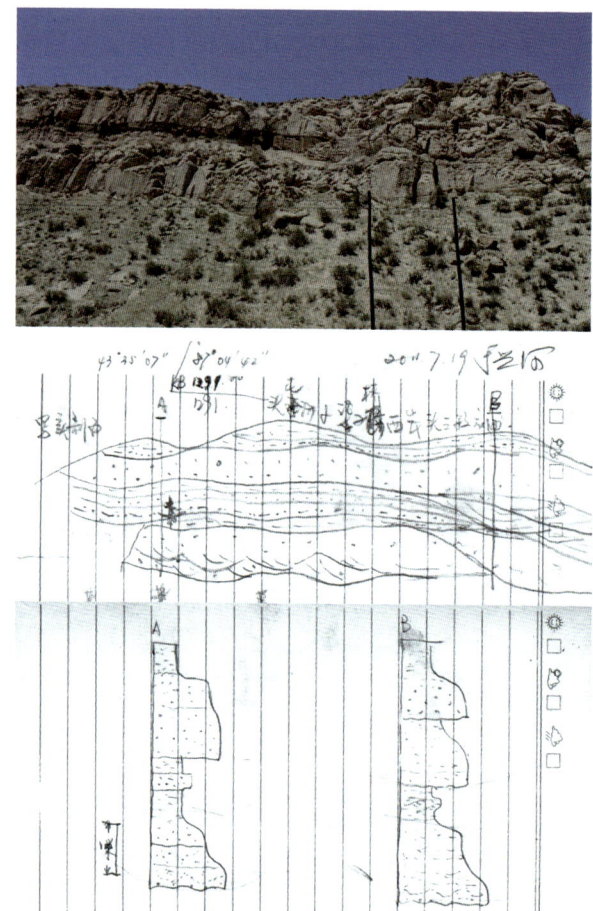

图2-2　野外信手剖面与综合柱状图

其具体步骤如下：
（1）勾绘剖面地形轮廓；
（2）识别并绘制关键地质界面；
（3）充填宏观内部结构；

（4）绘制垂向综合柱状图；

（5）完善方位、图例、比例尺及图名等。

三、地层剖面实测

实测剖面之前需对研究区进行踏勘，选择实测剖面线。其具体要求如下：

（1）剖面线距离短且地层出露完全；

（2）地质构造简单，尽量选择未遭受褶皱、断层破坏而重复或缺失的地层剖面；

（3）所测地层出露良好，顶、底关系清楚，充分利用自然沟谷或人工采掘形成的切面。

剖面线原则上垂直于所要控制的地质体的走向，但在野外实际环境下很难做到完全垂直，因此，一般情况下两者间夹角不宜小于60°，测量人员还需记录下测量起点与终点的经纬度坐标及高程数据。通过测量得到的数据，计算出导线与地层倾向之间的夹角（β），导线与地层走向之间的夹角（β'），从而计算出地层视倾角（α'），最后计算出地层真厚度 h。具体测量方法将在后面章节进行介绍。

选定实测剖面位置后，应沿剖面线进行详细的踏勘。了解岩层的一般分层厚度、岩性组合规律、构造形态及不同构造部位的岩层对比关系、确定标志层、研究接触关系；确定地层单位及填图单位的划分位置，并立标设记；根据露头情况布置坑探工程。

根据不同任务分工，具体实测流程如下：

（1）测量组：包括前测手、后测手分别到达测量地层的相应位置，测量导线方位、坡脚、地层产状（倾向、倾角等）；

（2）记录组：记录人员将测量组所测数据详细记录于野簿及数据记录表上，并根据地层厚度计算公式及野簿后的数据表计算地层真厚度；

（3）绘图组：根据记录组计算得出的地层相关参数，绘制地层综合柱状图与信手剖面图；

（4）采样组：根据研究需求，在实测地层段按照相应的测样密度进行岩石样品采集，装袋并记录样品编号等信息；

（5）拍照组：在实测地层段位置，按照宏观、中观、微观三种不同尺度进行照片拍摄,并告知绘图组或记录组,对照片所拍目标进行标定。

四、综合柱状图绘制

露头岩石的观察与描述是野外地质工作最重要的步骤之一,应正确记录其颜色、成分、结构(包括颗粒的粒度、分选及磨圆)、沉积构造、单层厚度、岩石韵律及生物化石类型等。其中岩石颜色是沉积地层的特殊标志,能反映组成岩石的物质成分、沉积环境等特征,分继承色、自生色及次生色三种类型;岩石成分主要分为石英、长石及岩屑三类;沉积构造主要包括块状层理、槽状交错层理、板状交错层理、浪成沙(波)纹交错层理、流水沙纹交错层理、复合层理、平行层理、水平层理(纹层)及变形构造等。生物化石主要分为动物遗体、遗迹化石与植物碎屑化石。

五、分析总结

分析总结,又可以归为野外地质工作的室内整理,包括野外资料整理、数据计算校正及地层实测剖面图绘制三个方面:

(1)小组成员认真核对剖面数据记录表与实测剖面草图,整理各项资料使其准确一致且无遗漏,如发现遗漏或错误,应立即设法补充或更正;

(2)小组成员根据野外所记录的数据,进行地层真厚度的计算与校正,核对野外计算地层厚度与室内计算的数据是否有误,如有误差,应立即核查原因并进行更正;

(3)将野外绘制的信手剖面图与综合地层柱状图电子化处理,根据研究需要绘制不同比例尺的图件以供参考。

分析总结是将野外搜集的零碎信息进行整合、梳理、提升,也是判断其沉积环境、划分沉积微相的关键所在。通过观测记录到的野外岩性、颜色、厚度、垂向序列、特殊矿物以及特殊化石等资料,为后续的沉积环境恢复、砂体构型要素研究、层序划分对比、岩相古地理分析等工作打下基础(图2-3)。

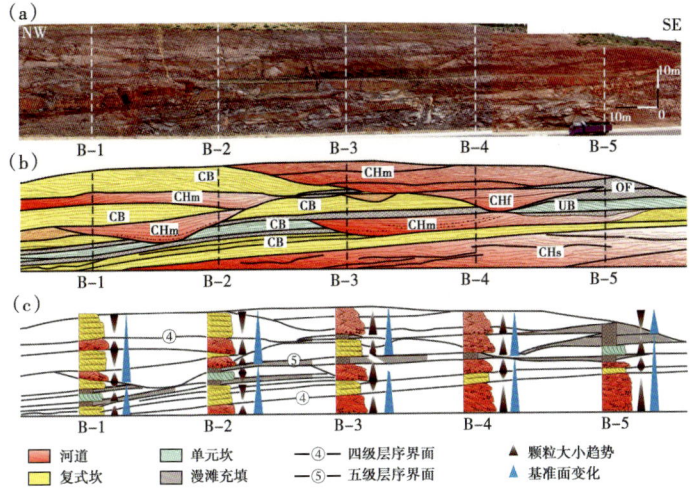

图 2-3 大同露头剖面构型要素分析与地层对比
（据 Li Shunli，2015）

第二节　地层露头考察方法

野外地层考察方法包括地层实测、野外地质记录、宏观与微观现象拍摄、典型地质现象素描、综合柱状图绘制以及样品采集等。一个完整的地质考察，以上每一步都是必不可少的。

一、地层厚度测量与计算

地形剖面线的测量方法，通常采用半仪器法导线测量，即用罗盘仪测量导线的方位和地形坡度，用皮绳或测绳丈量地面斜距。另外，也可用全仪器法，即用经纬仪进行导线测量（图 2-4）。后者的丈量精度高、工作效率快。当露头不连续时，也可以布置一些短剖面加以拼接，但需要注意层位拼接的准确性，防止遗漏或重复。最好能够绘制构造要素剖面素描图，标明各段剖面中不同层位对应的关系（图 2-5）。

实测剖面必须取得以下数据，并记入实测地层剖面数据记录表中（表 2-2）。

(a)长度测量　　(b)坡度测量
(c)野外取样　　(d)产状测量
(e)观察描述　　(f)现场绘图

图 2-4　野外实测操作

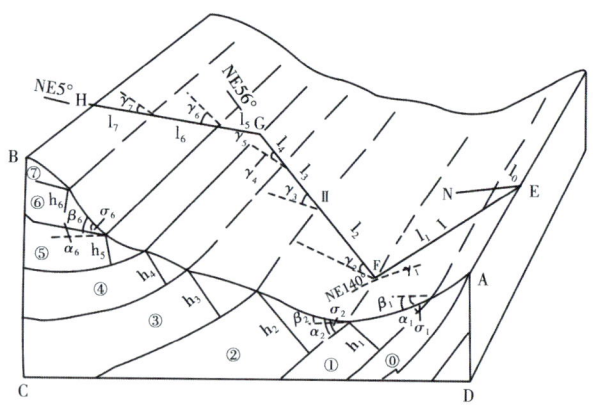

图 2-5　地层产状、地形坡度与导线关系综合立体图
（据《区域地质调查野外工作方法》，1979）

表 2-2 野外实测剖面数据记录表

测线记录				产状要素		地层厚度计算					地质记录			
导线号	导线长度 L	导线方位	坡角 γ	地层倾向	地层倾角 α	导线与地层倾向夹角 β	导线与地层走向夹角 β'	地层视倾角 α'	真厚度 $h = L \cdot (\cos\gamma \pm \sin\gamma/\tan\alpha') \cdot \cos\beta \cdot \sin\alpha$	累计厚度(m)	地层	地质简述	样品	备注

（1）导线号：编号从 1 开始，即第一条测线记为 1 号导线；

（2）导线长度 L：测量绳的实际长度，即每次测量距离；

（3）导线方位：由测量起点人员通过地质罗盘测量得出；

（4）坡角 γ：由测量起点人员通过地质罗盘测量得出；

（5）地层倾向：由负责测量地层产状的人员通过地质罗盘测量得出；

（6）地层倾角 α：由负责测量地层产状的人员通过地质罗盘测量得出。

测量人员所需记录的数据包括：测量起点经纬度坐标、终点的经纬度坐标、高程数据。通过测量得到的数据，计算出导线与地层倾向之间的夹角（β），导线与地层走向之间的夹角（β'），从而计算出地层视倾角（α'），最后计算出地层真厚度 h（图 2-6）。

在实测剖面的同时，现场须绘制地层剖面素描图，即岩性综合柱状图与信手剖面图，将导线号、地质点、产状、样品采集位置等信息标注于图上，供后期室内整理。

采集岩石样品需按规定系统编号，并记录在地层剖面素描图之上。同时，对剖面上重要的地质现象，如接触关系、典型沉积构造、生物化石等应照相和素描，并根据其在剖面的位置记录在地层剖面草图之上。

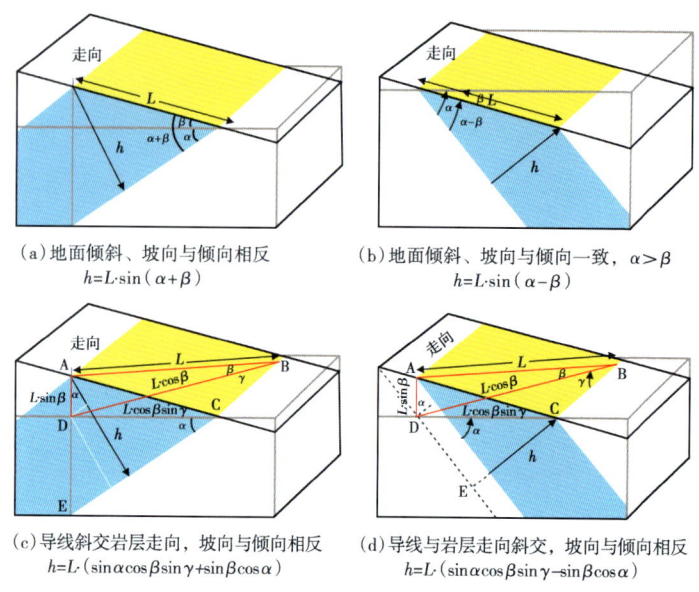

(a) 地面倾斜、坡向与倾向相反
$h=L\cdot\sin(\alpha+\beta)$

(b) 地面倾斜、坡向与倾向一致，$\alpha>\beta$
$h=L\cdot\sin(\alpha-\beta)$

(c) 导线斜交岩层走向，坡向与倾向相反
$h=L\cdot(\sin\alpha\cos\beta\sin\gamma+\sin\beta\cos\alpha)$

(d) 导线与岩层走向斜交，坡向与倾向相反
$h=L\cdot(\sin\alpha\cos\beta\sin\gamma-\sin\beta\cos\alpha)$

图 2-6　地层真厚度计算图解

二、照片的拍摄与比例尺的使用

（一）照片的拍摄

照片的拍摄是野外地质工作的重要组成部分。照片既可以作为图像分析的备忘录，以记录露头随时间的变化，也可以在报告、文章及书籍中用照片来说明主要地质特征。照片应该记录在野簿中，如照片的地点、层位、特征等都应在野簿中清楚标注。当天工作结束后，应立即完成照片整理，例如野外露头照片应按时间—地点—地层的文件夹归好。需要注意的是，在野外不仅需要照相，同样需要进行必要的野外笔记和完成草图，因为照片不能替代野外草图的功能，草图可记录地层的划分和必要的地质解释，同时提出问题以便后续补充；更重要的是明确进一步研究的思路与证据，下文会进行详细介绍。

各种相机优点和缺点不在本书讨论范围内，笔者仅提供一些一般性的评论。数字单反（SLR）相机提供最灵活的照明条件和各种类型的照片，镜头质量高。然而，普通数码相机效果虽不及单反，但数码相机小而轻，携带方便。当相机没有取景器时，检查一下在强光条件下相机屏幕是否可见。如果数码相机有取景器装置，取景器通常不能准确抓住图片的框架，因此需要先预拍一张检查图片外框是否与预想一致，若不一致则放大或缩小焦距直至取到理想照片为止。即使是数码单反相机，它的视图也并不是完全与景物相同。使用能拍摄优美室外风景的照相机通常会照出良好的野外地质照片。如果需要大量的地质细节照片，则需携带微距镜头。一般的相机对照明条件具有良好适应性。另外，当前的高档智能手机同样具有较好的照像功能，不仅有很高的像素，而且还有多个镜头的，对于一般的地质现象足够了。

使用数码相机照相几乎对照片数量没有限制，只要相机有足够的内存和电池容量。因此尽量多拍摄具备一定地质信息的照片。具体建议为：

（1）第一张照片照当地的全视图或拍摄标注性的文字，这将提醒后面照片的拍摄地点及一些详细信息，如地点名称、经纬度坐标及整体地层特征，这将有助于对照片的整理（图2-7）。

图2-7 全景照片和标注性文字

（2）通过一定距离的宏观照片结合细节照片，从不同的视角，来展现所需要记录的不同地质特征；例如利用全景或宏观照片反映总体旋回变化特征、砂体形态和规模及整体粒序变化，利用细节照片反映具体岩性、局部粒度特点和特殊现象等（图2-8、图2-9）。

（3）注意光照条件。阳光充足时，最好的视角是太阳在你后方，因此，为了得到最好的光线条件，必要时得在一天中的不同时间到同一地点拍照。如果光线差或光线变化大，则需要用不同设置多照几张照片。注意，曝光不足的数码照片可在处理后变好，而曝光过

图 2-8　河道底部滞留砾石特写

图 2-9　流水沙纹特写

度的照片则不能记录所有的信息（图 2-10）。傍晚和清晨时的光线（即低角度光线）有助于拍摄中小规模的地质特征，如遗迹化石和沉积构造等。

图 2-10　不同曝光度下照片对比

（4）在低光照条件下需要用到三脚架，如果没有三脚架，可将相机放在岩石上并使用自动定时器或远程快门进行操作。在拍摄一些小细节，如沉积构造、遗迹、动植物化石等细节照片时，应按地层顺序拍摄以避免混乱，并以某种方式标识岩石，如用记号笔、修正液或便利贴，以确定不同照片之间的顺序。

（5）选择正确的拍摄角度和比例尺。在多数情况下，垂直于被拍摄对象为最好拍摄角度。拍照时应包括标尺或记下拍照面积的大小。根据照片的主题，标尺可能是任何东西，一个人或一把尺子、相机镜头盖、硬币、小刀，或者在笔记本的封面上用粗记号笔画一个标尺。小尺度拍摄时也可用手指当标尺。另外，标尺最好是用带有刻度的尺子，正如每章中介绍的（图 1-6），并采用中立的颜色（如白色或浅色），防止曝光过度。

（6）野外拍照时，在必要时候，需将照片中的某一部分或整体进行分析、解剖，并描述、画地质草图，以便于让照片与野外草图可以交叉引用、印证。

（二）比例尺的使用

野外比例尺应以大小适中且便于携带和使用为标准进行选择，当手头没有合适的比例尺时，可以用硬币、铅笔或橡皮等代替，但一般不建议如此。

一个适合的比例尺应具备以下几个要素（图 2-11）：

（1）有明确的指示顶底标志；

（2）有标准的粒度、分选、磨圆划分方案，能够在后续复查时进行对比，减少人工判断的随机性；

（3）有刻度尺，能够表现出纹层规模大小；

（4）有文字记录空间，便于记录时间、地点、现象等文字；

图 2-11　野外实测中比例尺选取

（a）宏观视域下一般可选取人、汽车等作为比例尺；（b）中观视域下可选取野外记录本作为比例尺；（c）微观视域下选取卡片、硬币、铅笔作为比例尺

（5）颜色鲜明，不与拍摄目标混色；

（6）具标准直线，便于后续对照片进行角度的矫正。

在使用比例尺时，首先应判断目标对象的顶底，将示顶、底标志朝向顶部。其次应在比例尺相应空白区，用便于擦除的水性笔写下照片拍摄的地点、时间（便于确定拍摄时的光线条件）、所拍摄的现象，方便后续的整理。比例尺放置的位置应确保显著但又不能影响现象的拍摄。

三、野外记录方法

在野外工作过程中，应将观察到的各种地质现象准确、清楚、系统地记录在专用的野外记录簿上。野外记录是地质人员最宝贵的原始资料，是野外地质工作的成果，也是地质工作一切结论的基础。野外记录的质量直接关系到地质工作的质量，反映了地质人员的工作作风和科学态度。因此，要求记录认真、态度严谨、格式通用、术语准确、字迹清楚。野外记录内容包括文字和图件两部分。

（一）研究对象

在野外，研究沉积岩一般需要考虑七个方面的因素并尽可能详细地记录下来，具体如下：

（1）岩性：指沉积物的粒度、物质组成及其矿物成分，对其进行综合定名；

（2）结构：主要涉及沉积物中颗粒的特征和排列方式，颗粒之间的接触关系，尤其是颗粒大小、分选、磨圆以及粒度变化，这是野外观察记录沉积物的重要方面；

（3）沉积构造：沉积构造主要表现在地层的内部、表面和底面上，有时在岩层之间保存关于古水流的地质记录；它具有示顶、底，确定沉积方式与水动力条件，差别沉积环境以及恢复沉积背景的作用；

（4）沉积物颜色：在野外要注意记录沉积物的颜色，这不仅反映沉积物的物质组成，还反映沉积物沉积时的环境，尤其是泥岩颜色；

（5）砂体形态：岩层或岩石单元的几何形态及其相互之间的接触关系，还有其厚度和组成成分在三度空间（如气候条件等）上的变化；

（6）生物现象：沉积岩中化石的类别、分布和保存情况（动植物化石、碎片、生物遗迹等）；

（7）特殊矿物：其种类较多，有次生与原生之分，集合体与晶体之分，主要是对其大小、产状及富集度进行描述与记录，主要反映当时沉积的环境特点，如菱铁矿与黄铁矿，前者多为集合体并反映气候炎热较干旱，而后者多为晶体则反映还原环境。

除了上述基本因素之外，还需进一步记录并描述以下方面，主要包括：

（1）垂向沉积序列；

（2）岩石单元的几何排列；

（3）岩性和颗粒粒度在侧向和垂向上的变化；

（4）岩石或地层单元的堆积和叠置模式；

（5）序列中表现出来的沉积旋回。

这些特征反映了对沉积作用影响较大的长时期、大规模的控制因素，主要包括相对水（湖、海）平面升降、可容纳空间（可容纳沉积物的有效空间）、构造运动、沉积物供应量、地形坡降及气候因素。

（二）研究方法

野外研究沉积岩的一般方法，可分为宏观尺度和微观尺度。肉眼观察只能对野外岩石特征有一个定性的认知，缺乏精准性。因此，需采用实验方法去验证和拓展野外岩石矿物成分、结构、构造、化石等观测结果。之后继续研究关于沉积物露头的有关生物地层学和地球化学范畴的内容以及成岩作用。

野外地质工作研究流程：

（1）在近距离观察露头之前，首先远距离观察露头所处位置，然后观察其岩石类型和岩石单元的大体分布与排列，可大致分析并明确其构造背景、断裂发育状况、褶皱变化及主要沉积构造；

（2）在野簿上详细记录露头位置，画出素描图并拍摄露头照片，绘制柱状剖面图，标明地层的接触关系；如果岩层褶皱变形，则需由下向上判断地层新老叠置情况；

（3）观测岩石物理性质：颗粒粒径、形状、磨圆度、分选性、层理和颜色；

（4）判断层理顶面、底面和各层内的沉积构造；

（5）观察记录沉积地层和沉积单元的几何形态，判断它们之间的相互关系和叠置情况；此外，还应观察地层垂向上主要的粒径、岩性颜色、沉积构造及厚度变化，并思考沉积序列是否存在周期性；

（6）寻找特殊矿物和化石并记录其类型、产状、数量、分布和保存情况；

（7）测量具有古流向的沉积构造纹理等；

（8）野外工作结束后需考虑所观察露头的岩相、旋回性、沉积条件（地形坡度）、沉积过程、环境解释和古地理。

每平方千米里需观测的露头数量取决于研究目的、参与时间、侧向和垂向上岩相的变化以及研究区构造复杂程度。如果研究对象是勘测特定的层组，则只需要适当的间距进行观测。如果研究对象是具体的地层，则研究区所有有价值的露头都需观测；某些地层有时还需要侧向追踪观测。

观测露头最好的方法首先要远距离对露头有一个宏观的观察，记录下出露地层之间大致的相互关系，以及褶皱和断裂情况。一些大规模的构造，比如河道、剥蚀面、岩石单元的几何形态、地层厚度变化和地层的旋回性需要近距离观察，注意岩石风化剥蚀程度和植物发育情况。这些方面都能反映岩相（比如泥岩很少暴露或者被植被覆盖），有时还能反映出旋回性。然后近距离观察暴露的岩性和岩相。如果露头出现褶皱或者地层垂直，则通过沉积构造（如交错层理、递变层理、冲刷面、底面构造、石灰岩中的示顶、底构造以及顺层劈理）来判断上下地层的新老关系。

事先估计露头能够提供的信息，然后再决定是否需要详细描述。如果露头很有价值，最好记录下反映岩性序列的柱状剖面图。如果露头提供信息较少，只需在野簿上适当记录并画出素描图就可以了。值得注意的是，野外工作中并不是所有的地质信息都能在剖面上反映出来。

（三）野簿记录

1. 记录内容

野外观察内容应真实准确地记录在野簿中，野簿尽可能保持整洁，内容应有好的条理性。研究剖面的位置应准确记录下来。最好附带有坐标参照系和地区框架图，以便于下次来的时候还能找到该位置，用GPS定位仪，提供更精确的定位。按观测顺序为每个露头位置标上数字，并在地形图上标出对应数字。也可以使用针孔标记法，即用针在地图上扎出空洞，并在背面标出位置数字。如果了解相应地层信息的话，也应该记录下来：地层名、地层年代等（表2-3）。

如果地层倾斜或者有褶皱和断裂，也可以记录下相关构造的内容，主要包括：节理、断裂、指向以及成矿作用，将这些特征准确记录在素描图中，其中一定要包括比例尺和指向。在一个柱状剖面上通常应尽量全面地表现出完整的地层状况和砂体几何形态。在采石场和悬崖表面能看到地层形态和地层厚度的侧向变化，望远镜能非常有效地观察那些不能靠近的悬崖面，并为近距离观测做准备。对于那些出露情况不好的露头需要结合当地详细的地质图和许多小剖面的柱状图去推断侧向变化。出露很好的露头可以作为重点研究对象，GPS对于精确定位非常有用，甚至能获得露头的大小尺寸。

2. 野簿的记录布局

野簿记录是一个地区最原始的地质资料，不仅要留给自己使用，还可供他人查阅，因此，为方便其他地质工作者，除了文字清晰之外，还应保持有一个良好的布局。

良好的野簿布局既要满足于个人需求和风格，也应保证记录的系统性，确保不遗漏关键信息和有利于后续查阅回顾。在野外实地考察时常会面临下雨、刮风、酷暑、极寒、高海拔等许多艰苦环境，同时还会受到交通、地形、时间、经费等因素的限制，这就需要良好系统的野簿记录方式，保证现场数据采集的最大工作效率。

表 2-3　野簿记录具体内容

剖面位置	剖面点详细信息：包括地质图图号、地理坐标系（经纬度）、地名等 剖面点选择依据：如剖面出露情况、剖面的主要地质特征以及用于检验地质理论的主要内容与素材
一般地质特征	地层特征：包括地层顶底、产状（倾向和倾角）、接触关系 构造特征：包括断层、褶皱、节理、劈理、不整合面、侵入体和脉体等的间距、位错方向和方位等 风化程度与植被覆盖程度：可反映也可掩盖岩性特征 地表地形：可反映岩性或构造特征
宏观特征（岩相及地层单元）	岩相特征：沉积岩及其他岩石的主要岩相 地层单元：大尺度范围内的沉积相组合、垂向序列、沉积旋回及可能成图地层单元等 岩石变质程度
微观地质现象特征（以研究目的为主）	岩层特征：砂体的几何形态、厚度、延伸状况及基本构型特征等 沉积构造：包括层理构造、层面构造、古流向等 岩石结构及颗粒排列：包括颗粒的粒度、分选、磨圆度、成熟度、颜色等 沉积物的成分、生物（动植物）及特殊矿物 其他有助于研究的重要信息
问题与工作方法	记录在考察过程中所遇到的问题、疑问和想法，做好样品采集计划并记录下样品采集地点和实验室分析计划。通过素描、信手剖面、垂向柱状图、文字记录、拍照等方法辅助野外信息的采集

1) 首页

开始使用一个新的笔记本时，首先要把姓名、单位、地址、电话、电子邮件及其他联系方式写在突出位置上的封面或内部第一页，以防丢失。笔者建议在笔记本前面预留 10 页，这样就可以插入目录和实用的信息表。对于目录，两到四个页面通常足够与页码的一列对应。前几页中其他有用的信息可以包括岩石的分类（见附录）、检查表（确保不会忘记携带关键的测量工具或记录重要的观察目标）、缩写和符号的使用、将考察区域地质或地形图复印件，你需要联系谁能够访问该地区（如采石场经理或土地），以及您可能会发现在该领域有用的任何其他信息。在住宿条件有限的偏远和半偏远地区，可在野簿前几页或是"日常项目"一栏适当简要记录一下住宿宾馆名称、交通道路以及购买日常用品的地点。

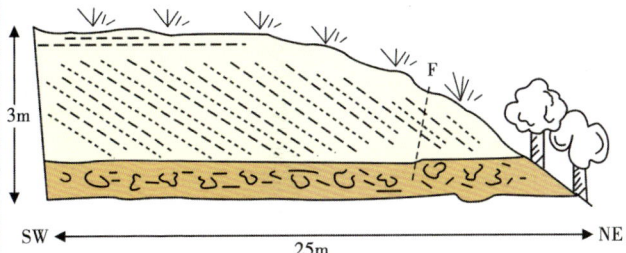

图 2-12 野簿记录布局示意图（据 Stow 等，2009）

2) 每日条目

日常项目将在你的野簿中形成大量的信息，应包括：

（1）实地考察日期；

（2）含有一般区域或地方的名称，可记录下较为突出的事物（如水塔、工厂、村落等）；

（3）实地调查的目的或对一般的假设进行测试的总结；

（4）天气和其他任何能帮助你回忆野外工作的信息的记录；

（5）野外工作的合作伙伴或者团队中人员名单；

(6) 详细的 GPS 定位信息。

3) 技巧提示

(1) 交叉引用：给野簿标上页数，这样可以交叉引用，表明笔记和数字可能会在哪里继续，为其他文件提供索引，也便于以后获取信息的内容列表。

(2) 空间使用：将笔记腾出一部分空间，以便为重新考察并进一步增加笔记或记录样品的位置时有足够的记录空间。如果以后添加解释，或者到了后期要增加就有关数据与同事的讨论结果时，额外的空间也是有益的，空间也使得笔记更容易看懂。

(3) 组织：使用标题和副标题可以使笔记方便检索。设计一个系统来显示这些标题的层次结构。例如使用不同级次的标题或利用周围的主标题框和下画线。也可以用不同的方式记录想法和解释。另一个技巧是使用彩色铅笔/防水笔，或者铅笔加粗或者特定的符号，特别指出其中很重要的任务：例如，样本数或地区号码、照片、样本采集地点、走向和倾向数据，信息也可以通过排成列进行组织。

（四）注意事项

野簿记录的主要是在野外所得到的数据。记录内容应该包含所搜集数据的地点、不同岩体之间的关系以及内部特征。它还应该记录样本的采集位置，所拍摄照片的位置和方位，参考已发表信息的资料，记录任何想法、解释或从观察中提出的问题。

1. 观察结果的记录

搜集的原始科学数据和观察资料可以是岩石和化石描述、结构数据测量值，也可以是关于岩石本身更详细的记录。这些观察资料和数据应该简洁记录而不是记完整的句子，因为记录完整的句子比较费时并且往往削弱了关键点。项目符号、清晰的副标题或者列表排序都是野外记录能采用的有效方式，因为这样使记录简洁明了并且更容易把单个点会集在一起。如果搜集了很多数字信息那么最好是做一个表格表示。这样一眼就能看出是不是所有必要的信息都已经记录，并且也有利于对于后期把野外记录转换成电子格式。培养自己的缩写习惯也是一种有效的记录方法。

考虑到野外工作变化频繁的约束条件，要定期的回顾已完成的进度以及针对下一步的任务和问题列出清单。编制已收集样品的一览表或者拍照记录。这样才能确保每个样品编号的统一性与独立性，把信息放在很容易理解的表格里也方便添加其他信息（例如参考坐标网格与后续要做的分析化验内容等）。

2. 记录解释、证据及观点

在野外想到的解释和问题也应该记录下来，这能帮助你后续验证有说服力的理论。通常记录下整个思维过程能帮助我们在后期重新分析。同样记录的其他解释和观点也能帮助确认一些假设是否正确以及确定需要实施的其他观察与研究工作。确保资料和解释区分开，除此之外还要标明解释的出处（人，年），以便后期查证。

3. 与其他数据体和解释的关联

新的野外资料与之前搜集的数据，以及已经发表文章之间的关联是地质学家研究的核心内容之一。这是因为这样能整合数据并且可以从不同的野外地质现象中得到更多的解释与整体性的概念，从而提升对野外地质现象的理解。目前只有很少的地表露头还没有被地质学家观察过。但是，出于很多原因需要把以前研究过的区域和露头再重新研究一遍。其主要原因有：（1）拥有了新技术或者应用新的学科理论；（2）以前探测过的露头或建立的模型或假设现在又有了新的疑问；（3）研究区有了更多可被研究的资源；（4）从研究区带回的样品分析结果表明该区的地质认识存在多解、争论或不解的现象，值得更进一步调查；（5）单纯的教学或培养新人与学生学习野外地质。

四、野外素描和露头剖面

野外素描与文字描述同样重要，既能够准确、快速、直观地记录野外露头中各种沉积特征及相互关系，又便于后期的解释。野外素描图是展示野外真实信息的图件，其首要要求就是真实性，包括：沉积要素的接触关系和相对大小的勾勒必须精准；描绘必须简明，特殊沉积和构造现象必须进行细节放大；添加详细的沉积现象注释；标注剖面位置、层位、比例尺、地层顶底及方位等信息；所用的语言必须规范，必要时可使用缩写字符。

有些用冗长的文字还无法叙述清楚的地质现象，通过地质素描便可一目了然，比如画出两个层之间的不规则接触显然比用语言描述更快。因为地质更多的是关于不同岩体或沉积体之间的关系以及它们的三维几何形态，形状和接触的不规则很常见，这就使得用图形表达这些细节比用语言更简单。

地质摄影虽然也能获得这种效果，但往往出于镜头所向便一览无余，有时繁杂纷乱、主次不明，而且常常受光线、气候等条件限制，不如地质素描重点突出、形象鲜明、概念清晰、应用简便。因此，地质素描已广泛地运用于地质调查、各种地质报告和许多文献记录中，成为野外地质工作中获取原始资料的一种手段，也是野外地质工作人员必须掌握的一种基本技能。专业的地质学家通常是照片和素描结合使用。画野外素描图是一种记笔记的能力，这种能力让很多学地质的学生和专家感到困难，但是这又是一个很值得培养的能力。

(一) 素描分类

1. 剖面素描

剖面素描是地形与剖面相结合，使地质内容更加明显突出，这是野外地质工作比较普遍应用的一种素描形式（图 2-13）。

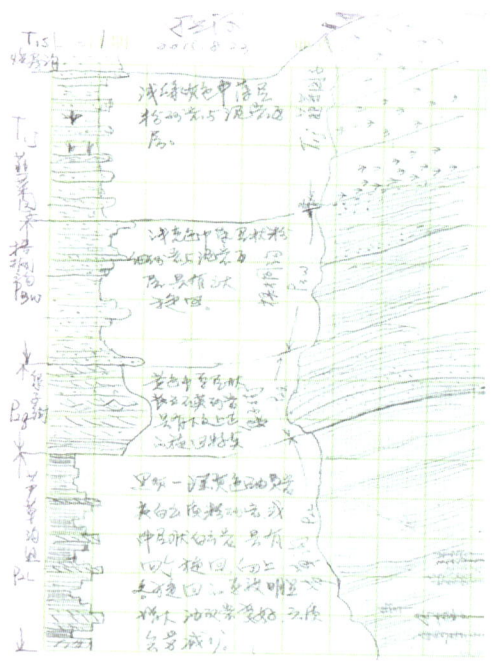

图 2-13　准噶尔盆地南缘剖面（野簿实拍）

2. 地貌景观素描

地貌景观素描主要是对地貌景观的大视域描绘，以此反映地质作用或不同性质的岩石形成的特有地形地貌特征。地质体在地面所组成的地景层次复杂，描绘前必须进行认真的观察、分析、比较和归纳，从中理出规律，然后确定构图，正确处理透视关系、块面关系和景深、明暗对比关系，运用合理的线条，达到准确的描绘（图2-14）。

图 2-14 山的素描画法

3. 露头素描

这类素描描绘的地质现象规模较小，往往是一些微观地貌、小构造或较大构造的局部（图 2-15）。描绘的精细或简单程度可根据露头的情况及野外工作的时间而确定。

（二）素描要求

地质素描没有统一的格式，目前根据野外工作中的习惯，素描图内要尽可能注明以下几项内容：

（1）图名及素描内容文字说明；

（2）地质界限或地质符号、代号及相应的说明；

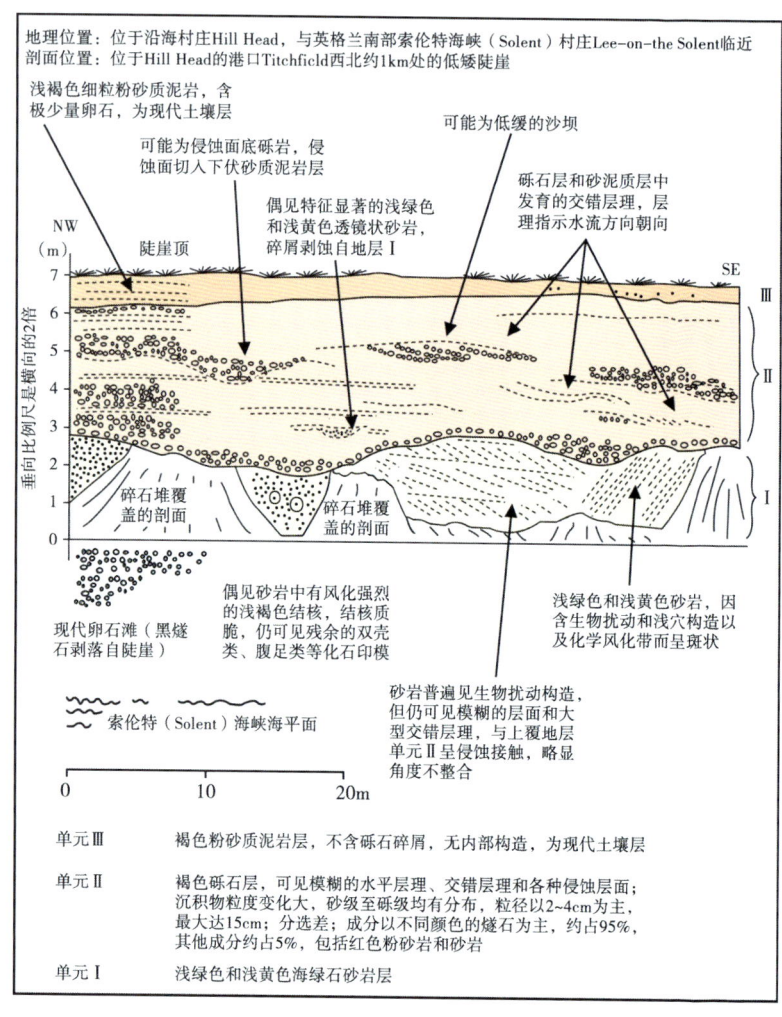

图 2-15　野外素描图实例（据 Stow 等，2009）

（3）图中主要山脉、居民点、河流、湖泊的名、建筑；

（4）比例尺（或陪衬物）、素描图一端的方位、素描时视线的方位及图中构造线方位；

（5）素描点位置的 GPS 点和标高；

（6）素描日期及作者、单位。

(三) 素描要点

1. 透视应用

素描绘画运用的主要法则是透视法，简单的透视原理是在观察者和被观察对象之间假设有一垂直于观察者视线的透明玻璃，从观察者的眼睛透过玻璃而向物体各点作连线。这些线和玻璃面交点所构成的图就是透视图（图2-16），素描就是透视图被描绘在画面上的成果。

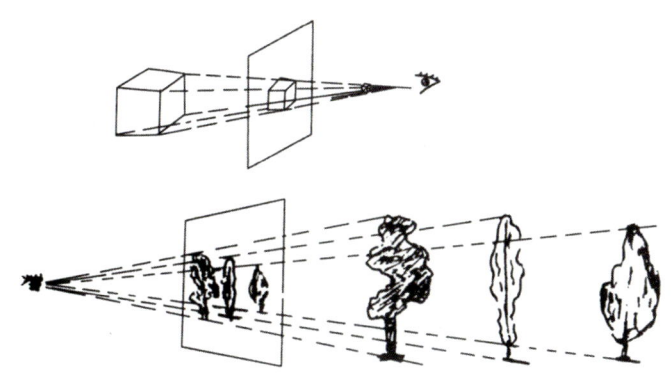

图2-16 素描图透视原理图

2. 线条应用

在素描过程中要以线为主，有时与点和色块配合应用可以获得较好的表现效果。线条的变化是由地质现象的形态特征来决定的。不论用简画或精描等不同方式，都可以利用线条的粗细、虚实、疏密、刚柔的对比手法来表现各种地质现象。

线条的应用，要求尽可能做到精炼而准确、肯定而明快。

1）轮廓线

为了控制地质体的外形，用块面分析方法把地质体的基本几何形体用简单的直线勾画出来。这种简单曲（直）线称为轮廓线。它确定了形体各部分的比例和相对位置，是进一步深入描绘的基础。用直线勾画轮廓便于快速抓住形态特征，用曲线容易使注意力分散到局部的精确性上而忽略了大体，初学者尤其要注意。

2）直线

用直线容易概括地表现某些地质体或地貌形态的特征。

3）曲线

外表轮廓成弧形或具有弧形起伏变化的形体、构造形态等常用曲线来描绘。

在地貌景观素描、露头素描及标本素描中，对于有特殊意义的地质现象或微地貌形态，可局部放大或以特写的形式表示。这样既表现了一定范围的地质环境，又表现了有特点的局部现象。

用轮廓线控制整体，再深入描绘，在局部和细节的描绘中要注意形体和线条的整体处理。运用整体—局部—整体的描绘步骤可以有条不紊地将各种复杂地质现象清楚地表现出来。

4）折线

折线经常用来表现棱角清楚的坚硬岩性砂体边界以及未经磨圆的破碎石块等。

5）点

一些松散破碎或粗糙的质感常用点来表示。用点的疏密变化可以生动地表现地质体的立体感。

6）专用线及专用符号

为了突出某一地质现象（如断层、不整合面、假整合面、矿层等），在素描图中特意添加或夸大的线条称为专用线。素描图中标明矿物和岩性的代号或符号称为专用符号，常和其他线条结合使用，但一般占有较突出位置。

7）线条的对比

利用线条的粗细、虚实、疏密、刚柔的对比不仅可以突出重点，增强空间感，而且还可以表现岩性差异、沉积作用差异所造成地质现象的形态特征。

（四）素描的基本要求

1. 目标

在开始画信手剖面图之前应该明确自己的目标，这样做的一种方式是以写标题或者把标题蕴含在目标里开始。

2. 笔纸工具的选取

一般是用铅笔手绘。用铅笔画图可以方便擦、改错误并且重新绘制。用铅笔同样可以更容易画出不同粗细的线条，同时可以打阴影让不同的特征更明显。少部分人直接用钢笔画图，野外不被推荐，因为钢笔画图不能及时改正,降低了精确度,也不利于保存,尤其是下雨时会造成墨迹混乱。关于纸张虽然有些人认为有底纹的纸或者图表纸对范围的确定更有用,但是很多素描在白纸上看起来更好。

3. 空间

在记录簿上留出一定的空间能够添加总结观察结果、标尺和方向的标签以及关键部分的详图(插图),与后面的示意图或者其他笔记记录以及总结解释的观点互相参考。但是注意不要添加过多冗余的标签以免破坏示意图的整体构型,使示意图显得混乱。

4. 标尺

所有的示意图都有一个标尺。根据野外工作目的来确定需要多大精度规模的示意图。需要考虑一些重要的特征,如悬崖峭壁、山坡等,一旦确定了某部分的大小(比如一个人的高度或一个建筑物的尺寸),可以用大拇指到手臂的长度来估计示意图所包含的范围。

5. 方向标

所有的示意图都应该有一个相对于北的方向标并且要确定是不是主视图、斜视图或者交叉截面方向的图。最简单和直接的添加方向标的方法是在主视图上用一个指向北边的箭头,在箭头的末端标明最近的坐标点,比如北西—南东、北北西—南南东。另外,也可以在素描图的中间标上观察者的视角,比如从东南方向看或者看向135°;后一种方法对于斜视图来说很常用,但是对于断面区域不推荐使用。

6. 视角

不同单元之间的界面和单元内部的特征(比如交错层理或褶皱)都以最合适的倾角表现出来。这不仅仅让示意图看起来更真实也更精确,而且也可让特征更容易辨别,达到写实的目的。

7. 局部细节放大

在某些情况下地质特征会在小范围内反复出现,或者有一个你想要搜集其更多细节数据的断面。所以相比于把这个断面所有的现象都记录下来不如在素描图上把它的主要特征画上,然后添加一个框框说明是在哪里拍的照片或者创造一个更细节的图,最好的方法是以一个更大的尺度来画这个细节部分。

(五) 素描步骤

信手剖面图的绘制要将地形与剖面相结合,使地质内容更加明显突出，这是野外地质工作中比较普遍应用的一种素描形式。下面以信手剖面图为例，简单讲解一下素描的步骤。

在信手剖面的绘制中应注意以下三点：（1）既要反映整体格局，又要突出最重要的观察内容；（2）注意地形起伏与岩性的关系；（3）留意形态起伏和岩性以及沉积旋回的关系。

1. 确定绘图方向和范围

画信手剖面之前首先应确定最佳的观测方向和确定素描范围，选择最佳的观测地点。野外取景一般有两种简单的方法：

一种是用硬纸板按方幅、立幅和横幅三种形式，剪出正方形及长方形的框框（方幅用正方形，横幅或立幅用长方形）。确定素描对象以后，手执取景框对准素描对象，前后、左右、上下移动观测，以选框中景象（图2-17a），直至认为合适时为止，框中景物就是这张素描范围，同时将地平线及主体景象的位置定在图上。另一种更简单的方法，是以双手食指及拇指组成框形（图2-17b），代替纸板取景框，适于野外随时作画。

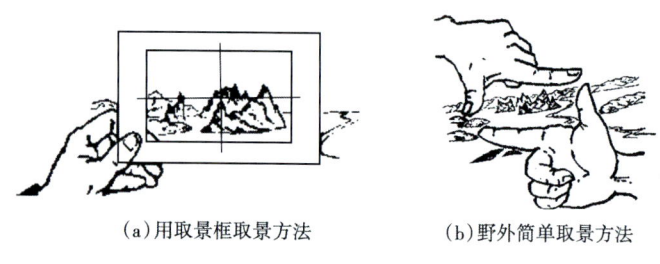

(a) 用取景框取景方法　　　　(b) 野外简单取景方法

图2-17　野外取景方法

2. 确定比例尺和物体的相对比例

控制比例，野外常用两种方法。一是坐标控制法，即在画纸上画出与取景框相应的十字坐标线，然后将取景框中十字线穿过的各点定在图稿中，同时标出横坐标以上的最高点及最低点、横坐标以下的最下点及最上点。在此基础上选择景中最重要的物像。

另一种方法是相对比例法，即素描前手握铅笔，伸直手臂以笔的一端瞄准景物高、低、长、宽、大、小等可比较的一端，并移动拇指把另一端准确的位置记下来。以第一次的比较长度作为一，其他各次以其比较的相对比例相应地定在图上，作为圈定大体轮廓的控制。以上两种方法常结合使用。

控制比例是描绘中的重要一步，搞不好，整个画面比例就会失真。因此大致轮廓固定之后，要认真对照景物检查一遍，在比例关系上没有大的出入才能进行下一步的工作。

3. 根据透视原理确定物体的相对位置

素描时先在平面上确定视平线，然后按相对比例和透视原理，确定物体在画面上的位置。（1）在平地上作画，视平线放在中线偏下较合适。山形近高远低，近大远小，在视平线上消失，山脚近低远高，接近视平线为止。（2）在高山上作画，视平线宜放高，视平线以下万物尽收眼底，近山大、远山小、近山低、远山高，在视平线消失。画面上的河流，近宽远窄，最远在视线上消失。利用上述透视原理，就能较正确地在画面上确定物体的位置。

4. 画出轮廓和划定板面

物体在图面上的位置大致确定后开始作画，从大处着眼，从整体出发，先勾画轮廓线然后轻轻画出物体的几何形状，再以物体的形态变化准确绘出轮廓图，注意受光部分要轻、背光部分要重。

在大体轮廓已定和控制好比例的基础上，从近到远，从主到次，逐个将已选出的"景象单位"，按实际形状近似的几何立体形状圈定出来，并分析其主要板面的性质，画出板面分割线。

画主要的地质界面——画不同单元之间的主要界面。当你画界面时要特别注意界面类型，是突变还是渐变？是波动起伏的还是平坦的？用一条粗的线表示突变和与众不同的界面，用中等粗细的线表示渐变。用罗盘倾角测量功能测明显的角度，用大拇指向上以一条手臂的距离估计相对厚度。确保单元之间的界面在整个范围内是连续的。这时素描稿已初具立体感效果。

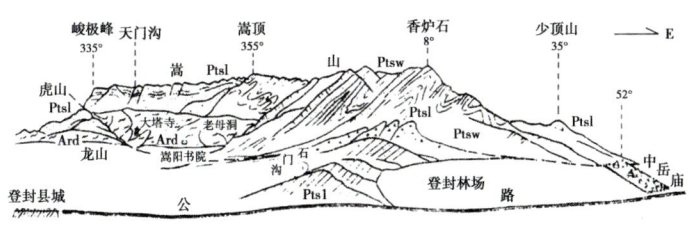

图 2-18　河南嵩山地貌及构造素描图
（引据《区域地质调查野外工作方法》）

5. 刻画细部、加注说明

　　板面分割线条画完后，应即着手景物细部的表现。如砾石、砂体及泥层等。所谓的细部刻画，也不是点滴不漏，它是根据要表现的地质内容要求并经过取舍，未突出重点现象，以便说明想要说明的地质问题与成因。

　　阴影线描绘局部的线条，画局部同样要主次分明，先主后次、先近后远，近景明暗鲜明，远景暗淡模糊，主体要画得详细、准确、突出，次要部分画得简单、隐约一些。

　　依次观察每个单元，任何深色的阴影单元（适当地使用不同密度的阴影），在每个子单元的任何细节使用细线，如薄层、沉积结构、褶皱等。确保当你添加到草图的主要单元之间的界限保持清晰。如果草图中有的部分特征很难区分，或者你没有时间添加细节，可以相应地采用草图贴标签（如块状、内部特征没有显示出来）。

6. 最后的润色

　　主要素描内容完成后，再画上作为比例尺和表明相对位置的信息。一幅完整的信手剖面图，除了表现地质现象的形体外，最重要的是要表现出基本的地质成因或解释，此外还应包括图名、方向和观察点的坐标等。

7. 野外实例

1）对露头单元进行评估

　　首先应花一些时间仔细观察露头，确定它们共包含多少个单元。寻找所有重要的特征，如砂体间的交切关系。选择一个具有代表性的剖面进行素描（图 2-19 中黄框部分）。

2）画出轮廓

　　在野簿上选择一个适合素描的位置，在页面顶部记录下标题与说明，详细说明素描剖面的地点和观察目的。首先描绘出该区域的轮廓，即剖面的顶部和底部，并将素描图横向扩展到野簿选定区域的边缘。如果选择的剖面中有植被，则应至少选一些主要的部分以供参考（图 2-20a），并可作为参照物与相对比例。

3）画出主要的地质体边界

　　画出各单元之间的界限。前已述及，不再赘述，但如果边界被植被或坡积物覆盖，需要做出标记（图 2-20b）。

图 2-19　野外露头

4）画出各次级单元的边界以及风化剖面

如果岩石单元有不同的风化作用，在这个阶段就可以在草图的侧面绘制一个与每一个单元直接相关的风化剖面。这样就可以使素描更主要的集中在剖面上免受风化的影响。

用适当粗细的线条或线型（虚线、点画线等）画出次级单元的边界。如果有需要的话，可以画出一些其他的特征，如卵石以及参考点上更多的一些细节（如植被等），这样可以帮助定位素描图的不同位置但又不会影响到素描图的主体部分（图2-20c）。

5）绘制每一个单元的内部细节

依次观察每一个单元并添加一下细节，具体方法，前已述及，不再赘述（图2-20d）。

6）最后润色

加入比例尺、方位并为每个单元编号以便之后在野簿上引用。可以在重要部位进行细节描绘，并说明该细节与主图有何关系（图2-20e）。

（六）其他技巧

（1）如果露头暴露的许多薄层单元没有明显不同，可以集中在一或两个层上，并用它们来描述所观察地质现象的整体结构。

（2）如果层面的结构复杂，可能有不止一个解释。可采用一个

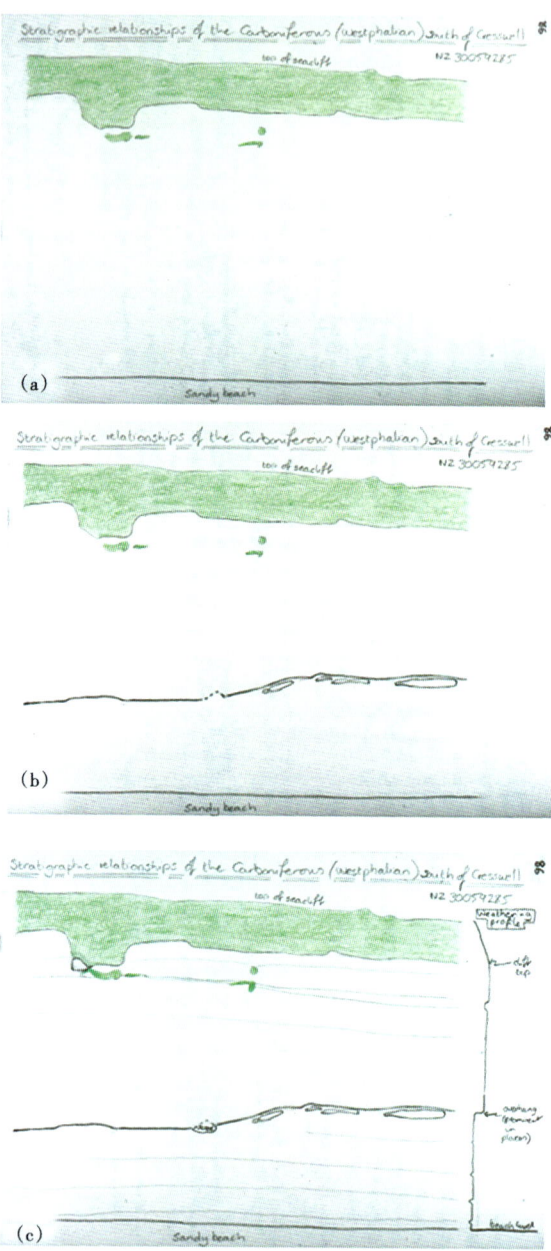

图 2-20 野外素描剖面画法（据 Anfela L. Coe，2010）

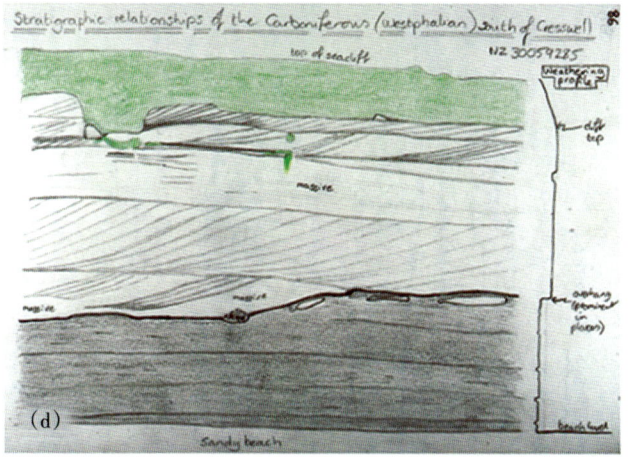

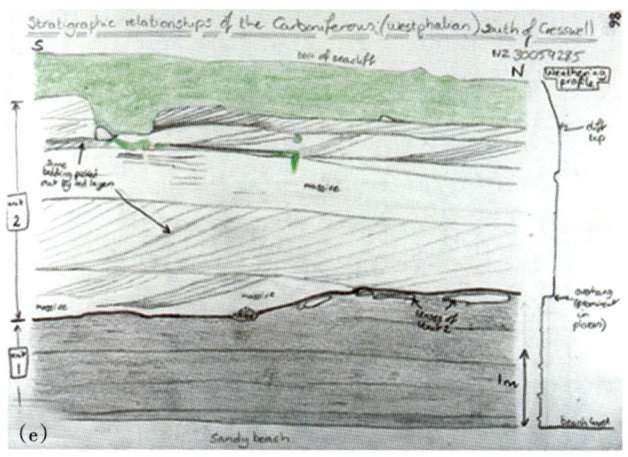

图 2-20 野外素描剖面画法（据 Anfela L. Coe, 2010）（续）

以上的示意图显示，或完成一个草图及添加一些小动画显示不同的解释或用不同的颜色来描述不同的解释。

（3）使用不同粗细的线条或线型（虚线、点画线等）来区分层次分明的界限，用阴影来显示较深的颜色单元。

（4）如果草图横向区域较广，可添加水平尺度或考虑缩放草图。

（5）无论是否发生岩石变形、沉积过程或侵入过程，所有地质特性都应表示在三维空间上。有些人能够在三维图画表示，大多数人却做不到。对于大多数断层和岩层来说，二维素描就已经足够了。

五、综合柱状图的描述方法

综合柱状图能很直观地表现出出露剖面的总体地质特征，也能很方便地找出不同地区对应剖面之间的相互联系，并进行对比。相的重复叠置、沉积旋回和整体趋势将非常明显，比如地层整体向上的基本四要素变化，即岩层厚度、颜色、粒度、沉积构造向上的变化特征与规律。这些变化趋势可在柱状图旁边加上箭头或窄三角形来表示，以便反映沉积背景、气候、水体深度以及水动力强弱的变化。另外，柱状图的直观性有助于对地层序列的解释。然而，柱状图能反映序列的垂向变化，但不能反映横向变化。

垂向的比例尺根据所需的详细程度、沉积物多样性和有效工作时间确定。对于较短剖面的精细工作来说，比例尺常用1∶10或者1∶5，但是对于许多研究目的来说，一般都用1∶50（也就是说柱状图上1cm代表0.5m）或1∶100（1cm代表1m）。在某些情况下，没有必要画出整个地层的垂向序列剖面，也没必要整个序列都用同一比例尺。一个有代表性的剖面多数情况下就足够了（图2-21）。

当露头连续性较好时，则不用担心柱状图的延伸，一般只需沿着最简单的路线即可。如果露头很好但其在各处延伸不好，则需要沿着剖面的横向延伸去追踪目的岩层的连续露头。至于那些序列中没有在地表出露的岩层，一般是泥岩，则需要挖一些探槽；否则，在柱状图中应空出没有出露的地层资料。最好是从地层层序的底部向上追踪观察。这样可以了解到沉积作用随时间的发展变化并建立完善的沉积演化概念。从而顺剖面判断识别地层边界和相变就变得比较容易。

如果在野外考察时间有限，可事先在去之前准备好空白的柱状图框架。另一种方法是在野簿上画柱状图。对于柱状剖面图来说，即使同一地区，不同部位地层出露情况也没有一定的规律。实际上，沉积序列柱状图相互之间都不相同，地层的特征都应记录下来。因此需要注意以下几个方面的特征描述：地层或岩石单元的厚度、岩性、结构、颗粒粒度、沉积构造、古流向、颜色及化石。地层之间接触面的性质也应记录在柱状图上（图2-22）。

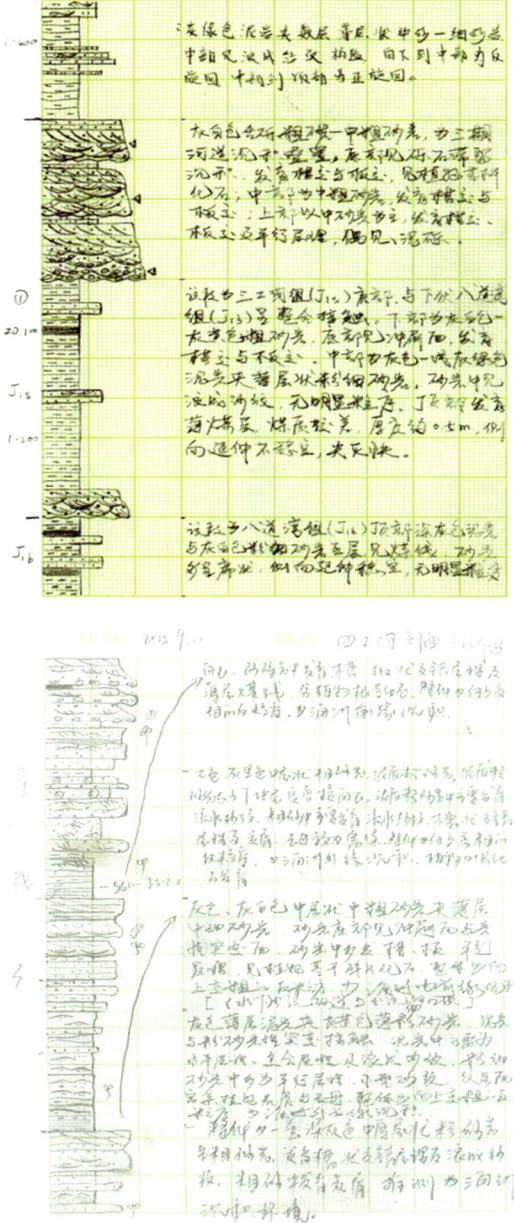

图 2-21　野外岩性综合柱状图野簿示例

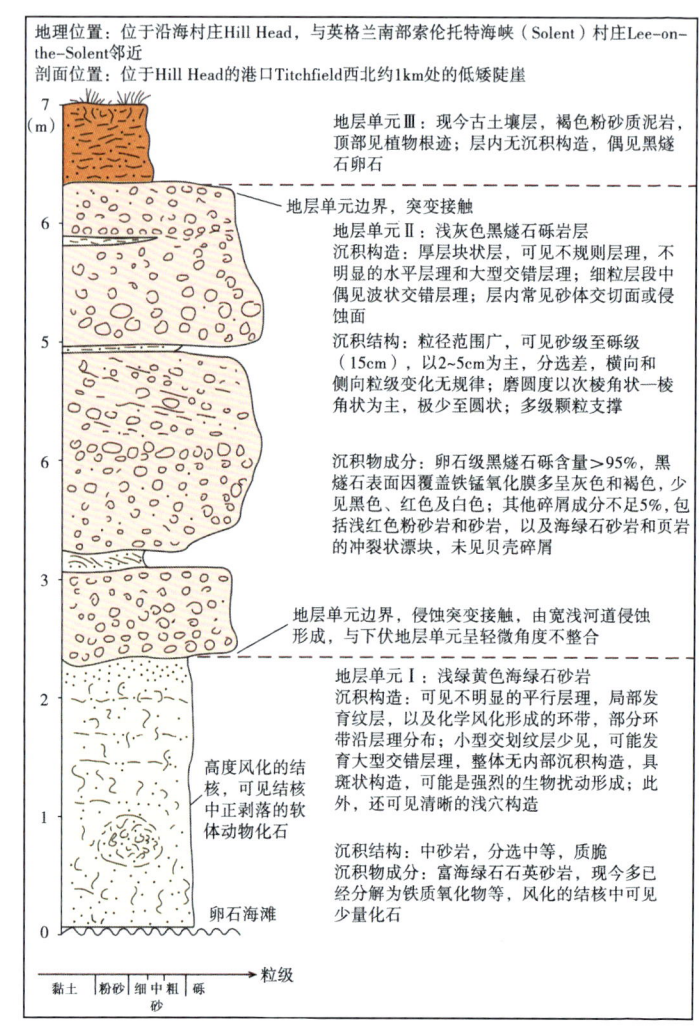

图 2-22 露头岩性综合柱状图实例（据 Stow 等，2009）

（一）地层和岩石单元的厚度

一般都由皮尺或卷尺测量，地层真厚度计算方法前已述及，不再赘述。如果层理面明显或者岩相出现变化时可确定岩石单元范围。但若出现以下情况则应谨慎：（1）当岩层倾斜角度较大或者暴露面相对于地层倾斜时；（2）在地层序列中的单元界面拉伸时此处尤为注意。

在描述宏观地层时，对于完全相同的薄地层则在柱状图中可将其作为简单的岩性单元而归为一组。在较薄地层，不同岩相快速变化的地方，比如层间砂岩和页岩（异粒岩相），它们都能作为一个整体单元。除了记录该单一地层的厚度和特征，还要记录顺地层单元向上地层厚度的增减规律。因此，当第一次观察所要研究的剖面时，可稍向后站远一点观察自然的分割或断裂来划分不同的地层或岩石单元。

为了方便后续参考，一般会给每一个地层或岩石单元编号，如果研究顺序顺层，则从层序的底部开始编号。编号原则最好与国际地层相一致，如早侏罗世晚期 J_1^2（1 为下标，2 为上标），这样便于他人理解与记忆。

（二）岩性和粒度

在柱状剖面图中，不同的岩性需用不同的图例来表示。相同的岩性，不同的粒度要用与之相对应的宽度加以区分，以此来表现粒序在垂向上发生的变化特点与规律。柱状图中应有一个适用于结构栏里的水平比例尺。对大部分岩石来说包括泥岩（黏土+粉砂）、砂岩（分为极细砂、细砂、中砂、粗砂、极粗砂）和砾岩，粒径栏越宽则粒径越粗（表2-4）。柱状图中，岩性和结构都综合在一起。记录的岩性往往需要使用一些适当的装饰。如果还要继续细分岩相，则需要加入更多的图例，彩色铅笔也经常用到。如果是层间很薄的两种岩相，则用垂线将柱状图图框分成两个，然后使用两种类型的图例。野簿中应包括关于岩相更为详细的注释和观测结果，地层或岩石单元应编号。

表 2-4　碎屑沉积物的粒度划分标准和野簿岩性描绘宽度
（引自于兴河，2008）

名称	粒度名称	粒径（mm）	φ值	画图宽度（cm）
砾 （gravel）	巨砾（boulder）	>256	<-8	3.0
	粗砾（cobble）	64~256	-6~-8	2.6
	中砾（pebble）	4~64	-2~-6	2.4
	细砾（granule）	2~4	-1~-2	2.2

续表

名称	粒度名称	粒径（mm）	φ值	画图宽度（cm）
砂 (sand)	极粗砂（very Coarse）	1~2	0~-1	2.0
	粗砂（coarse）	0.5~1	1~0	1.8
	中砂（medium）	0.25~0.5	2~1	1.6
	细砂（fine）	0.125~0.25	3~2	1.4
	极细砂（very fine）	0.0625~0.125	4~3	1.2
泥 (mud)	粉砂（silt）	0.0039~0.0625	8~4	1.0
	黏土（clay）	<0.0039	>8	0.8

注：$\phi = -\log_2 D$（D 为粒径）。

（三）结构和构造

沉积结构的描述诸如：颗粒组构、分选、磨圆和形状等结构特征都应在柱状图中表现出来，同时也要用文字记录在野簿中。尤其是地层序列中的砾岩和角砾岩这些特殊岩性更应注意（第三章）。

沉积构造是沉积物和沉积岩中最常见而又最容易直接观察到的主要沉积特征之一。因此，沉积构造的正确识别是沉积环境可靠性判别的坚实基础。无论是研究沉积物或沉积岩本身，还是解释沉积环境，都必然要涉及沉积构造，各种沉积构造的详细介绍见第五章。

沉积构造一般出现在岩层内部，如果层面沉积构造和层间沉积构造都很常见的话，在柱状图中应该分栏表示。关于沉积构造的测量数据、素描图和描述应该记录在野簿里。

（四）地层接触面

地层接触关系在柱状图中应用图例表示。在记录地层单元接触面时应重点记录以下内容：岩性突变面、岩性不整合面、沉积间断面、断层面（正断层、逆断层、走滑断层）、冲刷面（形态、特征、泥砾）、暴露面（根土岩、植物根系、风化壳等）。在描述不同岩性接触关系时，应重点描述不同类型接触面的岩性、颜色、成分、结构、构造及接触面的其他沉积特征。确切来说，界面的划分应分为不同的级次（图2-23）。

(a)地层界限

(b)砂体界限

图 2-23 不同级别界面图

关于地层界面的描述应注意以下几个问题：（1）接触面是平面还是不规则面；（2）突变的冲蚀面还是渐变面。以上每种类型的界面在柱状图里分别能用直线、曲线/不规则线或者虚线表示。层理面的类型在第五章中有列举。

（五）古流向

对于柱状剖面图来说，单独的栏里应加有读数，或者在靠近结构柱状图加上箭头或趋势线。其测量结果应记录在野簿里或记录表里。具体操作将在第六章中详细介绍。

（六）化石

在野外经常见到的化石主要包括木本植物（茎干、叶片）、草本植物和动物。这些应标注在岩性柱状图内部或者一侧，如果有可能，柱状剖面图中显示的化石还应记录岩层中主要的化石群组，对特殊化石应有专门的照片，可能的话对其大的门类和属种有一判别与记录，为后续沉积环境分析提供认证。

（七）颜色

沉积岩的颜色对岩性、沉积环境和成岩过程有重要的指示作用。虽然个人对颜色的主观判断并不完全相同，但一般而言一个简单的判断已经足够，只是需要观察岩石新鲜面的颜色。

沉积岩的颜色主要受两个方面的影响：（1）铁质成分的氧化状态；（2）有机成分的含量。

1. 铁质成分氧化状态

铁存在两种氧化状态：Fe^{3+} 和 Fe^{2+}。三价铁经常出现在赤铁矿中，即使含量很少，比如少于1%，岩石也会呈现出红色。赤铁矿地层的出现需要氧化条件，经常出现在半干旱的环境中。这些环境（沙漠、盐湖和河流）中形成的砂岩和泥岩经常由于赤铁矿的浸染而成红色。

含有三氧化二铁、针铁矿或者褐铁矿水合物常呈浅黄色、黄色或者褐色。一般来说，黄褐色是二价铁物质（黄铁矿、菱铁矿、铁方解石或者铁白云石）近期风化和水氧化作用形成的。

还原环境中的铁主要以二价铁的形式出现，主要在黏土矿物中，岩石表现为绿色。红色的沉积物可以减少最终呈绿色，反之亦然。

2. 有机成分含量

沉积岩含有有机物，通常呈灰色，含量越高颜色越深，甚至可变成黑色。富有机质沉积物通常出现在缺氧环境中。浸染状黄铁矿同样会使沉积物呈深灰色甚至黑色。经过土壤层改造的黑色砾岩，可能是森林火灾形成的，经常与不整合及暴露共生。

其他颜色，如橄榄色和黄色为染色物质混合的结果。一些物质含有特殊的颜色，如果其含量够多，足以将岩石染色。例如沉积岩因含海绿石和绿泥石可呈绿色，含有石膏可呈淡蓝色。

泥岩、黏土岩和石灰岩等一些沉积物可呈杂色，主要是因为含有少量变化的灰色、绿色、褐色、黄色、粉色或者红色。这可能是由生物扰动、不同颜色的洞穴和没有生物扰动的沉积物混合产生的遗迹组构，或者由于岩石的土壤化过程（土壤中水分移动引起铁氧化物、氢氧化物、碳酸盐和根系的不规则分布）。斑状或杂色沉积物经常出现在湖泊和泛滥平原的泥岩中，特别是沼泽环境中（土壤化作用强烈影响湖泊沉积）。

对沉积岩颜色记录的最好方法就是使用颜色表。为了方便设计了一些简单的颜色栏的缩写词（表 2-5）。

表 2-5　沉积岩颜色和原因

颜色	原因
红色	赤铁矿
黄色或棕色	氢氧化铁或其水合物
绿色	海绿石、绿泥石
灰色	少量有机物
黑色	大量有机物
杂色	淋滤作用
白色或无色	淋滤作用

(八) 地层顶底

沉积岩层一般都发生一定程度的变形，在小露头中，特别是那些垂直的地层，沉积地层的顶底不是很明显。因此需要检测出地层的新老关系，其能够示出顶底的沉积构造类型很多（图 2-24）。本书随后还将介绍通过多种沉积构造推断地层新老关系的方法。

其他可利用的有利构造有：

（1）交错层理：寻找交错层理的削截关系，新地层的层理一般切割老地层；

（2）粒序层：对于一些沉积环境的地层中，地层底部的颗粒一般较粗（但要注意会有粒序倒转的可能性，特别是在砾岩中和较粗的砂岩中）；

（3）层面流痕构造：岩层地面的冲槽或印模痕；

（4）泄水和负载构造：火焰状、沉积岩脉、砂火山；

（5）波痕和泥裂：一般出现在岩层的上表面，"V"形向下的裂缝且充填有沙；

（6）某些示踪化石和化石的生长姿态（如珊瑚、厚壳蛤礁、分熔石）。

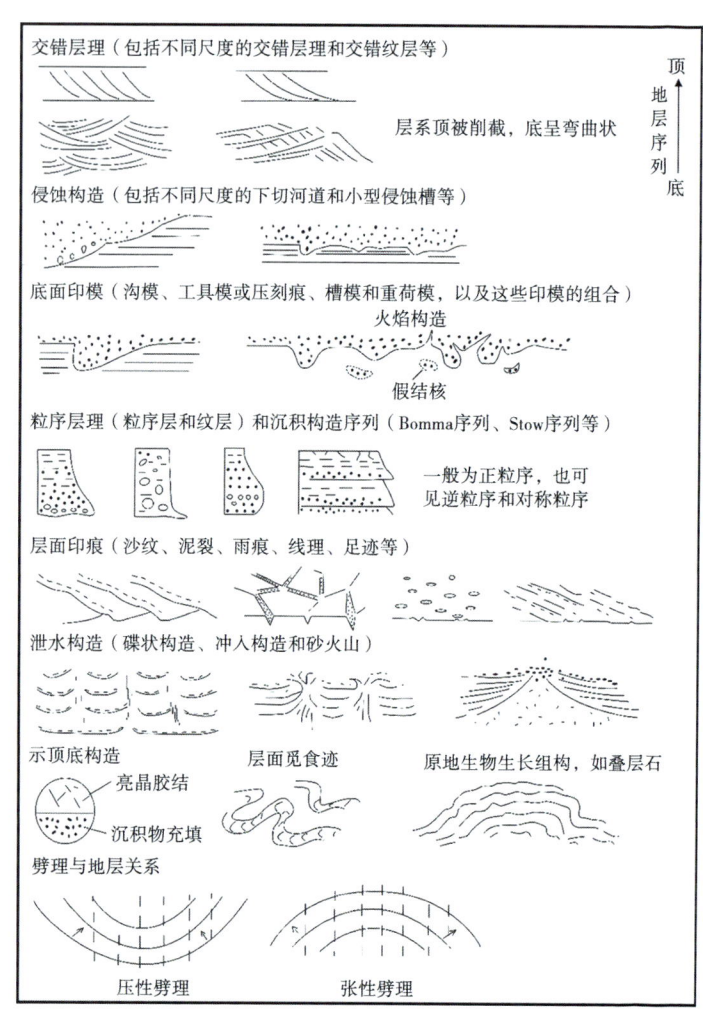

图 2-24 可指示顶底的沉积构造（据 Dorrik，2009）

另外，还有一些可推断顶底的构造特征：岩层断裂关系和褶皱指示方向。

（九）备注栏

用来记录地层或岩石单元一些特殊的特征，例如风化剥蚀程度、自生矿物（黄铁矿、海绿石等）以及关于沉积构造、结构或岩相的补充性描述。节理或断裂也应记录下来相互间的间距和密度。在野簿中要加入样品编号、采集照片的位置以及素描图的交叉引用。

六、样品采集

取样是野外工作的关键组成部分，样品收集工作是野外地质工作中最为关键的一环，需要在野簿上详细的记录取样地点、取样数目、样品性质等要素，确保采集的样品有助于后续的实验分析，还应保证样品的代表性和真实性。收集好了样品之后，样品所想做的化验分析手段与最初规划往往有所差异。因此，在取样之前需要考虑：（1）取样是为了做何种分析化验，能解决什么问题，需要多少和什么样的样品；（2）样品是否具有代表性；（3）需要什么样的采样频率或密度；（4）样品是否新鲜且未遭受风化作用（以研究风化为目的除外）；（5）样品是否需要定向；（6）野外取样工具是什么；（7）是否确切记录样品来源；（8）是否记录了样品是怎样收集的，例如使用的工具（消除可能的污染）和地层准确性。

（一）样品的类型

野外地质调查过程中需采集的样本类型繁多，因此必须明确各种样品的目的性，针对样品的用途和要求，采取有效的采样、加工处理和实验工作等技术措施，不可信手拈来，在出野外前就要有一个详细的计划。

1. 选择与标记样品

样品大小与性质取决于分析、化验类别。采样的垂直和水平间隔取决于研究目的。除此之外还要考虑岩性变化、沉积速率等因素。本节侧重于讨论基于样品的预期目的而需要考虑的因素。

在选择样品进行地球化学分析、岩矿与微体化石分析鉴定，以及高分辨率研究时应注意避免交叉污染。

2. 薄片样品

若岩石粒度较细，大约 10cm×5cm×5cm 的样品通常足以制成一个或多个薄层切片。如果岩石粒度较粗，应该取适合于该粒度的样品。为保证其可以夹在岩石锯中，样品需要足够大。如果需要定向，则要注意样品的取样位置和形状。变形岩石最好取两个甚至三个取样方向相互成直角的切片，所以略大的样品更适合。

3. 定向样品

1）变新方向和大致定向的样品

对于一些研究，有必要弄清沉积岩的变新方向，并且将该方向用箭头记录在垂直于层理的面上。对于火成岩碎屑岩来讲，可能需要记录地层变新方向以区分堆积岩、火山碎屑岩和包含流动特性和气孔的火成岩。变质岩的样品也常常需要记录顶面，因为需要在相对组构的一个特定的方向上切片。下面提供一个更精确的定向样品的方法。

2）精确定向的样品

对于一些要进行古地磁研究的样品和进行更精确的变质和结构分析所需的一些样品，需要确保样品在野外精确定向。要做到这一点，应先找到一块暴露的容易采集的岩石，或者岩石的断裂方式适合采集样品的岩石，然后找到确切的地方。使用指南针—测斜仪沿着走向、倾向，向上或顶部准确标志岩石。

定向样品也可以通过取钻用于古地磁的研究，通常的取样器是一个直径 2~3cm 的金刚石钻管。通过对岩石钻孔取得样品后，其后面仍旧连着柱状岩石，使用改进后的罗盘—测斜仪对该柱状岩心进行定向。

4. 样品地球化学分析

200g 样品通常足够做一系列的主要元素、次要元素、微量元素及同位素分析，非常粗粒或异构的岩石则可能需要大约 1kg。在进行地球化学分析之前，要确保样品的新鲜性，去掉风化表面。如果可能的话，最好在野外就去掉风化物质以确保拿回的是一个新鲜的样品，因为在野外更容易估计到岩石风化的程度。岩石颜色的变化是风化的一个良好指示，风化后岩石的断裂模式和硬度也会发生改变。此外，一些岩石含有矿物风化的产物（如风化的泥岩经常发育石膏晶体）。如果样品是为了做金属同位素分析，则还需要小心避免样品受金属凿子和锤子污染。

5. 用于矿物分析的样品

用于矿物分析所需要收集的样品数量取决于要提取的矿物质和岩石成分。重矿物如锆石在岩石中存在的丰度低，这可能需要 1~2kg 的岩石。对火山玻璃和长石测 $^{40}Ar-^{39}Ar$ 和 K-Ar 数据一般至少需要 1kg 的岩石。火山碎屑岩和沉积岩中的粗粒矿物更容易辨认也最富集。

6. 化石样品

样品的大化石分析：大化石样品及其支撑的岩石往往很大，最好用纸包住它们。如果岩石较脆或岩石需要慢慢变干，则可以用薄膜/塑料食品包装袋包起来，然后再用纸包上。化石通常具有商业价值，因此对于一些特殊化石的携带和运送往往需要地区或国家的特别许可证。重要的标本在分析后应该捐赠给博物馆，样品数据可用于后续各种用途。

样品的微体化石分析：用于微体化石分析的样本大小取决于样本内可能的化石丰度。根据有孔虫的平均化石丰度，一般 200g 样品应该足够；超微化石和硅藻化石一般 10g 样本就足够了。孢粉学样本则需要 0.5~1kg。

样品的分子化石分析：分子化石分析所需样本非常小，但需要的样品应足够大（2~5g）以避免污染。样品应该用金属箔或玻璃或已知成分的聚乙烯袋包装。另外，需要注意在每个样本之间应该仔细清洗取样工具以避免交叉污染样品。

7. 区域研究采样

进行区域和低分辨率研究需要采集能代表整个地区地质特点的样品。此外，因为其成分未知，样品应该从需要进行实验室分析的地方收集。可以先从收集各岩石地层单元的样本开始。如果该地区相当的庞大，则可以在目标区域沿水平和垂直方向分别均匀间隔取样。

8. 高分辨率样品采集

进行高分辨率研究的样品采集需要仔细和极大的耐心，按逻辑设计标记样品/样品位置。暴露面在提取样品之前可以先拍照作为永久记录。该部分可以根据实际情况适当的用贴纸、记号笔、油漆或修正液进行标记并清楚地显示在岩石上。另一种方法，只要没有保护问题，可以先准确地标记岩石，再提取一个大样品或一组样品，然后将子样品带回实验室进行分析。根据研究的目的也可能需要采集重叠或重复的样品。

高分辨率样品采集应尽量避免样品污染问题。根据露头的性质，为了避免物质掉到有待采样的部分，样品最好从下到上进行采集。此外，用于收集样品的工具需要仔细清洗。需要对岩石粉末进行化学分析的沉积岩或其他相当软的岩石进行有效取样的方法是先标记岩石，然后用直径 10~15mm 的金刚石钻进行钻孔，钻孔时在钻头下用袋子收集岩石粉末。需要注意在样品之间要仔细清洁钻头，以确保没有交叉污染。这种方法不适用于那些要进行金属同位素分析的样品，因为与钻头密切接触可能会受到污染。非常软的沉积物，尤其是那些高含水的沉积物可以用刀切出所需的样品进行取样。钻孔可以提取约 2cm 直径的岩心用来获取小的高分辨率的坚硬岩石样品用于进行古地磁学研究。

在某些情况下，需要整个地层或一组地层的样品。在这种情况下最好是采集地层中重叠的大样本，找适合取样的部分，先标记岩石，再用锤子和凿子或切石锯采集样品。取大样品或许存在环境保护问题，不要忘记须事先得到许可。

(二) 样品的收集

对于大部分沉积学实验室内工作来说，要根据岩石性质和研究目的来选择一定数量的手标本。样品一定要在原位置收集，而且应该检查样品是否新鲜未风化，且岩相方面有一定的代表性。在用锤子取样品时有必要戴安全护目镜来保护眼睛。

为岩样贴上标签，用防水记号笔为样品或样品袋标上数字。许多情况下，有必要沿着向上方向给样品编码，再加上一个指向地层顶面的箭头。对于详细的结构研究来说，岩石的指向（地层走向和倾斜方向）也应该标记在样品上。为保险起见，样本编号和指向性记录应在野簿里，还要附加一张素描图，并由 GPS 定位。

标本的规格，陈列标本一般为 9cm×6cm×3cm；供鉴定用的标本以能反映实际情况和满足切制片、薄片以及手标本观察的需要为原则，一般不小于 6cm×4cm×3cm；对于矿物体、化石和构造标本规格不限。对于实验性研究一个手掌大小（约 1kg）的样品已经够了。在野外也能收集到大型的化石，用来后期清理和鉴定。不同地层或不同岩相中的动物化石应装在不同的样品袋里。许多化石需要单独用报纸包起来。

采集化石应以节约性和保护性为原则，不能因利益驱使而过度采集；只采集那些对自己项目有价值的化石。在野外许多化石的鉴别对沉积学和古环境学很有价值，那些就没必要采集。

(三) 样品的记录

为方便理解和后续研究，建议基于研究目的为样品制定一个合适的标签图标。在区域研究中，经常使用的图标是用当地区号或名称的缩写，之后为采得的样品号，样品的编号常采用的方法是：地区-层位（年月）-序号，如 DT-J_2-25（大同-中侏罗统-25 号样）。另一种可能方法是样品号包含日期或部分日期，这样可以轻松地找到相关的野外笔记。高分辨率研究需要收集数以百计的样品，这就需要不同的策略。如果样品是在特定的地层高度，将高度合并到样品号中会很有用，这会使在后期的电子表格处理阶段的数处理字变得简单。为了方便所用样品的统计与整理，还应将所有样本统计成表，当然表的格式可根据自己需要设计（表 2-6）。

表 2-6 观察点及标本、样品登记表

第 1 页

年　　月　　日

路线编号	观察点号	点的性质	X	Y	产状	标本样品编号							备注
						标本	化石	薄片	光谱	年龄	照片	其他	

样品本身，只要它足够大且没有污染问题，就有助于记录样品号，如果适用的话，也有助于记录向上和（或）取向。在样品袋或包装材料的外部可以恰当地记录以下方面：（1）样品号；（2）交叉引用野外笔记和（或）收集的数据；（3）位置；（4）样品是否定向；（5）岩石类型。

第三节　地层露头主要研究内容

在掌握野外工作的技术之后，更重要的是能够从野外露头提取出相关信息。虽然不同的考察目的其研究的侧重点不同，但一些地质内容作为野外工作的基础是每一次野外地质工作中都应该详细研究的。本节重点介绍在野外工作时应该考察的基础内容。

一、综合命名

岩石定名要概括岩石的基本特征。通常采用结构成分分类法。岩石定名=颜色+层厚（规模）+粒度+成分（结构成分分类法）+岩性。例如：浅灰色中层状中粗粒岩屑石英砂岩。

颜色是岩石最醒目的标志，它主要反映岩石内矿物的成分和大的沉积背景。因此，在给岩石定名时，把颜色放在最前面，以作为鉴定岩石、判断沉积环境、地层分层对比的重要依据。单层层厚主要反映其沉积规模的大小，即反映可容纳空间的大小、沉积速率的快慢及物源供给状况等，但在描述时应有一个相对的标准。由于不同的研究区、不同的层位沉积速率差异较大，因此标准也不太统一，但一个研究区应相同，通常采用的标准是块状（巨厚层状）大于50cm、厚层状为30~50cm、中层状为10~30cm、薄层状为1~10cm、页片状小于1cm。

粒度的粗细是进行水动力条件强弱分析的主要依据，也是沉积物搬运距离或搬运方式分析的最重要资料，在定名后应对结构成熟度进行观察和描述，目的是为了分析其形成的水动力能量及搬运距离。成分不仅反映物源区的岩性，同时反映风化作用的强弱、沉积物的搬运距离，从而可以反映沉积区的大地构造背景。然而，成分的识别与鉴定通常难以做到十分准确，而且鉴定人员的经验十分关键，通常应有一定数量的薄片鉴定资料进行佐证，其核心是分析成分成熟度，进而达到分析沉积环境与储层物性的目的。

二、界面划分

界面划分是进行沉积或基准面旋回分析的基础，界面是通过地层岩性的接触关系表现出来的。它是指不同岩性接触面及其沉积变化特征。地层岩性界面类型通常分为三种：（1）岩性渐变/突变面或不整合面；（2）冲刷面（形态、特征、泥砾）；（3）暴露面（根土岩、植物根系）。在描述不同岩性接触关系时，重点描述不同类型接触面的岩性、颜色、成分、结构、构造及接触面的其他沉积特征。确切来说，界面的划分应分为不同的级次并且在划分时应和沉积或基准面旋回分析进行配合来划分（图2-25）。

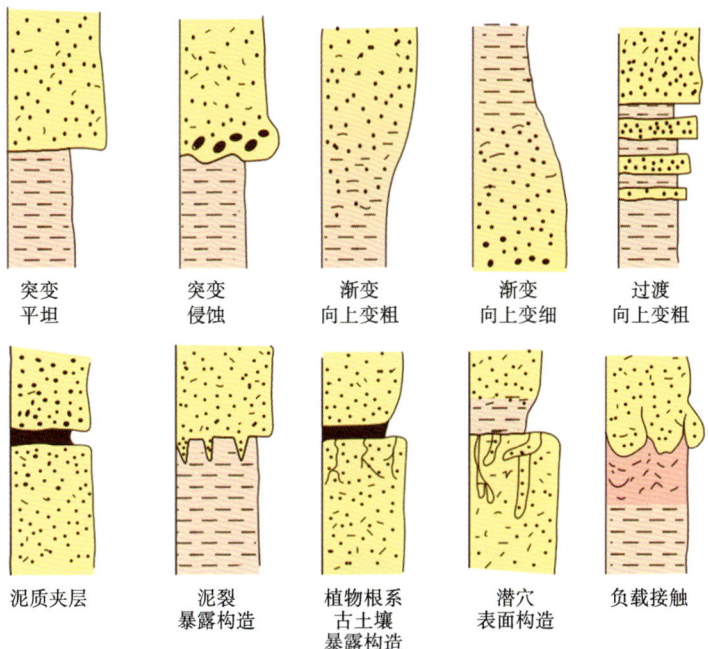

图 2-25　岩层接触关系示意图（据 Trucker，2011）

三、旋回分析

沉积旋回（depositional cycle）与韵律（也称粒序）通常不是同一概念。前者多指所有沉积特征（粒度、厚度、颜色及岩性等）在垂向上的变化规律；后者建议用粒序，则重点指粒度在垂向上的变化特点，如向上变细的正韵律（正粒序，finning upward）和向上变粗的反韵律（反粒序，coarsening upward）。因此，在进行野外工作时，重点是对韵律（粒序）特征的观察与描述。很多人将沉积旋回与韵律（粒序）作为同义词，其原因就是旋回分析的核心离不开沉积韵律或粒序特征的研究（图 2-26）。

沉积旋回定义为"沉积层的厚度、粒序、颜色按一定的规律或顺序向上变化或重复出现的组合"，主要包括三种基本类型——正旋回、反旋回或复合旋回。例如：正旋回自下而上岩性按砾岩、砂岩、粉砂岩、泥质粉砂岩和泥岩的顺序出现，即由粗变细的粒序。通常

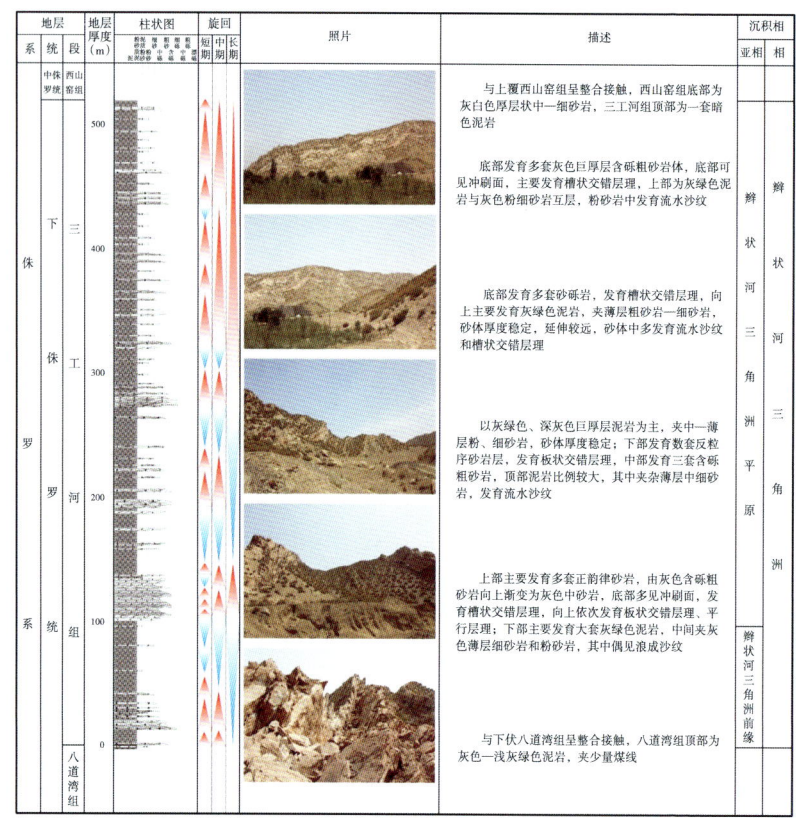

图 2-26 准噶尔盆地南缘综合柱状图

情况下砂岩的沉积厚度也向上逐渐变薄，即沉积规模减小，而且颜色逐渐向上变深，复合旋回则是正、正旋回的叠加或反、反旋回叠加；更多的是先正后反旋回或先反后正旋回的组合（图2-27）。

旋回描述的内容包括（从下向上的变化）粒度、颜色、厚度及层理规模大小在垂向上的变化，结合岩石成分、结构和沉积构造类型等特征，进而分析水体（水深）的变化，重点要对粒度的变化做细致描述。同时对韵律或粒序的厚度、接触关系、变化趋势等进行描述。每描述完一套地层后，都要对沉积旋回进行综述，分析旋回的组成特征在垂向上的变化规律与次数，以便分析沉积时的水体变化次数或沉积作用的变化特征，正确确定其沉积环境。就层序地层学或

图 2-27 反粒序、反旋回

向上颗粒粒度逐渐变粗，表现出反粒序，岩性由碳质泥岩过渡到粉砂岩，单套砂体厚度增大，颜色由灰色过渡到灰黄色；泥岩厚度减薄；整体表现为反旋回；准噶尔盆地南缘，四工河剖面

基准面旋回分析而言，核心是分析水体或水位深度的变化，进而分析可容纳空间的变化以及沉积物的供给对沉积体系的控制，以便探讨沉积环境的变迁。

四、构造识别

沉积构造（sedimentary structure）是在沉积过程中由于床砂底形的迁移所形成的，它反映沉积物的沉积环境。这是由于不同沉积环境和条件下，具有不同水动力条件，而不同的水动力条件其搬运方式不同，所造成的床砂底形也不尽相同，因此所形成的构造特点也不一样。其主要包括成层构造（又称层理）和非成层构造两大类（图 2-28）。

（1）常见的成层构造有水平层理、小型（流水/浪成）沙纹交错层理、平行层理、板状交错层理、羽状交错层理、槽状交错层理、复合层理（透镜状层理、波状层理及脉状层理），另外还有由于重力作用形成递变层理等。

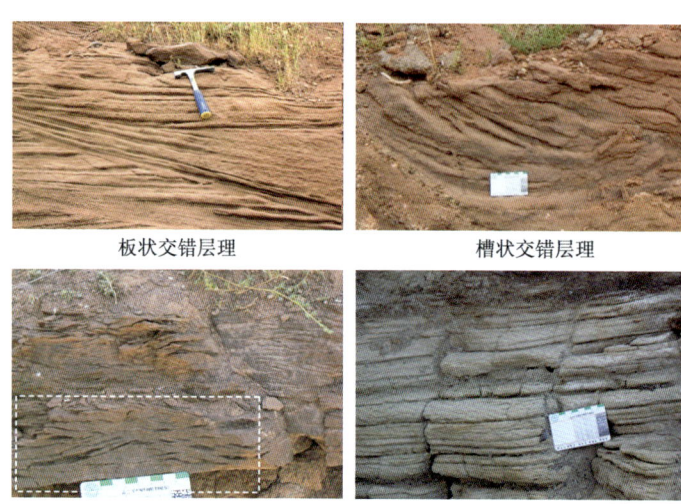

图 2-28 典型沉积构造

（2）常见的非成层构造包括各种变形层理和生物成因构造等。就沉积学而言主要是指同生变形层理，如滑塌变形层理、滑动变形（包卷）层理、揉皱变形层理及液化变形层理等。

生物成因构造包括生物扰动构造和生物遗迹构造。后者主要是指遗迹化石，简称虫孔构造等，应注意其产状（垂直、斜交及水平）、内壁特征（光滑与否，是否具有回填）、大小与形态（个体的粗细长短与弯曲、分支状况）、密集程度。通常而言，虫孔的个体越大并且越密集，说明沉积环境越接近岸线或水动力条件相对较强；反之，说明水体相对较深，有机质相对较丰富。

沉积构造描述的内容包括规模（层系的厚度，通常代表一次床砂底形迁移的高度）及展布、层理类型及其变形特征、层面特征、倾角（主要是纹层与层系的夹角大小和形式等）、颗粒排列方式等。

由于早期对于交错层理（板状交错层理、槽状交错层理）的研究不深入，有些人就笼统地称为"斜层理"。笔者建议摈弃此名称，原因有三：（1）只有在地层绝对平行时的水平或平行层理不斜外，没有不斜的纹层；（2）不能说明其地质含意和形成时的背景或水动力条件；（3）英文也无对应的专有名词。然而描述性学科的核心就在于将描述的对象与内容告诉使用者其形成的成因含意，以便于他人分析，否则就失去的其真实意义。

五、化石鉴别

化石分为两大类——动物化石和植物化石。动物化石包括生物介质碎屑和单个个体。其描述的内容包括名称、产状、大小、形态、数量、分布和保存情况等。植物化石主要描述颜色、成分、大小等。

（1）产状：具体指化石分布是平行层面、垂直于层面、倾斜或杂乱分布、排列形式、方向及保存于何种岩性之中等。

（2）颜色：按描述岩石颜色方法进行描述。

（3）成分：动物化石充填物为灰质、硅质和白云质等所取代。

（4）大小：高、宽、长和直径等。

（5）形态：化石外形特征，如纹饰、清晰程度和形状等。

（6）数量：含化石数量多少可用"偶见""少量""较多""富集"等词来表示。在描述量的形容词时，最好是用一个相对百分数或密度的对应概念，使之更能准确表达实际情况。

（7）保存情况：保存的完整程度，可用保存完整、较完整、不太完整、破碎或介于二者之间进行描述。

化石的类型、大小与产状对判别其沉积环境有着十分重要的作用。如植物碎片十分富集则说明当时的地形相对较为平缓，时而有水时而没水，这对确定沉积砂体的环境与平面形态都有着极大的帮助作用。

六、特殊矿物描述

特殊矿物，主要包括黄铁矿、菱铁矿、结核（钙质结核、铁质结核）、泥砾、团块、云母、炭屑及煤层等的描述。

特殊矿物主要应描述其密度、分布特征、单体大小及晶形，其他现象的描述内容主要包括名称、颜色、产状、数量（密度）、大小、形状、排列和分布特征等。特殊现象的识别与描述对研究者的经验与知识面有较高的要求，重要的一点就是在观察中提出问题，如为何见到或者为何没有见到某种现象或某类矿物，这对帮助人们分析其形成环境有极大的作用。

七、古流向分析

古水流测定是沉积岩研究的一个重要环节，在野外时，应当把古水流的考察作为野外研究的例行步骤。古水流能够提供关于古地理、古坡度、水流向和风向等信息，尤其是提供关于岩相以及沉积相解释的相关信息尤为重要，因此有必要对其进行全面而又细致的描述。

沉积岩中很多不同的特征都能显示出古水流。一些沉积构造还能记录古水流的偏移方向和迁移痕迹。指示古水流的沉积构造以交错层理和基底构造（沟痕或槽痕铸型）为主，但是某些其他构造也能给出古水流的准确结果。

（一）露头测量

野外地质考察时可以通过单一基底面或一系列基底面来测定古流向，多组界面的测定更能准确地反映古流向信息，采取最适合的方法进行测定是古水流研究的关键所在。

如果野外岩相类型比较单一，一个露头中的一层或若干层的测量结果完全相同，即古流向呈现单峰态，则可以从岩层中挑选出一层或具有代表性的若干层进行测量，减少无意义的工作量。对于同一岩相，为了能够在较大的区域内推断其古水流特征，需要在近处和远处分别寻找露头并测量。一般来说，为了获取准确的矢量平均值，每个露头需测量 20~30 个数据。

如果一套岩层中的读数变化较大，则需要测量更多的数据（根据数据离散情况测量多于 20 或多于 50 个数据）来确定古水流的平均流向。

有四种古流水模式：（1）单峰模式，古水流只有一种主要流向；（2）双峰两极模式，有两个相反方向；（3）双峰斜交模式，有两种水流方向，之间交角小于 180°；（4）多峰模式，有若干个古水流方向（图 2-29）。

测量数据在野簿中应以表格的形式记录。不同沉积构造中采集的测量结果应在开始时分开记录，如果数据相同则整理记录时合并在一起。同一个露头中不同岩相的测量数据应分开记录，因为这些相可能是由不同类型或不同方向的水动力所致。这些读数在野簿中要以表格的形式记录下来（表 2-7）。

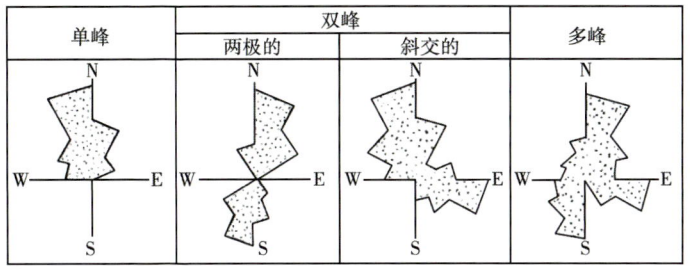

图 2-29 古水流的四种模式（据《区域地质调查野外工作方法，1979》）
以间隔30°的数据绘制成玫瑰图，通常以"流向"表示古水流方位，
图上单峰古水流模式表示的流向为从南向北

表 2-7 古水流数据记录表

位置：

GPS 参考：

地层组：

日期：	走向：	倾向：
沉积相名称	沉积构造	古水流测量
	平均数：	
	离散值：	

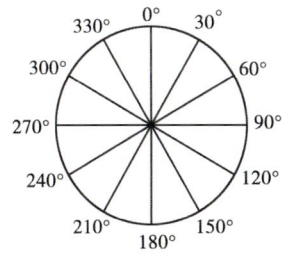

（二）数据校正

后期构造作用会使沉积构造发生变形改变其形状和方向，导致

测量数据不能推断古水流流向，因此在野外应注意岩层的倾斜和变形。如果某沉积构造中的平面发生倾斜变化，就应该将它描述为倾斜面。倾斜并不改变沉积构造的形状。用倾斜的沉积构造确定古水流方向时，必须消除倾斜的影响。对倾斜的沉积构造测量结果进行校正时需区分不同的构造类型，根据其线性构造（沟模、槽模、剥离线理）或平面构造（交错层理、流水沙纹、砾石定向排列）等具体实施。

（三）流水沙纹古流向测量

通过流水沙纹和交错纹层确定古流向比较容易，不对称波纹（顺流向的背流面更陡）和交错纹层的倾向的测定也较为方便。由于其是流水成因，因此爬升层系界面的倾斜方向代表上游方向，沙纹前积层的倾向代表下游方向。

沙纹和交错纹层虽然由当地水流形成，但是并不能反映区域性的古斜坡情况。例如浊流沉积层中的交错纹层与单一构造相比，倾向的大小和方向均与古水流相差甚远。当浊流流速减慢且海底曲折蜿蜒时会形成交错纹层。尽管通过沙纹和交错纹层不能完全准确地推断古流向，但在没有其他指向性构造存在的情况下（交错层理和单一构造），沙纹和交错纹层仍具有一定利用价值。

浪成沙纹一般都是小型构造，能记录当地海岸线的变化趋势和风向，应测量其峰脊的指向，或者其内部纹层的倾向。

（四）板状交错层理古流向测量

就板状交错层理而言，最大倾角方向即是古水流方向。由于其属于流水成因形成的层内沉积构造，因此前积细层面倾向即代表水流方向。如果露头是三维立体的，或者当二维有一个层理面时，可直接进行测量。如果只有垂直剖面，由于暴露面的指向仅仅是其自身的方向，不能准确指示古水流方向，那么测量结果不能很好说明古水流方向。当岩层可以得到良好的交错层理信息时，就能够准确地测量其倾向，当该方法不合适（层理信息受到破坏或信息不明显）时，只能通过测定岩层的倾向来大致推测层理的倾向。

（五）槽状交错层理古流向测量

对于槽状交错层理来说，其属于流水成因，因此槽状前积层长轴所在面的汇聚方向代表古水流方向。最好找一个三维立体露头或者弯曲层理面，因为这些位置的交错层理清晰可见，而且也能准确测量槽的轴向。通过垂直剖面中槽状交错层理的形状，可看出真实水流流向向上倾斜90°的交错层理。对于确定古流向而言，测量槽状交错层理的垂直剖面方法并不可靠，但没有其他方法时只能作为最后的手段。

（六）波痕古流向测量

波痕是反映古水流方向的最常见、最明显的层面构造。对于不对称波痕，水流方向垂直波脊的走向，波痕陡倾面的倾向方向指示水流方向。对称波痕代表双向水流，水流方向垂直于波脊走向（图2-30）。

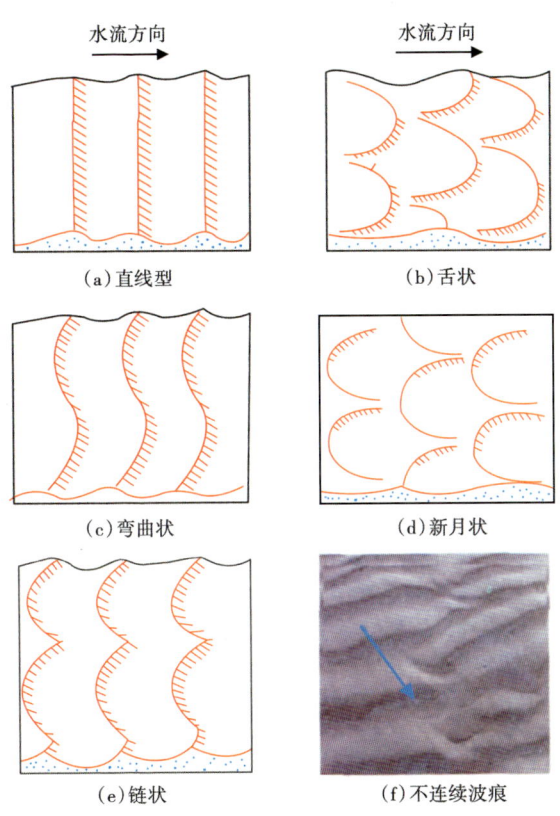

图2-30 波痕对古水流的指示意义

（七）槽模和沟模古流向测量

槽模是一些规则但不连续的舌状凸起，一般在一端凸起稍高，另一端变宽变平逐渐并入底面中，凸起的高出变平方向指示古流向。

沟模在平面上的形态表现为发育纵长很直的微微凸起的脊和下凹的槽。常成组出现，能够反映出古水流的方向。槽模是一种底冲刷模构造，大小、形状不一，一般几厘米至十几厘米，最大可超过1m，平面形态呈舌形、锥状、扁长状、螺旋状等，对称或不对称均存在。槽模常成群出现在浊积体系的地层中。

锯齿痕是"V"形模痕连续排列的直线峰脊，侧面呈锯齿状，形态不对称。一般底模较陡的一端向较缓的一端代表古水流的方向。

滚动痕是载荷在沉积表面滚动产生的连续痕迹，以很短的间距等距排列，并可能演变为跳模，是在比跳模水动力稍弱的水流作用下形成的一种层面构造。古水流方向从底模较陡的一端指向较缓的一端。此外，水流纵向冲刷、水道充填也可以指示古流向的平行方向。冰川擦痕可以反映冰川搬运的方向（图2-31）。

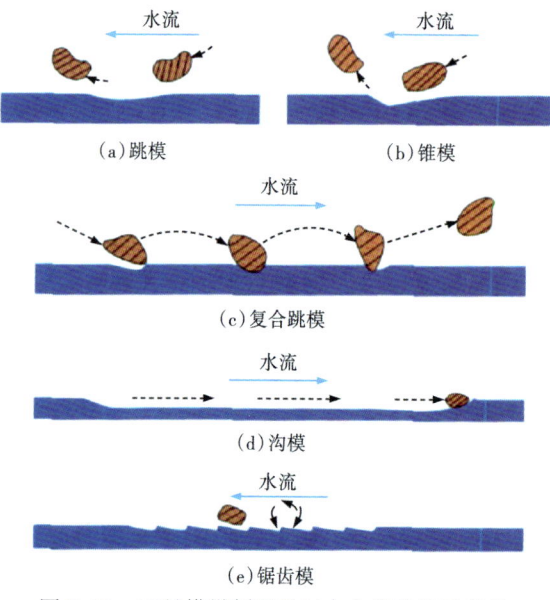

图2-31 工具模纵剖面及对古水流的指示意义
（据Collinson和Thompson，1982，修改）

（八）砾石的定向排列古流向测量

砾石由于自身形态等方面的特点，在一定情况下可以反映古水流的方向。对于叠瓦状排列的砾石，古流向与叠瓦面的方向相反。对于定向排列的长条状或扁平状砾石，在不同的沉积环境下对古流向的指示具有不同的意义。在河流、水道等沉积环境中，砾石的长轴方向代表古水流的方向，而在海岸或湖岸等沉积环境中，砾石一般平行海岸线排列，砾长轴方向与古水流方向垂直。圆形或近圆形的砾石对古流向的指示意义不明显。

（九）古流向测量意义

关于古水流模式的分析需要结合有关岩相的信息。依据沉积环境的不同可分为河流、三角洲、风成砂、滨岸浅海陆架和浊流沉积。

在河流相中，从大型交错层理中测出的古流向数据能指示区域性古斜坡。小型沉积构造中（波纹、剥离线理）的数据一般只能说明低角度的小型水流方向，而不能反映大型古代地形环境。如果存在侧向加积面，则其测量结果还能反映弯曲方向。如果在分散程度较低的辫状河中，沉积物往往能指示古流向，曲流河中的沉积物则能反映更大范围内的古流向（图2-32）。

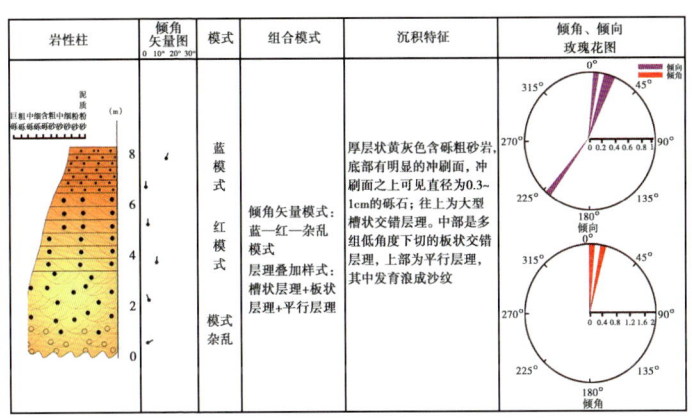

图2-32 准噶尔盆地南缘西山窑组河道砂体古流向解释模式

在三角洲沉积相中，根据三角洲类型、河流作用和滨岸作用过程的不同（伸长型和朵叶型），能确定出不同的古水流模式。河控三角洲为单峰模式，在三角洲前缘，砂质沉积物被海浪作用强烈改造的情况下，因受波浪和潮汐作用的影响将呈现多峰模式。

海岸线、临滨和陆架砂岩均遭受波浪、潮汐和风暴作用的改造，因此呈现出更复杂的古水流模式。潮汐流与海岸线平行、倾斜或垂直。潮汐作用强烈时，呈现两极模式，但是如果涨潮流或退潮流中有一种较强时，则呈现出不对称的两极模式。风暴浪和风暴流产生的交错层理往往指向远滨，但是有时会出现更分散的情况。总之，尽量测量大型沉积构造（交错层理和基底构造），因为小型沉积构造只能反映小型的改造作用。

在盆地沉积序列中，浊积岩中的古流向常常与区域性的向盆古斜坡有关，但是在盆地中心处，深海底流有时会沿着盆地轴向流动。所以最好先了解盆地走向和大型构造运动的情况，以便于解释古水流模式。由于浊流在流速减慢时往往徘徊游移，所以岩层上表面的沟模和槽模（交错纹层和波纹）可能并不能反映主要流向。对于古斜坡来说，滑塌褶皱更能指示其方向。一些深水流可能沿着斜坡等高线流动，形成等深积岩（表2-8）。

表2-8 主要沉积环境的古水流模式及最典型的指向构造

环境	沉积构造	典型分布模式
风成沉积	大型交错层理	常见单峰，以及双峰和多峰；根据风向和沙丘类型
河流沉积	交错层理以及剥离线理和波纹，交错纹层和河道	顺古斜坡向下是单峰，分散程度反映河流弯曲程度
三角洲	交错层理，以及剥离线理、波纹和河道	单峰指向远滨，但是如果海洋作用强烈的话，呈现双峰和多峰
海岸陆架	交错层理，以及波纹、指向性化石、风暴底积岩底面的沟模和槽模	因为潮汐流是双向的，所以呈双峰态，与海岸线垂直或平行；单峰或多峰模式
浊流盆地	沟模、槽模、剥离线理、波纹	常见单峰，如果是浊积岩则顺坡或沿盆地轴向；如果是等深积岩则平行于坡等高线

从沙漠砂岩的大型交错层理的测量数据中能得出十分简单或者高度复杂的古风力模式。大型沙脊（或沙丘）或沙海（砂质沙漠）的特性可推断当地的风成系统和地貌。受持续季风的影响，一些沙漠砂岩呈现单向的交错层理。但是古风向与当地区域性古斜坡无关，所以鉴别古地貌时应格外注意。

八、综合精细描述

在上述分析完毕后，需要在野簿（或计算机上）进行露头剖面的综合精细描述。野外露头综合精细描述主要用于根据研究目的详细且准确地突出研究重点，记录下特殊的沉积现象，包括沉积构造、古化石、特殊矿物、遗迹化石以及能够判断沉积环境的典型相标志等。一些拍摄效果良好的照片可以替代特殊现象的精细绘图，但需仔细记录下剖面拍摄的地点和拍摄层位以及拍摄目的等信息。露头的综合精细描述可以作为日后再次研究的第一手资料永久记录，也可以服务于后续的沉积环境解释等步骤中（图2-33）。

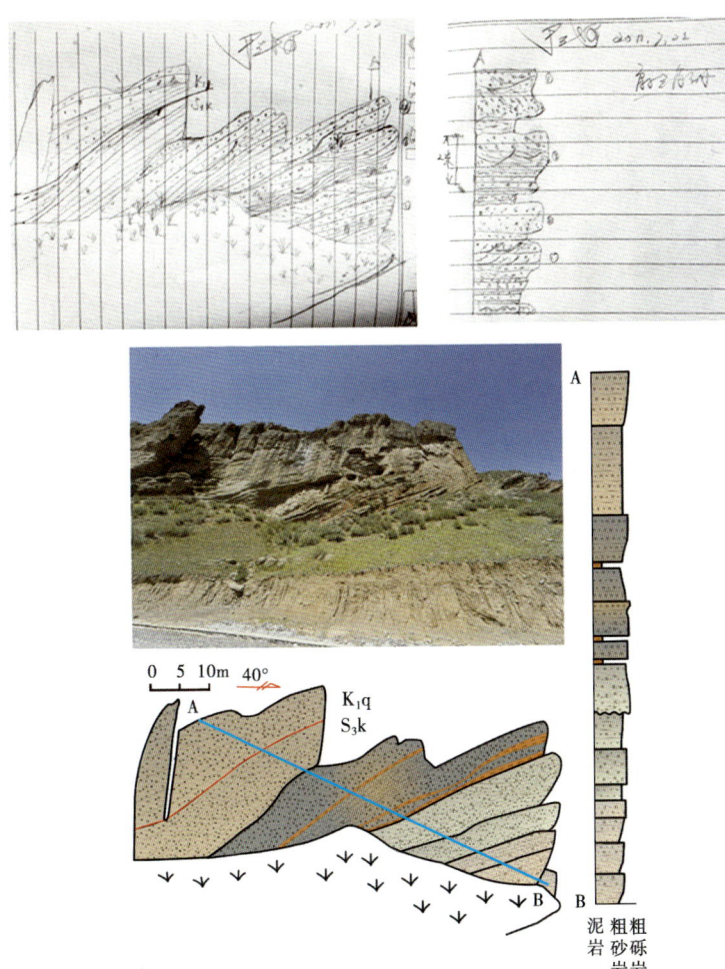

图2-33　准噶尔盆地呼图壁河剖面喀拉扎组信手剖面与精细描述

九、背景思考

在上述所有观察与描述的基础上,对下列方面所得出的初步认识:水体深浅、水体能量(水动力条件)、动荡及安静、地形坡度、物源区性质与物源远近、搬运方式、盐度高低以及沉积环境等进行思考。因此,这一过程为分析与探讨过程,不是简单的描述,核心是将前述的描述变成分析问题、得出认识的依据。

十、岩相划分与环境确定

综合岩性、岩石结构、沉积构造、化石、颜色等特征,推断出沉积环境,在最后确定其沉积环境时,如果有相应地层的测井曲线,还应结合测井曲线特征与地震剖面结构,综合确定沉积相类型。这就要在分析时做到"宏观向微观思维,微观向宏观分析"。即从整个沉积体系的形成背景与演化来思考测井与岩心的特征,再从岩心的特征来分析宏观沉积体系的空间分布规律以及在测井资料和(或)地震剖面上的响应特点。

由于多数的沉积构造可出现于不止一种沉积环境中,例如水流波痕在河流、海岸甚至浊流环境中均可发育,因此,一般都不把单个沉积构造的存在与否作为环境解释的唯一标志。但是,人们通过广泛的研究,发现保存于沉积序列的沉积构造的垂向序列或组合对特殊环境而言确是最典型的,这对于比较准确地判别沉积环境是十分重要的。

A. D. Miall (1988) 曾在河流沉积物中划分出 22 种岩相类型,随后他 (1988) 又划分成 17 种。岩相的名称通常可用代码来表示,代码由两部分组成。第一部分表示岩性及粒度,用大写字母表示,如 G—砾岩,S—砂岩,F—粉砂岩,M—泥岩等;第二部分反映岩相所具有的某种沉积构造或颜色,用一个或两个小写字母表示,如 t—槽状交错层理,p—板状交错层理,m—块状层理等。以块状砾岩相 Gm 为例,G 代表砾岩,m 代表块状层理。因此,划分与识别岩相的主要标志是岩性、粒度、沉积构造及颜色等。由于岩性粗细和层理类型的不同,可以反映出水动力条件强弱及搬运方式的差异,故有人称其为能量单元。

对于某些类型的沉积岩的研究来说——主要是冰川、河流和深水碎屑沉积制定了一些便于识记的符号用于快速有效地描述露头和柱状剖面。例如，字母 vf、f、m、c 或 vc 加上前面岩相划分方法中的粒级（表2-9）S 或 G 代表极细、细、中等、粗或极粗。因此 fShr 表示细粒水平薄层和波痕砂岩。

如果要记录非常厚的沉积序列的话，使用岩相符号的方法非常方便有效。也可以根据岩相和沉积构造制定适用于个人的简写符号，在野簿上注明解释。这些易记符号有助于对于河流、冰川和深水沉积物等快速堆积的记录。

表 2-9　硅质碎屑岩的岩相符号

岩相	G—砾岩、S—砂岩、F—粉砂岩、D—混杂堆积物
辅助修饰	m—块状层理、p—板状交错层理、t—槽状交错层理、r—波状交错层理（波痕）、h—水平薄层
粒径前缀	f—细粒、m—中粒、c—粗粒
其他	l—薄层、r—植物根系、p—成壤

总之，野外地质工作方法与技术学习的核心是：（1）使野外的记录与素描能为后续的研究提供可靠的基础素材；（2）能够让他人看明白，并快速理解，甚至多年后自己一眼也能明白并回忆起当年的认识与理解；因此，各种符号与代号应尽量统一；（3）能够反映野外观察与研究的基本认识、观点、理解及相应的证据；（4）同时还应记录在野外提出的问题与困惑，下一步需要查找、咨询及研究的核心要点。

为此，尽管野外工作十分艰苦，但应每天归队稍做休息后对当天的工作进行一下简单的总结，并依据计划与野外遇到的问题制订第二天的工作安排。最后在结束野外工作前一天应按照上述四点基本要求完善野外记录，万万不可回家多天后再来总结，这样会出现无意"造假"的现象，这不是地质家的良好习惯。

第三章
沉积结构

沉积结构是指矿物及岩石碎屑的颗粒大小、形状以及空间组合方式，包括碎屑颗粒本身以及填隙物的特征，是关于粒径及其分布、颗粒表面特征以及沉积物组构的概念。碎屑岩的结构组分包括碎屑颗粒、填隙物和孔隙。由于在野外较难看出碎屑岩孔隙等微观特征，因此本章重点介绍沉积结构的宏观组构特征和成熟度。

第一节 颗粒结构特征

颗粒结构是沉积岩描述的一个重要的部分，是控制沉积岩孔隙度和渗透率的关键因素，在解释沉积环境和沉积机制方面有着非常重要的作用。一般情况下，在实验室显微镜下可以比较充分地研究沉积岩结构。但在野外对于粒径大小为砂级或粉砂级的沉积物来说，则常通过估计粒径、记录颗粒分选和磨圆情况来大致描述其结构特征。除此之外，对于砾岩和角砾岩也可以精确测量其粒径、形状和颗粒定向性；另外，砾石的表面特征以及岩石组构也较容易观测。

碎屑颗粒的结构特征一般包括碎屑颗粒本身的特征，如粒度、球度、形状、圆度以及颗粒表面特征、颗粒分选、颗粒与填隙物之间的关系（胶结类型）。但在野外工作过程中，重点突出碎屑颗粒的粒度与分选、形态（形状、球度、圆度）支撑方式等。

一、粒度与分选

（一）粒度

粒度是指碎屑颗粒的大小，是碎屑颗粒最主要的结构特征，也是进行野外结构描述的主要参数。粒度直接决定着岩石的类型和性质，是碎屑岩分类和命名的重要依据。不仅不同岩石（砾岩、砂岩、粉砂岩等）的颗粒大小不尽相同；对于相同成分的岩石，其内部碎屑的大小也常存在较大的差别。

对于粒级的划分，国际上存在多种不同的方案，目前世界上广泛应用的是Udden-Wentworth粒径划分标准（表3-1），称为2的几何级数制，它以1mm为基数，乘2或除2进行分级。对于更精确的工作来说，对数单位（ϕ）也常被使用。对数单位的转化公式为：$\phi=-\log_2 D$，这里D表示以毫米为单位的粒径。

表3-1 碎屑沉积物粒度划分标准（据Wentworth，1922）

国际标准				国内标准		
名称	粒级	（mm）	ϕ值		粒级	（mm）
砾 （gravel）	巨砾（boulder）	>256	<-8		巨砾	>1000
	粗砾（cobble）	64~256	-6~-8		粗砾	1000~100
	卵石（pebble）	4~64	-2~-6		中砾	100~10
	细砾（granule）	2~4	-1~-2		细砾	10~2
砂 （sand）	极粗砂（very coarse）	1~2	0~-1		巨砂	2~1
	粗砂（coarse）	0.5~1	1~0		粗砂	1~0.5
	中砂（medium）	0.25~0.5	2~1		中砂	0.5~0.25
	细砂（fine）	0.125~0.25	3~2		细砂	0.25~0.1
	极细砂（very Fine）	0.0625~0.125	4~3		粉砂	0.1~0.01
泥 （mud）	粉砂（silt）	0.0039~0.0625	8~4		泥	<0.01
	黏土（clay）	<0.0039	>8			

在中国实际生产过程中常使用十进制，即粒度大于2mm定义为砾；粒度为0.01~2mm定义为砂；粒度为0.005~0.01mm定义为粉砂；粒度小于0.005mm定义为泥。同一粒度级别内部又依据具体颗粒大小进行更细致的划分，如在砂岩中又可划分出极粗砂（1~2mm）、粗砂（0.5~1mm）、中砂（0.25~0.5mm）、细砂（0.1~0.25mm）、粉砂（0.01~0.1mm）。十进制分类方法便于记忆和定名，同时也基本符合中国油气储层研究的需求。

砂级颗粒是碎屑沉积物主要组成部分，在野外观察过程中对于砂级沉积物的粒度只能利用放大镜和粒度模板进行粗略的估计。其中极粗砂、粗砂、中砂、细砂和极细砂较容易识别，但对于更细粒的沉积物（粉砂、黏土）来说，则需要将其磨碎与黏土级的岩样进行对比。在野外一般来说，粉砂级的岩石断面摸起来较粗糙，肉眼观察时有颗粒感；黏土级的岩样摸起来则较光滑，无颗粒感。

广义上讲，硅质碎屑沉积物的粒径反映了沉积环境的水动力条件，高流速水流中搬运粒度较粗的沉积物，而细粒沉积物则在较低流速的水中搬运沉积，泥岩往往沉积在静水中。碳酸盐沉积物的粒径一般反映了组成沉积物的生物骨架和钙化部分的大小，当然这些参数也受水流的影响。粒径分级也能应用在石灰岩中，但应注意的是，诸如鲕粒和球粒组成的粒屑灰岩等一些分选较好的石灰岩类型来说，分级并不完全反映了沉积环境。

野外观察某一沉积单元时，其组分颗粒的粒度通常呈现递变特征，粒径可能表现为向上变细或向上变粗的序列，其中最粗的颗粒在沉积单元的最底部，向上粒径逐渐变细，这种递变称为正粒序，也是野外较为常见的递变特征；但偶尔也存在反粒序，即颗粒底部颗粒最细向上粒径变粗，称为反粒序。复合粒序层组成的岩层可能由若干个不同的粒序叠加而成。

（二）分选

分选性是碎屑颗粒大小趋近于均一的程度，颗粒大小均匀的沉积物分选性好，大小混杂者，分选性差。碎屑颗粒依据分选性可划分为分选极好、分选好、分选一般、分选差、分选极差五个级别（图3-1）。分选性的研究通常与磨圆度结合，表明了沉积物搬运距离的远近，水动力性质等因素。短距离、近物源搬运的沉积物分选一般较差；滨岸受水流的不断淘洗作用，分选一般较好。通过这一特征可以辅助判断沉积环境。

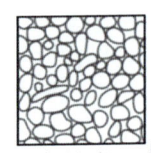 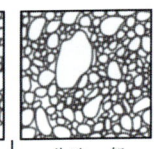 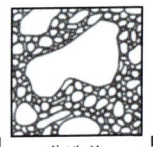 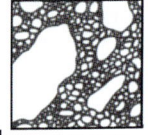

图 3-1　分选性肉眼估计示意图

二、颗粒形态

对于颗粒形态的研究常从碎屑颗粒的形状、球度、圆度三个方面着手。通过沉积物颗粒形态的研究可以有助于分析水动力强度、搬运距离远近、水动力条件等因素,辅助沉积环境的判断以及后续其他研究。

(一)形状

颗粒的形状是由颗粒的长轴(A)、中轴(B)、短轴(C)三个轴的相对大小决定的,辛格(Zingg,1953)根据长轴(A)、中轴(B)、短轴(C)的长度比例,将颗粒分为四种形状:圆球状、椭球状、扁球状和杆状。其中圆球体的球度最高,而扁球体和椭球体则可以具备相同的球度。后来其他学者在上述划分的基础上,又对颗粒形态进行了更细致的分类和总结,划分出球状、等粒状、盘状(板状)、片状、杆状等(表3-2)。在物质搬运过程中,不同形状的颗粒其搬运难易程度会存在较大的差异,椭球状颗粒会比扁球状颗粒易于滚动,圆球状颗粒则最易于搬运,一般多代表远物源或长期受淘洗改造。这种分类常用于描述砾岩和角砾岩中的碎屑形状,可以反映出砾石的成分组成和砾石的层理、节理、纹层等脆性面。成分较为单一花岗岩、玄武岩等母岩,一般会形成等轴砾石;而薄层状的砂岩多形成板状(盘状)的碎屑;板岩、片岩、片麻岩等脆性变质岩常形成片状或杆状砾石。

表3-2 颗粒的形状类型图解

方面	类 型		解释/理论
形状	球形	等径体	具有相同组成和结构的岩石(如花岗岩、辉绿岩、砂岩、片麻岩等)
	扁平状	盘状	层理很细的岩石和片状矿物(如许多沉积岩、云母)
	扁长状 片状	杆状	劈开的,片岩和一些变质岩;也包括细长的矿物(如板岩、片岩、片麻岩等)
		生物成因(各种各样的)	任何主要的或者次要的生物来源

(二) 球度

球度是度量一个颗粒近似于球体程度的定量参数（朱筱敏，2008）（表3-3），一般来说，颗粒的三个轴越接近相等，其球度就越高。在搬运过程中不同球度的颗粒表现不同：在悬浮搬运组分中，球度小的片状颗粒最容易漂走，因此在细砂中常聚有较大片的云母碎屑；在滚动搬运中，则只有球度大的颗粒才最易于沿底床滚动。

表3-3 颗粒形状分类（引自朱筱敏，2008）

形状	比值关系
圆球体	$B/A>2/3$，$C/B>2/3$
椭球体	$B/A<2/3$，$C/B>2/3$
扁球体	$B/A>2/3$，$C/B<2/3$
长扁球体	$B/A<2/3$，$C/B<2/3$

(三) 圆度

圆度，又称磨圆度，是碎屑的重要结构特征，指碎屑颗粒的棱角被磨圆的程度，在几何上反映了颗粒最大投影面影像中的隅角曲率。在实际工作中主要用估计方法确定颗粒圆度。在手标本的观察与描述时，通常把碎屑颗粒的圆度结合球度划分出六个等级（图3-2）。

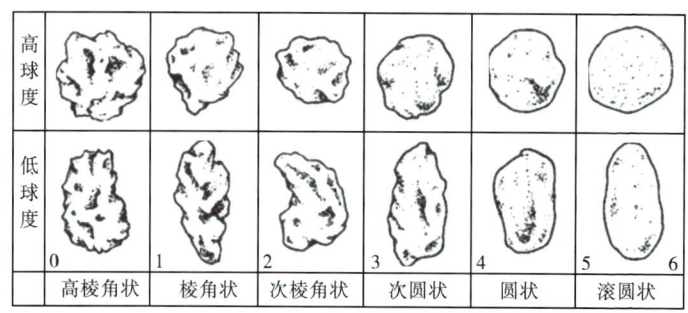

图3-2 沉积颗粒的球度与磨圆分级（据冯增昭等，1993）

（1）高棱角状：碎屑棱角分明，原始形态明显，受磨圆程度很小。

（2）棱角状：碎屑原始棱角无磨损或轻微磨损，原始形状较为清晰。

(3) 次棱角状：碎屑的原始棱角普遍受到磨损，但程度不大，颗粒原始形状明显可见。

(4) 次圆状：碎屑的原始棱角已受到较大的磨损，原始形态有了较大的变化，但仍然可以辨认。

(5) 圆状：碎屑棱角已基本或完全磨损，原始形状已难以辨认，甚至无法辨认，碎屑颗粒大多呈球状、椭球状。

(6) 滚圆状：碎屑几乎无棱角，外表圆润，无法辨别原始形状。

这种确定圆度的观察方法具有直观、迅速等优点，但精确度并不十分高，不同人对于同一块标本的描述可能存在很大的差异。丰富的野外地质工作经验有助于观察精度的提高。

碎屑在搬运过程中被磨圆的程度取决于碎屑的成分、原始形状、粒度等本身的物理性质以及搬运介质的性质、搬运距离和所受磨蚀等外部条件。碎屑磨蚀时间越久，搬运距离越长，则圆度越大。因此圆度有顺搬运方向增加的趋势，但并不是简单的线性关系。在同等磨蚀条件下，不同性质的碎屑磨圆程度不同。例如：石灰岩的碎屑远比同粒级的石英砂岩易于磨圆，因为石灰岩在水中的物理化学稳定性远不如石英砂岩（图3-3）。

碎屑颗粒圆度受母岩性质所支配，如岩浆岩的砾石随着搬运距离的增加往往不是更好地被磨圆，而是破碎了。由沉积岩所形成的砾石则往往其圆度要比由岩浆岩所形成的砾石好得多。因此，在同一砾岩露头上可以见到圆度高的石灰岩或砂岩的砾石，以及圆度不好的花岗岩砾石在一起。

三、表面结构

表面结构是指碎屑颗粒表面的形态，在野外一般主要观察沉积物表面的磨光程度以及刻蚀痕迹。

(1) 磨光面：沉积物光滑的磨亮表面。如水动力搬运的河流砂岩和海滩石英砂岩一般具有表面光滑，可见新月形撞击痕这种外貌。

(2) 碰撞痕：沉积物互相碰撞留下的痕迹。冰川环境中，冰床在搬运的过程中对砾石刻划可形成擦痕砾石，表面多粗糙，可见贝壳状断口和擦痕。

(3) 霜面：类似于毛玻璃，在反射光下看表面模糊不透明。一般认为霜面是沙丘石英砂粒的特征，表面磨蚀光滑，暗淡无光。

图 3-3 不同砾岩的结构特征
(a) 燧石砾石, 中砾, 粒径 5.8cm, 高球度, 滚圆状; (b) 花岗岩砾石,
中砾, 粒径 1~3.4cm, 磨圆较好, 椭球形浑圆状; (c) 石英质砾石,
粒径 4.1cm, 磨圆较好, 球形滚圆状

　　在沉积岩形成的各个阶段所发生的溶蚀作用, 使砂粒表面形成不规则的细沟。当强烈溶蚀时, 这些细沟可深入到颗粒内部, 呈现坑穴或港湾状。

砂粒表面特征可以区分为：（1）磨光的，如流水搬运的砂粒；（2）暗淡的，如由于风力搬运而带擦痕的，或由于化学溶蚀作用而形成的坑穴等。

颗粒表面特征除了可以阐明沉积物形成环境的特征外，还能阐明各阶段地球化学环境的特点，也可作为地层对比的标志。由于砂粒表面性质取决于其组成矿物的物理性质，所以在对比时应选择同种矿物颗粒为宜。一般可采用石英颗粒的表面特征进行对比。

四、颗粒排列方式

颗粒的排列方式又称颗粒的优选方位，是颗粒与流水、冰川、风力等沉积介质相互作用的结果。通过砾石、化石或颗粒的方位表现出来，是指示古水流方向的重要标志，颗粒既可以垂直于古水流方向，也可以平行于古水流方向（图3-4）。在构造变形区进行野外工作时，颗粒的排列方式可能被旋转至最大主应力方向，因此在判断古流向之前，需进行构造恢复。

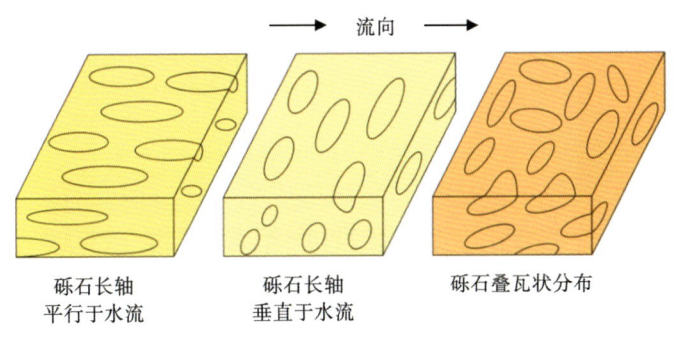

图 3-4　砾石颗粒排列方式

在野外经常可以看到颗粒的优选方位，一般可以通过所含扁长砾石以及泥岩或砂岩中的化石排列进行判断。长条状颗粒的长轴一般平行于水流方向，但在一些特殊沉积环境中也会出现垂直于水流方向。在强烈的水流作用下，板状和碟状颗粒通常相互叠置构成最稳定的叠瓦状，其中上倾面指示水流上游方向（图3-5）。

图 3-5 砾石排列方式实例

(a) 复成分砾岩,粗砾—巨砾,分选差,磨圆一般,次棱角状—次圆状,砾石具叠瓦状排列,砂质杂基支撑,拍摄于内蒙古岱海;(b) 红褐色砾岩,粒径 0.4~7cm 不等,分选差,磨圆差,棱角状,下部多级颗粒支撑,上部杂基支撑,砾石叠瓦状排列,发育板状交错层理,拍摄于准噶尔盆地南缘泉子街组

第二节 填隙物组构特征

填隙物的结构包括杂基和胶结物的特征以及二者与颗粒之间的接触关系。对于沉积岩胶结物的特征,最好的方式还是在显微镜下观察,因此在野外工作过程中一般主要观察杂基的特征以及杂基与碎屑颗粒之间的关系。

一、支撑形式

碎屑岩的支撑形式一般分为两种:颗粒支撑和杂基支撑。但依据其颗粒的大小、分布特征和杂基的含量等又可以具体划分出同级颗粒支撑、多级颗粒支撑、局部杂基支撑、杂基支撑和混合支撑五大类(图 3-6)。

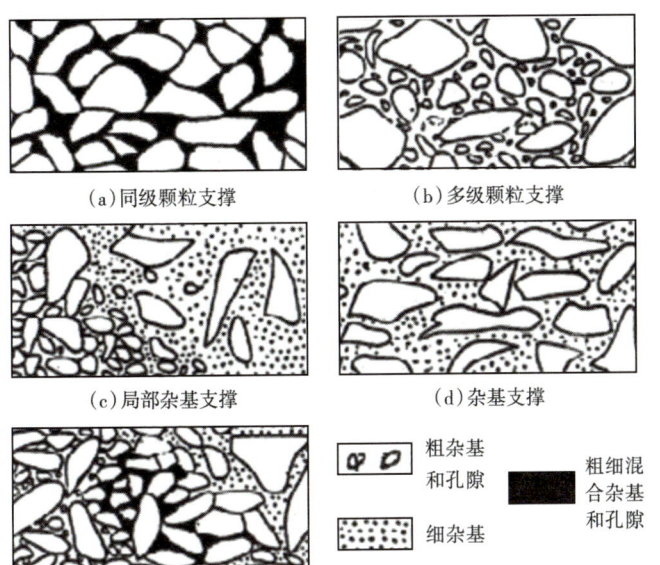

图 3-6 碎屑岩支撑形式（据纪友亮，1998）

（1）同级颗粒支撑：基本上由同粒级的砾石或砂所组成的岩石颗粒支撑格架。

（2）多级颗粒支撑：多种粒级的颗粒依级次构成岩石的支撑格架。"依级次"是指上一级颗粒的支撑格架空隙内，由次一级的颗粒构成第二级支撑格架，顺次组成多级颗粒支撑。在粒度直方图上表现为双峰态或多峰态的特征。

（3）局部杂基支撑：碎屑颗粒中，部分为细杂基支撑，部分为颗粒支撑。

（4）杂基支撑：颗粒呈游离态分布在基质中。

（5）混合支撑：同级颗粒支撑、多级颗粒支撑和杂基支撑相组合搭配构成的支撑格架。

细粒基质的含量以及颗粒与基质的接触关系对沉积机理解释和沉积环境判断有重要意义。在野外拿到手标本时，先大致观察颗粒的含量，再利用放大镜粗略观察各颗粒之间的接触关系，当颗粒含量较多，彼此之间互相接触（点、线、面、凹凸接触），基质像胶结物一样充填于颗粒间孔隙时,则为颗粒接触;当颗粒数目较少,彼此之间不互相接触,而是悬浮在基质之中时,则为杂基支撑。之后,再根据颗粒的粒径分布以及杂基性质进行细致的划分。对于含砾粗砂岩、砾岩等粗碎屑沉积,杂基可能为泥质、粉砂甚至细砂,分选可能有好有坏(图3-7)。

图3-7 碎屑岩支撑形式实例

(a)复成分厚层砾岩,中砾—粗砾,砾石呈叠瓦状排列,多级颗粒支撑,分选较差,磨圆中等—较好,椭球型次圆状—圆状,拍摄于准噶尔盆地;(b)黄褐色细砾岩,粒径0.3~0.8cm不等,分选较好,磨圆较好,球形浑圆状,同级颗粒支撑,具一定的定向排列,拍摄于内蒙古岱海;(c)复成分砾岩,灰黄色中—细砾岩,粒径0.6~1.8cm不等,分选中等,磨圆较差,棱角状,局部杂基支撑,拍摄于准噶尔盆地颗粒支撑结构通常表示再搬运作用，杂基在搬运的过程中不断地淘洗冲刷殆尽，搬运距离较长，距物源较远，通常分选与磨圆也会较好。当泥质与较粗的底砂明显分离时，多代表浊流沉积。

二、胶结类型

按照颗粒和填隙物的相对含量及相互关系可以分为基底式胶结、孔隙式胶结和接触式胶结等。在野外现场环境下一般很难判断出沉积物胶结方式，需配合镜下薄片判断。

（一）基底式胶结

一般属于杂基支撑类型，碎屑颗粒在胶结构中呈漂浮状，彼此不接触，孤立分布。

（二）孔隙式胶结

一般属于颗粒支撑类型，碎屑颗粒大部分彼此直接接触，填隙物可以是黏土杂基或化学胶结物，各颗粒之间呈点接触或线接触。

（三）接触式胶结

属于颗粒支撑类型，在颗粒接触处可见胶结物，碎屑颗粒之间可成线接触、凹凸接触或缝合接触。

第三节 结构成熟度

一、概述

岩石碎屑一般以陆源碎屑为主，少量盆内碎屑。其中，常见碎屑的成分主要为石英（Q）、长石（F）和岩屑（R）。其中，石英组分最为稳定，较难受到破坏，长石和岩屑为不稳定组分。因此，通常利用稳定组分（石英）与不稳定组分之间的相对含量[Q/(F+R)]来表示岩石的成分成熟度。

福克于1954年首次提出结构成熟度这一概念，所谓的结构成熟度是指碎屑沉积物在其风化、搬运和沉积作用的改造下接近终极结构的程度。理论上，碎屑沉积物的理想终极结构应该是碎屑为等大球体，颗粒支撑类型的化学胶结物填隙。砂岩的分选、磨圆以及杂基含量决定了沉积物中的结构成熟度。结构不成熟的砂岩分选很差，且含有一定量的多棱角颗粒和杂基；而那些过成熟的砂岩分选则很好，且颗粒磨圆度较高、无杂基。随着改造程度的增强和搬运距离的增加，颗粒结构成熟度越高。例如，风成或海岸砂岩是典型的成熟—过成熟，而河流中的砂岩成熟度相对较低。结构成熟度的测量方法与成分成熟度相类似。应注意成岩作用过程也可以改造沉积结构。在野外，可通过放大镜近距离观察来大致估计岩石的结构成熟度。

二、结构成熟度表征方法

结构成熟度的高低反映在碎屑的分选性、磨圆度上，以及黏土（或杂基）的含量上。结构不成熟的砂岩分选差、磨圆差，碎屑颗粒以棱角状—次棱角状为主，杂基含量高；结构成熟的砂岩分选好、磨圆度高，次圆状—浑圆状为主，杂基含量少（表3-4）。

表3-4 成熟度确定顺序（据福克，1968，修改）

第一步	黏土含量（含<30μm的云母物质，不包括自生矿物） ①>5%，属未成熟的； ②<5%，再根据分选性细分
第二步	分选性 ①>0.5ϕ，属次成熟的； ②<0.5ϕ，再根据圆度细分
第三步	圆度 ①若碎屑为次棱角状至棱角状，属成熟的； ②若碎屑为次圆状以上，则是极成熟的

由于缺少相应工具，在野外判断结构成熟度应结合其杂基含量、颗粒的分选和磨圆状况进行定性判断。结构成熟度一般随再搬运次数和搬运距离的增加而增加。杂基含量越少，说明其在搬运过程中经历过一定的冲洗，颗粒分选越高磨圆越好，粒径小且分布更均匀，常说明碎屑经历过长距离搬运，这种情况下其结构成熟度较高（图3-8）。

图 3-8 野外观察实例

(a) 现代沉积，灰黄色石英质粗砂岩，分选一般，磨圆一般，同级颗粒支撑，结构成熟度中等，拍摄于内蒙古岱海；(b) 黄褐色粉—细砂岩，分选较好，磨圆较好，发育流水沙纹，结构成熟度高，拍摄于内蒙古岱海

第四章
碎屑岩类型

沉积岩是在地表地质作用下由碎屑物质的沉积，火山喷发物的堆积，化学物质从溶液中沉淀和生物作用产物及其遗体的堆积，经过成岩、后生作用等形成的。野外沉积岩主要鉴别两种特征，即矿物成分和颗粒大小。从成因来讲沉积岩可简略的分为四类（表4-1）。

表 4-1 沉积岩的四种类型

陆源碎屑岩	生物或生物化学成因	化学成因（蒸发成因）	火山碎屑岩
砾岩和角砾岩、砂岩、粉砂岩、泥岩	石灰岩、白云岩、煤、燧石、磷灰石等	铁矿石、蒸发岩类	火山喷发碎屑岩、凝灰岩

本书主要对陆源碎屑岩进行介绍。碎屑岩主要由碎屑颗粒与填隙物组成，碎屑颗粒主要包括硅质矿物、硅铝酸盐矿物，如石英、长石、云母和岩屑。碎屑岩依据颗粒大小与磨圆性质可分为砾岩和角砾岩、砂岩及泥岩。

在野外，碎屑岩和其他岩性有时较难区分，因此在判断岩性之前需反复思考一块岩石的成因是否为沉积成因。判断一块岩石是否为沉积成因主要从以下八个方面：

（1）沉积岩一般都具有明显的成层性，既沉积岩的层理构造。它与岩浆岩的块状构造和变质岩的片状构造有明显的差别。这也是野外鉴定沉积岩的主要标志。

（2）沿垂直层理方向，岩石的物质成分常有规律的变化，有时相同的物质成分相间出现，组成多个沉积韵律。

（3）常发育一些沉积构造（如交错层理、水平层理）以及一些层面构造（如雨痕、龟裂、波痕等）。

（4）在碎屑沉积岩中，物质成分可分为两部分，即碎屑颗粒和填隙物。碎屑颗粒常是一些较稳定的矿物，如石英、长石、白云母等，或者是岩石碎屑，通常它们具有一定的磨圆度。填隙物粒度很细，肉眼看不见颗粒大小，碎屑颗粒之间充填的细粒物质，其成分不同于碎屑颗粒，主要有铁质、钙质、硅质、泥质等。

（5）化学沉积岩通常颜色较深，无碎屑结构，见不到矿物颗粒，致密块状构造。

（6）常含有生物化石或遗迹化石。

（7）在地貌上，沉积岩出露地区常由陡壁和缓坡构成，并相间出现，沿层面方向形成滑坡。

（8）偶尔含有沉积成因的特殊矿物，如海绿石、鲕绿泥石等。

第一节　砾　岩

砾岩是指由粒径大于2mm、含量大于30%的粗碎屑颗粒组成的碎屑岩。含量小于50%为含砾砂岩或含砾泥岩。绝大多数混合沉积物、重力驱动沉积物及诸多碎屑也在这个分类系统中，将在第六章讨论。砾岩和角砾岩可以沉积在多种沉积环境中，常见的沉积环境包括冰川、滨岸冲积扇和辫状河。冰川沉积中砾岩的砾石表面常见擦痕。河流沉积中的砾岩上下常见泛滥平原沉积和古土壤。海滩和浅海相的砾岩沉积通常分选、磨圆较好，偶见海相生物化石。深水中有时也可以见到砾岩沉积，如碎屑流沉积或浊流沉积，这种砾岩沉积通常与深海泥岩相伴生，并常见海相生物化石。

一、砾岩分类

（一）粒度分类

按粒径将砾石划分出细砾（granule，2~4mm）、中砾（pebble，4~64mm）、粗砾（cobble，64~256mm）、巨砾（boulder，>256mm），对应相应粒级的砾岩（表4-2）。

在实际工作中，对粗碎屑岩粒度大小的研究，应准确地确定出砾石的粒度和组分，这是因为它除了可以用以分类命名外，还可以根据其分布频率的特征，较简便地判断砾岩的沉积成因。

表 4-2　砾岩的粒度划分标准（据 Wentworth，1992）

名称	粒径		沉积速率
	（mm）	Φ	（cm/s）
巨砾（boulder）	>256	<-8	>4.29×10^{-6}
粗砾（cobble）	64~256	-6~-8	2.68×10^{-5}~4.29×10^{-6}
中砾（pebble）	4~64	-2~-6	1.05×10^{-3}~2.68×10^{-5}
细砾（granule）	2~4	-1~-2	2.62×10^{-2}~1.05×10^{-3}

（二）磨圆分类

根据砾石的圆度，把砾岩划分为两个基本大类。

（1）砾岩：圆状和次圆状砾石含量大于 50% 的砾岩。

（2）角砾岩：棱角状和次棱角状砾石含量大于 50% 的砾岩。

一般来说，多次再沉积的沉积物，如海、湖滨岸沉积物和风成沉积物的圆度好，而冰川、河流、坡积、泥石流、浊流等沉积物的圆度较差。

需要指出，砾岩一般都是沉积作用形成的，而角砾岩除了沉积成因的以外，还可以由构造作用（断层角砾岩）、火山作用（火山角砾岩）或化学作用（洞穴角砾岩和盐溶角砾岩）形成。在地质分布上，砾岩比角砾岩更常见，而且可以呈巨厚层状出现；角砾岩厚度不大，但具有更明显的成因意义。砾岩和角砾岩之间存在着过渡的岩石类型，可称砾岩—角砾岩。

（三）成分分类

从露头上统计 100~150 个砾石的岩石成分，根据所测得的砾石的成分，可以把砾岩划分为单成分砾岩/角砾岩与复成分砾岩/角砾岩。

根据砾石的岩石成分，可以推断古剥蚀区的位置和碎屑物质搬运的大致方向，判断剥蚀区的风化强度等古地理情况。当砾石中有较多的含矿砾石存在时，要注意确定这些砾石的搬运方向，以便找到原生矿的位置。砾石中存在某种特定的岩石成分时，可以作为地层对比的依据。

1. 单成分砾岩

砾石成分主要为一种，占75%以上。砾石多半是稳定性较高的岩屑或矿物碎屑，常见的有石英、脉石英、伟晶岩石英、石英岩、硅质岩、花岗岩等稳定性高的砾石。充填物的成分常与砾石相同，但有时砾石是单成分，充填物却是多成分。胶结物常见的有钙质和硅质，有时还可有铁质。

2. 复成分砾岩

砾石成分十分复杂，各种岩石的碎屑都可出现，有时在一种砾岩中可含十几种不同成分的砾石，各种类型的砾石含量都不超过50%，这主要取决于母岩成分及其风化、搬运和沉积的条件。这些砾石抵抗风化的能力大都不强，通常分选不好，磨圆度不高，层理不明显。它们多沿山区呈带状分布，厚度变化大，是母岩迅速破坏和堆积的产物。复成分砾岩的命名可以根据其中主要的砾石成分来命名，如花岗岩—流纹岩砾岩。其填隙物的成分也是复杂的，胶结物主要为泥质，偶见钙质、硅质和铁质。

(四) 产出位置分类

砾岩在地质剖面中的位置，即砾岩与相邻岩层（尤其是下伏岩层）的接触关系，具有很重要的地质意义。根据这种关系可以把砾岩分为底砾岩、层间砾岩和层内砾岩。

1. 底砾岩

底砾岩常常位于层位的最底部，分布于侵蚀面上，与下伏地层呈假整合或不整合接触，可为海进开始阶段的产物（图4-1）。底砾岩的成分一般比较简单，稳定性高的坚硬砾石较多，磨圆度高，分选性好；杂基含量少，主要是砂质—粉砂质成分，这表示它们经历了较长距离或较高能量的搬运。底砾岩沉积主要来自盆外的沉积物，因此其年代较周围沉积物久远。

野外识别底砾岩方法：（1）位于侵蚀面之上的砾石；（2）砾石的成分比较单一，常见的以石英质的砾石居多；（3）砾石的磨圆度良好，分选也好；（4）分布的范围不大，但分布的层位相当稳定；（5）同一底砾岩层中的砾石及砂粒，自下而上变细，磨圆度变好。

底砾岩的颗粒性质对于研究物源十分有用。假设砾岩中有三种主要成分：A\B\C。由下至上统计砾石中各种成分的百分含量，并

图 4-1 底砾岩
(a) 灰褐色、褐红色，夹红褐色粗砂岩，砾石具定向性，分选差，磨圆较好，杂基含量少，迁安常州沟组（据肖俊文，2011）；
(b) 磨圆中等，分选较差，杂积支撑，砾石间充填红褐色泥质杂基，鄂尔多斯盆地白垩系底砾岩

将数据做成表图或饼图。这些资料对于解释沉积过程中物源区的变化情况（抬升或沉降，是否有其他物源区提供碎屑物质等）十分有用。

2. 层间砾岩

层间砾岩的特点是整合地夹于其他沉积岩层之间，它的存在并不代表有侵蚀间断，与下伏地层是连续沉积的。在其砾石成分中，可有不稳定的岩屑，如石灰岩、黏土岩及弱胶结的粉砂岩等；磨圆差，杂基成分复杂。它们通常是原地岩石边冲刷、边沉积的产物。

3. 层内砾岩

层内砾岩是指该岩层在准同生期尚处在半固结状态时，经侵蚀破碎和再沉积而成的砾石沉积物经成岩作用而成的砾岩。这种成因

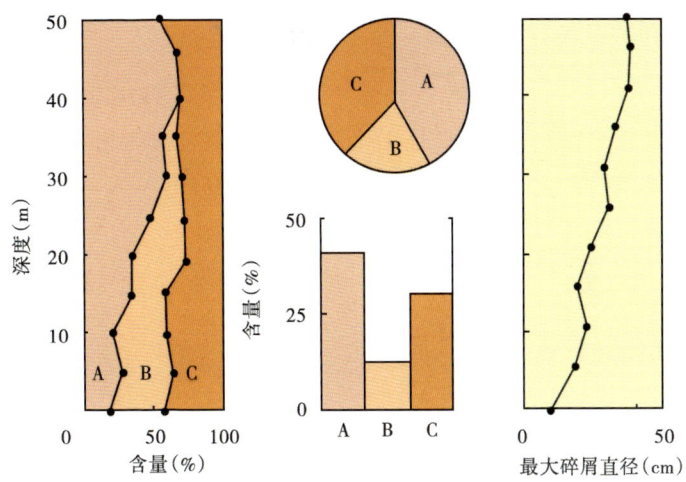

图 4-2 砾石组分（A\B\C）
依据百分含量做成饼图，每 5m 做一个统计，并将最大砾径投点

的砾石应属于内碎屑，故又称同生砾岩。由于形成这种碎屑的作用较为局限，所以砾石成分单一，未经搬运或搬运距离很短，只有轻微磨损，并一般限于单一的沉积环境内，厚度通常几厘米，最大可到 1~2m。

层内砾岩常见于干燥气候条件下的冲积环境、湖泊、海滩或深水环境中。层内砾岩在砾岩层的上方或下方可找到该砾石的基岩。砾石主要来源于盆内的沉积，且岩石当中的泥岩主要来源于河道、海底剥蚀或沿滨线、湖边、潮坪干裂形成的泥。

（五）综合分类

砾石粒径可以作为描述性的分类，如粗砾岩或者巨砾岩，来表明某种粒度的砾石颗粒占有优势。但缺乏一种更系统的组分分类。不同类型颗粒的名称、砾石颗粒的稳定性也存在差异。其中，砾岩骨架颗粒主要由非常稳定的碎屑（>90%，石英、燧石、脉状石英）构成的为石英砾岩；而那些含有大量不稳定碎屑的为杂砾岩。

Boggs 在 1992 年根据砾岩中碎屑物质的类型、含量以及杂基的含量提出了砾岩的综合分类方案。首先根据杂基（泥质、砂质、黏土等）含量，将杂基含量大于 50% 的砾岩划分为含砾泥岩、含砂砾岩，杂基含量小于 5% 的砾岩划分为纯砾岩，介于 5%~50% 之间的砾岩划分为泥质/砂质砾岩、杂基支撑砾岩。之后又根据砾岩内部碎屑物含量以及类型进行更进一步的划分（图4-3）。

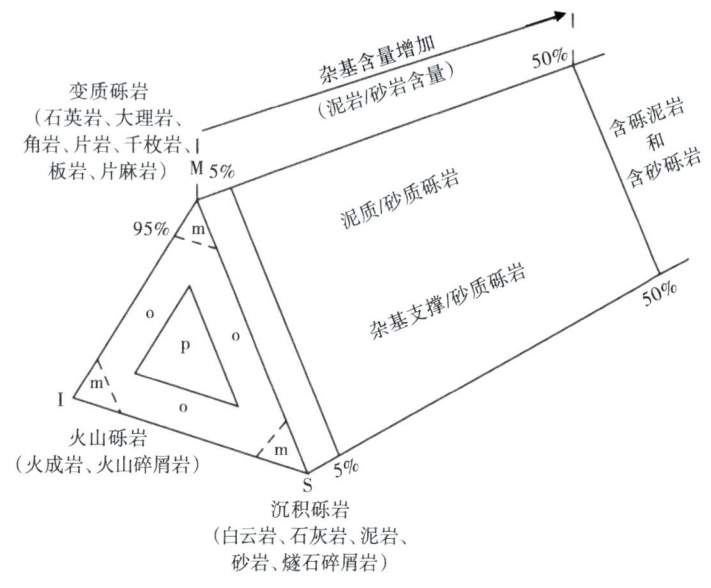

图4-3　砾岩综合分类（据Stow，2009）

M、I、S分别代表单一碎屑类型；m—单一碎屑（一种碎屑类型）；
o—单一成分（几种碎屑类型）；p—复合成分（多种碎屑类型）

二、沉积特征

（一）岩层

砾岩层的厚度变化比较大，层理经常不明显或不发育。砾岩层（夹砂层）的厚度在垂向序列上会发生变化，可呈向上越来越厚或越来越薄的规律。砾石含量减少也会在较小范围（几十米到几百米）内，反映层厚度的减小变薄。

砾岩层的形态经常呈不规则状和透镜状。砾岩层顶底界限为典型的不规则状或呈级次状，底部呈强烈的侵蚀特征。

（二）构造

砾岩粒度粗，且通常分选差，这就造成原生的沉积构造较难识别。很多砾岩层呈无构造或块状构造。但近距离可见粗糙（或弱）

成层性，仔细观察会发现扁平状碎屑平行或叠瓦状排列，会出现平行层理和低角度交错层理。通常正粒序或反粒序出现在明显的层理内，不规则大小颗粒出现在无层理或层状不明显的单元中。在一些砾岩中，在搬运过程中由于受到上托力（非牛顿流体），较大的颗粒出现在层的中部或顶部（如碎屑流）。塑性的和半固结的沉积物会出现变形构造。泄水构造和生物扰动构造缺失。

（三）组构

杂基支撑和颗粒支撑砾岩经常出现。颗粒支撑砾岩经常出现在河流、海岸、礁滩和火山碎屑环境中。杂基支撑的砾岩在碎屑流（陆上和水下）和冰川环境中经常出现。薄层颗粒支撑的砾岩是反复冲刷改造的证据，可出现在快速海侵时较低的陆架，这类底砾岩一般出现在海侵体系域的底部。

扁平状或叶状砾石可显示出其他结构类型，如杂乱的、沿层平行或次平行的、叠瓦状的。在河流和浅海环境中沉积的砾岩，由于其在河床底部滚动搬运作用，其长轴方向总是指向正常的水流方向（oriented normal-to-current）；在冰川沉积物中，平行水流方向的砾岩是因为滑动作用形成的；碎屑流或粗碎屑浊流中平行水流方向的砾岩是快速沉积造成的。

大多数组成砾岩碎屑的平均粒径大于2mm，但其粒径和分选变化很大。在野外，砾石模型大小（modal size）比平均粒径更容易确定，事实上，砾岩粒径多呈双峰或多峰态分布。最大粒径同样可以很好地指示流动强度或流速。在某些沉积过程中，最大粒径和层厚度之间有明显的相关性，尤其是在富泥碎屑流和洪流沉积中。绝大多数其他的沉积作用，如河流沉积，则不具有这项规律。砾岩沉积的孔隙度和渗透率经常很高，但泥质含量高的除外。当压实和胶结后，孔隙度和渗透率也会明显减小。

（四）组分

砾岩和砂岩一样包含几乎所有的已存在的矿物和岩石碎屑。在离物源最近的地方最不稳定的物质才会被保存下来。野外观察主要包括不同岩石碎屑的类型、变化和大致组成范围。这些信息可以指示物源和可能经历的搬运距离。不同层位或河道可能有不同的组成，可指示物源的变化或多物源特征。

三、砾岩相关沉积环境

砾岩可以在很多高能环境中沉积，尤其是在陆相环境中，如冲积扇和河流体系，多呈红色、富泥序列出现。砾岩也可以在冰川沉积物中产出，经常为混杂支撑砾岩和含砾泥岩；或者在入湖或海的扇三角洲中。薄层状砾岩出现在滨岸或浅海环境中，与浅海生物化石、石灰岩结壳和虫孔共生。在深海，陆坡扇群和海底扇体系经常发育有碎屑流和高黏度浊流，尤其是在海底扇水道中。

砾岩和角砾岩的成因类型很多，可以根据砾岩支撑类型、砾石分选性、组构、层理和粒序性对砾岩成因类型进行划分。常见的几种类型有洪积砾岩、河成砾岩、滨岸砾岩、冰川角砾岩、滑塌角砾岩、浊积砾岩、风暴砾岩、岩溶角砾岩等。

（一）洪积砾岩

1. 发育位置

山脉前的山麓斜坡、山间峡谷及山间平原，一般在山前沉积。

2. 搬运方式

主要为碎屑流、洪流搬运的粗碎屑，快速堆积。

3. 组构特征

砾石粗大，含较多中砾级甚至粗砾级砾石；砾石成分复杂，典型的复成分砾岩，杂基成分常与砾石成分相似，并多具泥质；胶结物多为泥质，亦有胶结物为钙质、铁质；砾石的磨圆度和分选性都很差，无特征峰值。

4. 构造特点

在靠近山麓的岩体一侧，常见切割—充填构造；冲刷现象频繁，层理不清；不同母岩的性质所决定砾石成分常作有规律的变化。

5. 岩体形态

在较细的冲积扇沉积物中呈不规则状、楔状和透镜状。

6. 产出规模

沿山脉呈带状分布，组成扇群，厚度可达千米以上，平面展布可达上千千米，其形成与毗邻山区持续上升遭受强烈剥蚀有关，与砂、泥岩一起构成磨拉石建造（图4-4、图4-5）。

图 4-4　冲积扇砾岩

局部颗粒支撑，分选较差，磨圆一般，向上变细正粒序，冲积扇扇根；准噶尔盆地中三叠统克拉玛依组

图 4-5　洪积砾岩

砾岩颗粒支撑，分选较好，洪积层理明显；为冲积扇洪流沉积；准噶尔盆地下侏罗统八道湾组

(二) 河成砾岩

1. 发育位置
河成砾岩常见于山区河流，多位于河床沉积的底部。

2. 搬运方式
洪流、牵引流。

3. 组构特征
常掺杂有砂和泥质，杂基中含大量石英、长石、暗色矿物等砂级碎屑和泥质混入，分选和对称性较差；由于搬运距离较近，不稳定组分仍然存在，砾石成分复杂，常可出现由各种岩石成分组成的砾石。

4. 构造特点
其底部可见冲刷现象，有侵蚀切割下伏岩层的痕迹，呈不平坦的冲刷面。砾石最大扁平面倾向上游，并与斜层理中的细层倾向相反，呈叠瓦状排列，倾角较大，一般15°~30°。长轴大部分与水流方向垂直，但近岸处多与岸边斜交或平行。上述的砾石排列定向性只是限于一般的稳定河流中。在湍急的山间河流中，砾石定向方式则有所不同，其特点是砾石长轴平行水流分布，最大扁平面向源倾斜或者与水流方向一致；至于在洪水期密度很大的混浊河流中，则完全不出现叠瓦状构造，砾石多以直立状排列为特征（图4-6）。

图4-6 河成砾岩

河道底部滞留沉积，砾石下部发育冲刷面，砾石长轴方向指示古水流方向；准噶尔盆地

5. 岩体形态

河流流速季节性变化而引起沉积物粒度改变或河床侧向迁移，河成砾岩多呈透镜体出现，向上及向侧面常渐变为砂岩或突变为粉砂岩和黏土岩。

6. 化石

河床砾岩化石少见，但有时可见大的硅化木。

（三）滨岸砾岩

1. 发育位置

主要形成于海或湖的滨岸地带。

2. 沉积过程

由河流搬运来的砾石沿海（湖）岸受波浪作用长期改造而成。

3. 组构特征

砾石成分较单一，以稳定组分为主，如石英岩形成的燧石及石英等，分选性好，往往以一个粒级占绝对优势，在直方图上显示为一个突出的主峰；磨圆度极好；常见扁平对称的砾石，粗砾很少。

4. 构造特点

砾石最大扁平面，向着深水方向倾斜，倾角不大，一般3°~10°，不超过13°。砾石长轴（A轴）大致与海（湖）岸线平行（表4-3）。

表4-3 河成砾岩与滨岸砾岩对比表

	河成砾岩	滨岸砾岩
成分	复成分砾岩，在许多情况下是某种成分的砾石占优势，但有时也可以是单成分的砾岩，如石灰岩砾岩、花岗岩砾岩；其反映了特定的地质条件，如近物源；供给区缺少砂、泥物质，强烈的构造活动以及快速侵蚀和沉积等	
磨圆	中等—较好	好
粒度	单众数	双众数
形态	扁度较小	扁度较大
构造	最大扁平面对层面倾角较大，叠瓦倾向与砂岩斜层理倾向基本一致	最大扁平面对层面倾角较小，叠瓦倾向与砂岩斜层理倾向基本一致
岩体	常呈透镜状产出	成层性好，横向分布稳定，席状延伸

5. 化石

岸砾岩中有时含有生物化石碎片，但很少含有完整化石。在海侵过程中，这种砾岩常是底砾岩的开始部分。滨岸砾岩体成层性好，横向分布稳定，呈席状延伸（图4-7）。

图4-7　滨岸砾岩（据Stow，2009）
砂质单成分砾岩，砾岩层形态不明显；砂岩中发育平行和交错层理；
西班牙东南部贝尼多姆市，上新统—更新统

（四）重力流砾岩

1. 发育位置

海底斜坡或坡脚富含软泥的地区，海底滑塌所产生的浊流使沉积物顺斜坡被搬运，粗细物质突然卸载于深水区的广大面积上，构成低位体系域的海底扇、斜坡扇。

2. 搬运方式

非牛顿流体，在重力作用下悬移方式搬运为主，末端见牵引流。

3. 形成条件

足够的水深、充沛的物源，一定的坡度和触发机制。

4. 组构特征

砾石成分复杂，杂基含量高，组分复杂，分选极差，磨圆较差至中等，砾石排列杂乱，由于滑塌作用多见直立的砾石。

5. 构造特征

底部有明显的冲刷面，向上以块状构造和递变层理为主（图4-8），可见拖拽沟纹和变形构造，各种交错层理较少发育，顶部可见水平纹层或包卷层理。浊积岩最常见的构造特征为鲍马序列，厚层块状砾岩与厚层暗色泥岩互层。除层理外，槽模、沟模等也常见。

图4-8 浊积砾岩（据李林等，2011）

粗粒浊积岩，发育鲍马序列 Ta 段河北滦平湖相沉积，白垩系

6. 化石

一般砾石中化石较少，偶见陆生化石碎片，多为滑塌过程中从物源携带而来，在顶部泥岩中可见一些深水化石。

(五) 冰川角砾岩

冰川角砾岩即通称的冰碛岩，是冰川作用的直接产物。

1. 成分特征

成分复杂，常见新鲜的不稳定组分。

2. 组构特征

分选极差，大的砾石和泥砂混杂，巨大的外来砾石和极细的由冰川刨刮的岩粉混积在一起，直方图上呈现多蜂；有时砂泥含量甚多，砾石含量不超过50%，与滨海（湖）砾岩相比，具有较多细粒填隙物；在冰川沉积物中，几乎没有化学风化的物质（图4-9）。

图 4-9　冰川角砾岩（据丁海峰等，2009）
灰白色粗砾，砾石呈棱角状，角砾岩与泥质粉砂岩混杂，排列无规则

3. 砾石特点

砾石多呈棱角状，有些碎屑常见几个磨平面，从而使角砾岩形状极为明显。在部分砾石中具有典型的"丁"形擦痕和磨平地面的"熨斗石"，以及由于砾石相互挤压而形成的压坑、变形等特征。

4. 沉积构造

层理不清，常呈块状；砾石排列极为紊乱，最大扁平面的倾角很大，甚至直立。

（六）滑塌角砾岩

在地形陡峻地区的边界地带，常常由于某种地质营力作用发生崩塌，或沿斜坡发生滑动，从而形成滑塌角砾岩。

1. 产出环境

可以出现在陆上或水下；通过水的加入可过渡为泥流和浊流。滑塌和滑动通常与斜坡构造及岩性有关，特别是某些亲水性黏土矿物的存在，为上覆地层的运动提供了润滑剂。

2. 组构特征

棱角状角砾和磨圆砾石可同时存在，这是由于陡崖崩落下来的已固结的岩屑多呈角砾状，而当发生水下滑动时，携带来的半固结底部沉积物很容易成为磨圆砾石。此种角砾岩分选性很差，砾石大小极不一致，大者直径可达几米（图 4-10）。

图 4-10　滑塌角砾岩（据黄锡强等，2015）
角砾状砾石与磨圆砾石共存，成分复杂，大小不一，夹于泥岩之中，滑塌导致纹层变形

3. 构造特点

混杂堆积，块状构造。

4. 岩体特征

厚度变化大，常呈透镜状岩体产出。

（七）岩溶角砾岩

岩溶角砾岩的形成与下伏物质（如膏盐层）被溶解以及上覆地层的坍塌作用有关，尤其是石灰岩的坍塌，也称洞穴角砾岩。因此，在地下水活动的石灰岩发育区常可见到由溶洞顶壁垮塌堆积形成的角砾岩（图 4-11）。

1. 砾石成分

通常为板状碎片及各种大小的石灰岩块，杂基仍是碳酸盐质或风化的红土物质。

图 4-11 岩溶角砾岩（据左昌虎等，2015）
由石灰岩、砂岩、黄铁矿等角砾组成，分选差、棱角状、
滚圆状均发育，混杂堆积

2. 组构特征

角砾呈高度棱角状，毫无分选，成分单一。岩溶角砾岩一般因有大量碳酸盐岩细粒杂基而导致碎屑与杂基之间的区分不清楚。

3. 构造特点

混杂堆积，块状构造。

4. 岩体特征

这种角砾岩层厚度变化很大，由几厘米到十米或者更厚。角砾岩层顶、底界特别是底界很明显。

第二节 砂 岩

碎屑粒度介于 0.0625~2mm，其中含量大于 50% 的碎屑岩称为砂岩，没有固结成岩的则称为砂。如其中粒径小于 0.06mm 或大于 2mm 的碎屑含量在 10%~25% 时，则相应地称为含粉砂砂岩或含砾砂岩。含量在 25%~50% 时则称为粉砂（砾）质砂岩（图4-12）。

(a)含砾粗砂岩

(b)红色中细砂岩

(c)细砂岩

图 4-12　准噶尔盆地南缘四棵树剖面砂岩露头

(a) 局部细砾岩,扇三角洲平原多期辫状水道叠加,见槽状交错层理,底部为起冲刷面并发育滞留砾石,水道稳定性差,多期切割;(b) 鲍马序列 b 段沉积,发育平行层理,无明显的粒度变化,纹层面彼此平行且平直,为单向水流高流态的产物;(c) 鲍马序列 c 段流水波痕,波痕不对称,由定向水流动形成,c 段与 b 段连续过渡,其间有冲刷面,底面见印模构造,准噶尔盆地南缘四棵树剖面

一、砂岩分类

（一）粒度分类

砂岩为粒度在 2~0.0625mm（-1~4φ）之间的岩石。按粒度可分为极粗砂岩、粗砂岩、中砂岩及极细砂岩；按杂基含量可分为净砂岩和杂砂岩（杂基含量>15%）。

表 4-4 砂岩的粒度划分标准（据 Wentworth，1992）

名称	粒径		沉积速率
	（mm）	（φ）	（cm/s）
极粗砂（very course）	1~2	0~-1	65.5~262.0
粗砂（course）	0.5~1.0	1~0	16.4~65.5
中砂（medium）	0.25~0.50	2~1	4.09~16.40
细砂（fine）	0.125~0.250	3~2	1.02~4.09
极细砂（very fine）	0.0625~0.1250	4~3	0.25~1.02

在野外可通过手持放大镜和粒度模板，结合野外地质经验大致的判断粒度大小，但更为准确的粒度判断则需在实验室进行。

（二）成分分类

1. 物质组成

砂岩主要由三种主要成分组成：陆源碎屑、杂基和胶结物。

1）陆源碎屑

陆源碎屑主要是石英、长石、各种岩屑和少量重矿物。它们反映物源区的母岩性质，是砂岩分类的主要依据之一，也是反映水动力条件和搬运距离的重要证据。

2）杂基

杂基是指砂岩中颗粒小于 0.0625mm 的部分，主要是小于 0.003mm 的黏土矿物杂基。砂岩中黏土基质的含量是反映搬运介质的密度和黏度以及砂岩沉积时的水动力条件的标志。在流体搬运过程中，砂和砾是曳引、跳跃的方式移动，而细粉砂和黏土则呈悬浮状态运移，流体速度稍微降低就能使砂粒间的黏土发生沉淀，反之，流体速度升高，黏土和细粉砂则被搬运。流体速度中动力学的变化能控制基质在砂岩中的分布形式与数量。

3) 胶结物

胶结物是砂岩中以化学方式沉淀的物质，并起着胶结碎屑的作用。它是反映沉积物沉积、成岩和后生变化的物理化学环境的特征。一般来说，胶结物在成岩期于颗粒间沉淀下来，通常胶结物类型为泥质、硅质、铁质胶结和钙质胶结，而铁质胶结往往使砂岩颜色变红，如美国著名地质公园锡恩公园中红色风成砂岩沉积。

2. 成分分类

砂岩中的组分在很大程度上可以反映物源区的区域地质条件与古环境特征。通常近物源区沉积的砂岩成分成熟度不高，而长距离搬运和改造的砂岩成分成熟度往往很高。物源区的区域地质条件决定砂岩中的矿物组成和在搬运时遭受风化侵蚀的程度。经典的砂岩分类是以石英、长石、岩屑和杂基的百分比为基础产生的（图4-13）。砂岩中有时包含非陆源碎屑性组分如碳酸盐岩颗粒（鲕粒、生物颗粒等）。人们通常利用偏光显微镜研究岩石薄片，来确定砂岩具体组分。

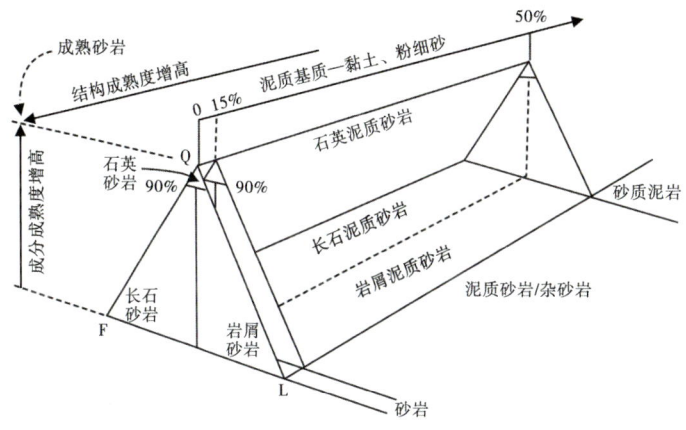

图4-13 砂岩分类（据Stow，2009）

借助放大镜，人们在野外通常凭借经验可以确定砂岩大概组分，并以此初步确定岩石名称（图4-14）。而后，通过采样、磨片及镜下观察，可以进一步确定砂岩的具体组成。岩石中颗粒组成及颗粒性质需要通过新鲜面来确定，因为风化面往往遭受风化剥蚀会改变岩石原有的状态。在野外，有时可以识别出砂岩中的胶结物类型与组分。即便在没有酸的情况下，也可以在光线较好的地方通过观察胶结物的晶体特征来判断。石英胶结物较好辨认，通过识别石英加大的特征来确定（有光照射时，石英加大面与原晶体面的最强反射光的角度不同）。

石英颗粒通常表面干净，具玻璃光泽。表面无节理，但可见贝壳状断口。石英颗粒周围往往会发育石英次生加大现象，因此石英颗粒常呈现较为平整的形状，并有反光现象（catch the light）。

长石颗粒常被风化为黏土矿物，因此其表面通常较脏，并不能像石英一样表面干净，常呈白色或粉色。长石颗粒表面常见节理面，因此常反光。由于长石易于遭受风化剥蚀，野外许多易碎砂岩都以多孔的长石颗粒为主。岩屑由于其颜色多样并常发生交代作用形成黏土矿物而易被认出。云母颗粒由于其独特的片状形态更容易被认出，云母主要分为黑云母和白云母，野外黑云母通常呈棕黑色，而白云母通常呈亮银色，且白云母较黑云母稳定。

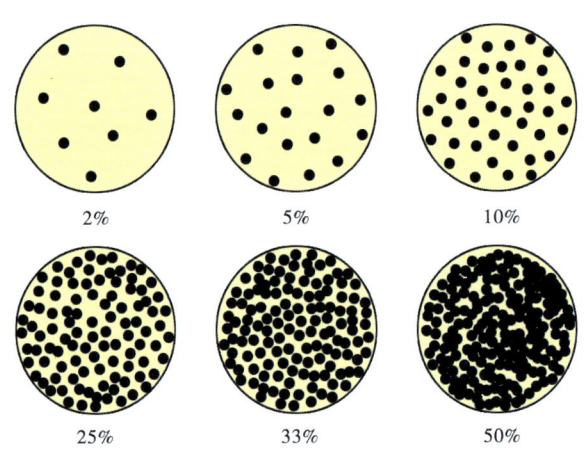

图 4-14　碎屑颗粒含量估计图版（据 Tucker, 2011）

1）石英砂岩

石英砂岩是碎屑矿物以石英为主，含量可达 90% 以上（图 4-15a、图 4-16）。其次是少量的正长石、微斜长石和酸性斜长石，以及燧石、变质石英岩岩屑。胶结物多为硅质，有时为钙质、铁质、石膏、磷酸盐或海绿石等。碎屑的圆度及分选性良好。重矿物含量一般不

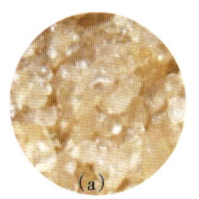 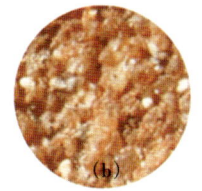 

图 4-15 不同砂岩手持放大镜特写（据 Tucker，2011）

（a）石英砂岩，高成熟度，石英颗粒洁净，呈玻璃光泽，过度发育的胶结物晶面反光，浅海相，澳大利亚西部，二叠系；（b）长石质石英砂岩，成熟，白色长石颗粒转化为黏土，一些过度发育的石英颗粒捕捉光线，颗粒表面含赤铁矿成分，红色色素，风成环境，英国西北部，二叠系；（c）岩屑砂岩，灰褐色泥岩岩屑颗粒和长石转化为白色黏土，河流相，英国东北部，石炭系，颗粒直径 1mm

图 4-16 石英砂岩（据 Stow，2009）

大型丘状交错层理，锤子上方平行层理；典型浅海相风暴影响环境；锤子高度 25cm；石炭系，阿根廷德斯拉山涧

高，且多为稳定矿物，如锆石、电气石和金红石等。

随着向长石砂岩和岩屑砂岩过渡，碎屑矿物和重矿物中的不稳定组分和含量逐渐增加，分选性和磨圆度也逐渐变差，如长石石英砂岩（图 4-15b）和岩屑石英砂岩。

石英砂岩成分成熟度高，常见交错层理。缺乏其他有色矿物的混入而常呈白色或灰白色。浅海环境中石英砂岩常呈这种颜色，风成环境中石英砂岩因混入赤铁矿粉末而呈红色。石英砂岩中硅质胶结和钙质胶结较为普遍。

石英砂岩常常被作为高能浅海环境和风成环境的主要沉积物类型，但并非所有石英砂岩均属于这两种沉积环境。石英砂岩有时也在成岩过程中形成，当不稳定矿物组分遭受地下水或其他流体淋滤、溶解后，较稳定的石英则形成石英砂岩。

2）长石砂岩

长石砂岩主要由长石、石英组成，长石砂岩指长石含量大于25%的砂岩。此外还可有较多的火成岩岩屑。长石主要为钾长石、微斜长石、酸性斜长石和条纹长石，以及少量酸性火山岩岩屑。重矿物含量可超过1%，除了锆石、电气石和金红石外，还可以有磷灰石、独居石、榍石、角闪石等。胶结物常为钙质或氧化铁，有时还有沸石，硅质较少见。含有较多的黏土基质，但其含量不超过15%。

许多长石砂岩呈肉红色或粉色，是由于其中含粉色长石矿物或其他矿物（如钾长石、赤铁矿等）。长石砂岩通常分选中等，磨圆次棱角—次圆状，颗粒间有时含大量杂基。

长石砂岩主要形成于以花岗岩或花岗片麻岩为母岩的、地势起伏较大的地区。母岩经受强烈的风化，碎屑物质经过短距离的搬运在湖泊、河流和山麓地区沉积。冲积扇与扇三角洲常沉积大量长石砂岩，特别是当物源区母岩性质为花岗岩时，则更易产生长石砂岩。

3）岩屑砂岩

岩屑砂岩是由大量岩屑（>25%）和少量石英所组成的砂岩（图4-15c、图4-17）。岩屑种类很多，主要取决于母岩成分。长石的含量和种类变化较大。重矿物含量较其他类型砂岩高，种类亦较多，常有不稳定的组分，如辉石、角闪石、绿泥石、绿帘石等。此外，还可能出现大量的黑云母和白云母，胶结物为硅质、钙质等，基质含量较多，多为水云母类矿物，此外还可以有石英、长石和岩屑的细小颗粒。碎屑的分选性与磨圆度低，常见棱角状颗粒。

岩屑砂岩的组成与岩石颗粒的类型有很大关系。岩屑颗粒常见岩浆岩成因与变质成因的矿物颗粒，在野外岩屑砂岩较易识别，但具体的含量还需要室内镜下鉴定。岩屑颗粒的颜色多样，但石英与长石的含量却较为一致。近源三角洲与河流沉积体系对产生岩屑砂岩较为有利，但同样，岩屑砂岩不能作为判别沉积环境的标志。

图 4-17　钙质岩屑砂岩（据 Stow，2009）
含暗色火山碎屑和白色生物碎屑，平行层理和交错层理，顶部发育低角度
侵蚀面；前滨环境，锤子 25cm，渐新统，皮苏里盆地

4）长石、岩屑杂砂岩

长石、岩屑杂砂岩通常硬度较大，浅灰至深灰色，杂基含量丰富。长石、岩屑颗粒较为普遍，在放大镜下易于鉴定确认。虽然这类砂岩不受沉积环境制约，但深水沉积环境中的浊流沉积常见此类砂岩，并常见浊流沉积构造。岩屑、长石杂砂岩粒度通常向上变细，上部一般为细粒沉积（粉砂、黏土）。

5）混合型砂岩

这类砂岩没有经历母岩剥蚀、搬运沉积作用，而是以自生矿物为主，如海绿石、鲕粒和生物碎屑等。海绿石通常形成于饥饿型陆架。钙质砂岩的钙质含量较高，达到 10%~50%，颗粒通常由生物碎屑和鲕粒组成。随着碳酸盐含量的增加，岩石逐渐成为砂质碳酸盐岩。在钙质砂岩中，钙质通常充当胶结物的角色存在于砂岩中。如果想进一步了解砂岩具体组成和成分时则需要采集野外样品并作镜下鉴定。岩石相对于物源分析与古环境鉴定具有一定的意义。

二、砂岩研究方法

（一）颗粒表面特征研究

颗粒表面研究包括碎屑颗粒的圆度、形态及表面特征，具体在

第三章已做阐述，故不多加描述。圆度的测定标准和前述砾岩测定标准一致。砂粒的圆度是碎屑搬运距离的标志。良好的圆度和完整的球度是碎屑远距离搬运的结果。但是砂粒的球度除了搬运条件的影响外，还受到粒度大小的影响，一般细砂、粉砂多呈悬浮搬运，而且其比面积很大，同时这些颗粒常常由所吸附的水的偶极分子形成极薄的一层保护膜，所以细小的砂粒与较大的砂粒虽然是等距离的搬运，但其球度可以相差很大。球度还和矿物的晶形有一定的关系，如等轴晶系的石榴石，其球度就比云母高。此外，矿物的解理和硬度与球度也有密切关系。

（二）粒度分布特征研究

沉积物的颗粒大小称为粒度。研究碎屑沉积和碎屑岩的粒度大小及各种粒级分布特征的方法称为粒度分析。粒度分布特征可直接反映沉积物形成时的水动力条件和能量，是判别沉积环境及水动力条件分析的重要物理标志，而且对碎屑岩系油气储层的评价也极为重要。

1. 粒度分析方法

对于碎屑岩来说，在埋藏过程中经受了复杂的成岩变化，原始沉积物的粒度会因石英次生加大或溶解等成岩作用而变大或变小，所以当上述相关成岩作用非常强烈时，就难以采用现今碎屑岩的粒度分析资料去分析判断古代沉积水动力条件和沉积环境。因此，在利用粒度资料研究沉积环境时应注意：

（1）正确合理取样，取样时要考虑沉积成因单元；

（2）采用同一体系计算公式计算粒度参数并作图；

（3）研究碎屑岩成岩作用历史，了解碎屑颗粒是否比原始颗粒发生了粒径增大或缩小的作用，以及这些作用对颗粒大小的影响程度；

（4）注意纵横坐标的比例，采用 Visher 标准坐标绘制累计概率图（图4-18），以便采用统一标准进行对比研究；

（5）在统计分析不同类型累计概率图的基础上，结合沉积岩性、沉积构造、沉积背景、沉积序列特征研究，考察粒度参数与图形在垂向上的变化规律；

（6）注意采用多种粒度参数综合研究分析沉积水动力条件。

1）直接测量法

直接测量法一般用于手标本的砾岩或砾石，其方法是用度量工具直接测量砾石的直径或视直径大小，一般测量一定面积内的全部砾石（粒径大于 2 mm 的颗粒）不少于 100 个，用于河流、滨海、冰川、洪积等砾岩的分析。

2）筛析法

筛析法用于未固结或胶结较差的含砾砂岩、砂岩，尤其是对现代沉积样品的分析，是用 $1/3\phi \sim 1/4\phi$ 间距的不同孔径的筛网将碎屑颗粒自粗到细逐级过筛分开，求得各粒级的重量百分比。该方法最适用于砂级碎屑，即适用的粒度下限为 $1/4\phi$。筛析法较简便，也较精确，注意取样应在一个完整层序内，粗、中、细砂均应取样。

2. 概率累计曲线

概率累计曲线是沉积学中使用最广、应用最多的用来分析沉积物形成水动力条件进而通过其特征来帮助地质工作者判别沉积环境的一种典型曲线。一般包含有三个次总体，在概率图上表现为三个直线段，代表了三种不同的基本搬运方式，即滚动搬运、悬浮搬运和跳跃搬运（图 4-18）。

（1）滚动搬运：沉积物中的粗粒尾部组分，这一部分的直线段位于图 4-18 左下角的始端。

（2）跳跃搬运：沉积物中主要组分，位于图 4-18 的中央，线段直且长，坡度陡，通常为一条直线，个别情况下，跳跃组分为二段直线，坡度稍有差别。

（3）悬浮搬运：沉积物中的细粒尾部组分，这一部分的直线段位于图 4-18 右上角的末端。

综合各种环境的概率曲线可见，由于不同环境水动力条件的变化，沉积物的搬运方式不同，导致了分别代表悬浮、跳跃、牵引（滚动）三种搬运方式的三条直线的各种变化，形成各种曲线图，并且各种沉积环境的粒度概率分布也不相同。从洪水密度流（浊流）、辫状河、曲流河、三角洲、浅滩到沿岸风成沙丘，其悬浮总体含量逐渐减少（几乎从占样品的全部变为零）；跳跃总体逐渐变多（几乎从零到占样品的全部）；细截点从粗变细；牵引总体变化比较复杂，辫状河多为粗粒牵引总体（$<1\phi$），三角洲、浅滩一般为细粒牵引总体（$<3\phi$），而在下游河流中牵引总体通常不存在。

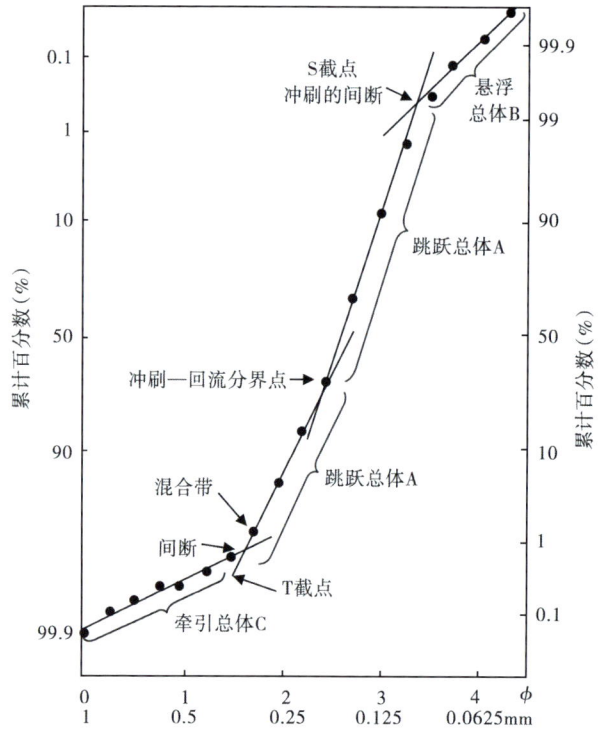

图 4-18 概率累计曲线及粒度分布中的总体（据 Visher，1969）

3. C—M 图解

Passega 于 1957 年提出 C—M 综合性成因图解（图 4-19），表示沉积物结构与沉积作用关系的样品集合，它也属于粒度参数散点图。

1) 采样要求

绘制 C—M 图与粒度参数散点图一样不能只用一个样品，它要求使用同一套成因岩层，从粗到细依次采集一系列样品来作此图，更确切地说应在一个完整的沉积旋回中进行系统的采样。若遇断层或不整合时，不能将上、下样品混合作图。最好是按一定的等间距连续采 30 个以上的样品，所采样品要包括该旋回或成因岩层各个粒度的结构类型。所以不同的岩层或岩性应分别采样，不应混合取样。每个样品可以代表几厘米乃至 1~2m 厚的岩层。每一张 C—M 图有时可代表几米乃至几十米厚的同成因剖面或地层。

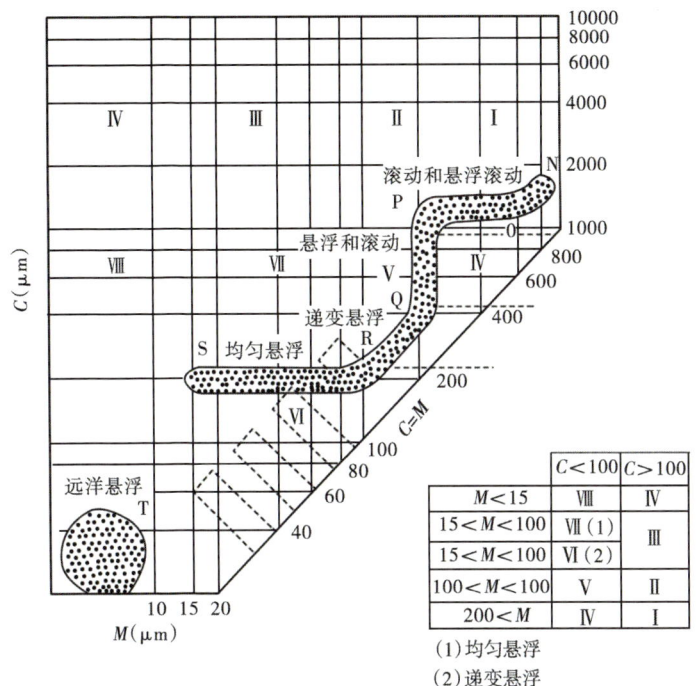

图 4-19　浊流和牵引流的 C—M 图（据 Passega，1964）

2）C—M 图要点

C 值为累计曲线上含量为 1% 的粒径值；M 值为累计曲线上含量为 50% 的粒径值，运用这两个参数分别作为双对数坐标上的纵、横坐标，构成 C—M 图。典型的 C—M 图形可划分为 NO、OP、PQ、QR、RS 各段和 T 区。不同区段代表不同沉积作用的产物。

（1）NO 段：代表滚动搬运的粗粒物质，C 值大于 1mm。

（2）OP 段：以滚动搬运为主，滚动组分和悬浮组分相混合，C 值一般大于 800μm，而 M 值有明显变化。

（3）PQ 段：以悬浮搬运为主，含有少量滚动组分，C 值变化而 M 值不变。

（4）QR 段：代表递变悬浮段，递变悬浮搬运是指在流体中悬浮物质由下到上粒度逐渐变细，密度逐渐变低，C 值与 M 值成比例变化，从而使这段图形与 C=M 基线平行。

（5）RS 段：为均匀悬浮段，C 值变化不大，而 M 值变化大，主要是细粉砂沉积物。

（6）T 区：为远洋悬浮物，M 值小于 $10\mu m$。

（三）胶结物分析

碎屑岩胶结物是沉积作用物理—化学环境的良好标志，它能反映整个成岩过程物化环境的变化，从沉积物形成开始到碎屑岩形成的全部历史阶段都能在胶结物中得到体现。

1. 胶结物类型

碎屑岩中最常见的胶结物是钙质和硅质矿物，其次为海绿石、白云石、菱铁矿质、铁质、磷酸盐质、石膏和重晶石质等；沸石和萤石质也偶尔见到。

1）钙质胶结物

多发育在海洋沉积的环境中，在淡水湖泊沉积物中有时也能见到。它是气候温暖的和正常盐度的流水通畅条件下沉积的特征。

2）硅质胶结物

在大多数情况下是次生的，它形成于成岩作用晚期或后生作用阶段。在后生作用阶段所形成的硅质胶结物常发生在岩层的局部地段或裂隙附近。

3）白云质、碳酸铁质胶结物

主要是海洋沉积的特征胶结物，它反映了一定的物化环境，它们是在海水含盐度偏高的条件下的沉积产物。

4）铁质胶结物

一般为浅海砂质沉积的胶结物，有时出现于大陆沉积的胶结物中。

5）石膏、重晶石胶结物

原生的石膏和重晶石胶结物是潟湖和咸化湖泊中生成的；而次生的则一般是在后生作用或表生作用时期、在富含硫酸盐的岩石中有地下水循环的条件生成的。

6）海绿石质胶结物

通常形成于浅海缓慢沉积的环境。

7）沸石质的胶结物

富含火山灰的沉积物中，在成岩作用或后生作用中由火山灰改造而形成。

2. 胶结方式

胶结方式是指胶结物与碎屑颗粒之间的接合关系，主要分为三种类型（图4-20）。

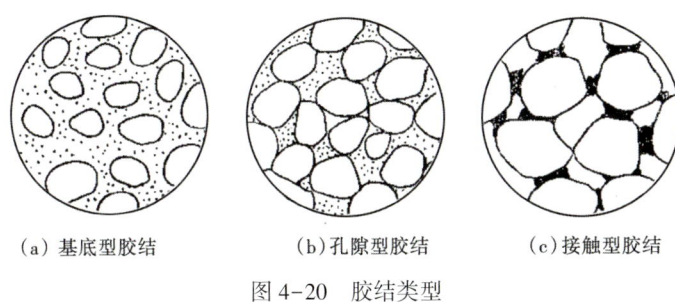

(a) 基底型胶结　　　(b) 孔隙型胶结　　　(c) 接触型胶结

图4-20　胶结类型

（1）基底型胶结：碎屑颗粒不相接触，颗粒之间被较多量（>30%）的胶结物充填；

（2）孔隙型胶结：碎屑颗粒互相接触，胶结物充填在碎屑之间的孔隙；

（3）接触型胶结：仅在颗粒接触处有少量的胶结物，而碎屑颗粒之间有孔隙存在。

(四) 其他特征研究

（1）观察砂岩的层理类型和测量产状：层理类型是碎屑岩的一种重要成因标志，根据层理性质可以有助于区分各种不同成因的沉积物，在第五章中将详细介绍。

（2）观察砂岩层的产状和在平面上的分布状况：如呈透镜状或带状充填于下伏岩层内的砂岩常是冲刷沉积的特征。湖成、海成和风成碎屑沉积常呈较大面积分布，并常呈厚度不均匀的地层产出，其底部的冲刷面不如冲积相的显著。

三、砂岩野外鉴别

砂岩是常见的一种沉积岩类型，从冲积扇到最深的深海平原，几乎所有的沉积环境中都存在。如石英砂岩是典型的中等流态到高能流态的滨浅海环境，也可能是因为成岩作用过程中不稳定颗粒溶解形成的。煤层下面的黏土层沿根迹，也可以形成硅质岩。长石和岩屑砂岩在冲积扇、河流（图4-21）、一些湖泊环境及三角洲和深水环境中经常出现,尤其是在那些构造运动活跃地区。泥质砂岩(杂砂岩)为深水浊流环境中的典型岩石类型,但是目前发现,它们在其他水动力条件低—中等的沉积环境(泛滥平原、三角洲和外陆架)中也会出现。纯净的石英砂岩多出现在风成环境中(图4-22)。

图4-21 河道砂岩

砂岩底部发育槽状交错层理与冲刷面,透镜状砂岩底部常见明显的冲刷作用,见泥砾,准噶尔盆地南缘呼图壁河剖面

图4-22 风成石英粗砂岩

红褐色中层状,石英净砂岩,石英含量高,岩屑含量少,风成环境中混入赤铁矿粉末导致呈红色,反映氧化环境;拍摄于美国锡恩国家公园

野外鉴别砂岩是一件考验地质人基本功的工作，要求鉴定人员对粒度估计、含量估算、矿物鉴别以及特征描述等有丰富的实践经验，能够准确地观察出砂岩粒度粗细、正确识别砂岩种类、判定各层砂岩之间的接触过渡关系（突变、渐变或冲刷接触）、识别砂岩层上下韵律的变化以及砂岩相关沉积构造。在野外，首先可以根据粒度大小区别出砂岩与砾岩，砾岩颗粒较粗，肉眼可见。砂岩表面一般具颗粒感，给人一种"脏脏的"感觉，用手触摸会有刮擦感，同时，用手持放大镜观察时，会看出明显的颗粒，宏观上会观察出较明显的成层性，纹层与层系较为清晰。泥岩由于硬度，固结程度等因素，在野外较砂岩更容易受风蚀，因此在野外砂岩更为"凸起"而泥岩常"凹陷"进去。

第三节 泥 岩

第三章已述及，由于生产开发标准的差异，国内与国际在关于粉砂岩、泥岩的划分标准上有所不同。为满足国内的生产开发需求，中国将粒径介于 0.01~0.1mm 之间的碎屑岩定义为粉砂，并将其划分在砂岩大类之中，将粒径小于 0.01mm 的碎屑颗粒定义为泥，自成一类。而在国际划分标准之中，将粒径小于 0.0625mm 的定义为泥，在此基础上，又将粒径介于 0.0039~0.0625mm 的碎屑颗粒定义为粉砂，小于 0.0039mm 的定义为黏土。两种划分方案各有利弊，本章遵从国际划分标准，在泥岩大类之中又细分出粉砂岩和黏土岩两类。

一、粉砂岩

粉砂和粉砂岩是由直径在 4~62μm，含量在 50% 以上的碎屑所组成。

粉砂岩在所有岩性中泥岩最常见，但由于其粒径较小较难描述。国外的泥岩与国内的泥岩分类标准不同，国外的泥岩主要为粒度在 0~62μm 的细粒沉积。粉砂岩属于泥岩范畴，沉积物粒度主要分布在 4~62μm。粉砂岩的粉砂含量大于 50%，泥岩的泥质含量大于 50%。在本书中将粉砂岩与泥岩分开描述。

（一）粉砂岩分类

根据碎屑成分，可以划分为少矿物粉砂岩和多矿物粉砂岩，前者以石英为主，后者除了石英外，还有长石、云母、绿泥石、岩屑等。

常见的粉砂岩有以下几种：

1. 黄土

黄土是一种半固结的粉砂岩，含碎屑物质超过60%，其次为黏土。黄土可以是风成、冰川或河流沉积物。如华北的黄土多为风成，局部有河流成因。

2. 杂色粉砂岩

杂色粉砂岩常在红层中见到，有棕红色、暗褐色、淡绿色、浅黄色等，多半是多矿物的，有石英、长石、云母、绿泥石、岩屑等。碎屑多具棱角状，分选程度中等。这种岩石通常为温暖或炎热的周期性干旱气候条件下河流下湖泊或三角洲的沉积。如中国西南地区侏罗系、白垩系的陆相红色沉积中常见的岩石类型。

（二）粉砂岩研究方法

由于粉砂岩粒度较小，在野外侧重于其层理、层面等构造特征以及厚度、颜色以及与上下地层的接触关系。通过垂向上韵律变化特征可以判断水动力的变化、基准面升降等。对于粉砂岩的研究更应配合室内分析，包括物质成分、粒度组分、特殊矿物等。

1. 物质成分研究

可按砂岩的分类原则将粉砂岩划分为石英粉砂岩、长石粉砂岩、岩屑粉砂岩以及它们之间的过渡类型。对粉砂岩中重矿物的研究可以作为剖面的划分和对比依据。对黏土杂基和胶结物成分的研究可为沉积环境的分析提供参考资料。

2. 粒度组分测定

由于粉砂岩的粒度为 $0.004 \sim 0.06$ mm，因此，粒度分析一般采用筛析法。粒度分析结果可按砂岩的粒度分析资料处理法进行之。

3. 层理、层面以及其他构造现象

粉砂岩一般是在比较低能量环境下沉积的。因此，一般多具很薄的水平层理、流水沙纹、微波状层理或小型的斜层理，层系厚度多为 $1 \sim 2$ cm，很少有超过 $5 \sim 10$ cm 的。这些层理特征皆表明其沉积环境没有强烈的水流或波浪的影响。

(三) 粉砂岩野外鉴别

在潮坪或河漫滩沉积的粉砂岩可见有小的振荡波痕、干裂、雨痕、晶痕等层面构造。在湖泊三角洲斜坡上，由于水下滑波的结果，常有层理变形、揉皱等现象。在湖泊深处沉积的粉砂岩可见到偶然由风暴所引起的搅动的水平层理。在远滨区沉积的粉砂岩中常具有钻孔生物活动留下的遗迹化石或层理被钻孔生物改造和搅动的现象。

粉砂岩仍具颗粒感，但已经不太明显。泥质粉砂岩一般在野外用肉眼很难与粉砂质泥岩和泥岩区分开来，此时需借助手持放大镜观察在镜下砂粒与泥质的相对百分含量，若砂粒含量大于50%则为泥质粉砂岩（图4-23）。

图4-23 野外粉砂岩实例

(a) 浅灰色粉砂岩，主要发育平行层理，三角洲前缘序列沉积，新疆准噶尔盆地南缘大龙口沟；(b) 灰黄色粉砂岩，发育水平层理，见碳质纹层，三角洲前缘沉积，新疆准噶尔盆地南缘水磨河沟

二、黏土岩

黏土岩是以黏土矿物为主的沉积岩，其中小于 $4\mu m$ 的泥质颗粒含量在50%以上。黏土岩是沉积岩中常见的岩石类型。根据对黏土岩的矿物成分、结核、层理等特征的研究可以阐明有关剥蚀区原始物质成分、搬运条件、沉积区的地球化学特征及成岩作用等问题。

(一) 黏土岩的分类

1. 固结程度分类

根据固结程度，可以将黏土岩划分为未固结、弱固结及强固结（表4-5）。

表 4-5 黏土岩的分类

固结程度	矿物成分		
	高岭石族	蒙皂石族	伊利石族
未固结	高岭石黏土	蒙皂石黏土	伊利石黏土
弱固结	高岭石泥岩	蒙皂石泥岩	伊利石泥岩
强固结	页岩		

1）黏土

矿物未固结（图4-24），具可塑性，在水中能泡软，按照矿物成分又可分为高岭石族、蒙皂石族、伊利石族、海泡石族等。高岭石触摸起来有滑腻感，多出现于酸性土壤，亲水性差；蒙皂石则感觉粗糙，遇水强烈膨胀；伊利石亲水性中等，介于蒙皂石和高岭石之间。

2）泥岩

泥岩黏土经过中等程度的成岩、后生作用，如压固、脱水等作用，呈块状，没有明显的层理，在水中不易泡软，不具可塑性，通

图4-24 第四系黏土岩
灰黄色，可见植物根系；拍摄于内蒙古岱海

常与薄层粉砂岩互层（图 4-25、图 4-26），代表弱水动力条件下的静水卸载沉积。

图 4-25　含粉砂层的泥岩（据 Stow，2009）
下部浅色部分含更多的粉砂，上部泥质成分含量高，波状—透镜状层理，浅海、河口沉积环境，三叠系；智利洛斯莫耶斯

图 4-26　薄砂岩与泥岩互层
薄层紫红色细砂岩与浅灰色泥岩互层，常见于泛滥平原沉积环境；准噶尔盆地南缘上侏罗统齐古组

3) 页岩

页岩经过较高程度的后生作用,如重结晶、强固结,具页状层理(图4-27)。按页岩中混入物的成分,其划分类型见表4-6。

图 4-27　油页岩

深湖相沉积的油页岩和浅色粉砂岩条带;准噶尔盆地南缘,韭菜园子沟

表 4-6　主要页岩类型与特征

页岩类型	特　　征
钙质页岩	含<25%的 $CaCO_3$
铁质页岩	含铁的氧化物、氢氧化物,外表常呈红色、紫红色,常见于陆相沉积中
硅质页岩	含 SiO_2 平均为58%,黑色坚硬,碎片呈棱角状,常与火山沉积岩、磷质岩、燧石岩共生
黑色页岩	含较多细分散的有机质,具有很薄的层理,湖泊沉积的黑色页岩,富含微体化石,厚度较大时可成为良好的生油岩系
碳质页岩	含大量分散的炭化了的有机质,污手,常出现于煤系地层中
油页岩	含沥青质的称沥青质油页岩,含碳质的称碳质油页岩;能点燃,并冒浓烟,以刀片刮之呈刨花状,能炼油

2. 黏土成分分类

根据黏土矿物成分，可以将黏土岩划分为高岭石黏土岩、蒙皂石黏土岩、伊利石黏土岩。

1）高岭石黏土岩

主要由高岭石矿物组成，其次是多水高岭石及水云母。一般外表呈白色、浅灰色，具可塑性。高岭石黏土大多是在温暖而潮湿的气候条件下由铝硅酸盐矿物分解而成，在酸性介质（pH 值为 5~6）环境下堆积或沉积于大陆、湖泊、沼泽或潟湖地区。

2）蒙皂石黏土岩

主要由蒙皂石矿物组成，其次含有少量的拜来石、绿脱石、水云母等。外表颜色呈粉红色、淡黄色、淡灰绿色等；硬度小，触之有滑腻感；具强的吸水性，浸入水中体积膨胀可达 8 倍。蒙皂石黏土是在中性或碱性介质中堆积而成的。主要是火山灰或火山碎屑岩风化作用的产物。

3）伊利石黏土岩

成分比较复杂，除水云母外，经常还有其他黏土矿物，纯的水云母黏土岩少见。颜色以黄、灰、绿、红等色。岩石常呈粉砂泥质结构。水云母黏土是各种含铝硅酸盐矿物的化学风化初期的产物，在各种环境（如大陆或海洋、温暖或寒冷、酸性或碱性介质）中均可生成，但溶液中必须富含钾。由于水云母黏土岩的生成条件广泛，且蒙皂石黏土、高岭石黏土经过后生作用后也可转化为水云母黏土，所以水云母黏土岩更为常见。水云母黏土经固结成岩后，具页理构造、失去可塑性就成为页岩。

由于黏土矿物具有比较强的吸附性能，以及黏土岩中常混有有机质，故在黑色页岩中常富含有 Mo, Ni, V, U, Pt, Pd, Au, Ag 等元素。如南方寒武系底部的黑色页岩，其中有些元素可富集成矿，故应特别注意。

(二) 黏土岩特征

1. 黏土岩矿物组成

黏土岩是以胶体细分散的黏土矿物为主，此外尚有一些碎屑矿物和自生非黏土矿物。按其晶体构造特征分为非晶质和结晶质两大类。非晶质的主要为水铝英石族。

结晶质按黏土矿物晶体构造的基本单位可以分为三类（表4-7）。

表4-7 黏土岩的矿物组成

类型	组成	黏土类型
两层构造	一个四面体层和一个八面体层	高岭石族：包括高岭石、地开石、珍珠陶土
		埃洛石族：包括埃洛石、铁埃洛石、变埃洛石等
三层构造	两个四面体层和一个八面体层	蒙皂石族：包括蒙脱石（胶岭石）、拜来石、绿脱石、高铁蒙脱石、皂石等
		水云母族：包括伊利石、海绿石等
混层构造	二层构造和三层构造混合	绿泥石族：各种绿泥石、单热石等

最常见的黏土矿物为高岭石、蒙脱石和伊利石，其次为单热石和拜来石。

黏土岩中的陆屑矿物有石英、长石、云母和其他少量的重矿物。研究黏土岩中的碎屑矿物可以查明陆源侵蚀区的位置、风化性质及古气候条件等，亦可根据黏土岩中重矿物组合进行地层的划分与对比。

自生非黏土矿物是一些化学成因及胶体化学成因的矿物。可反映黏土岩形成时的物理化学条件，以及黏土岩在成岩和后生阶段的变化特征。如铁、铂、锰的氧化物和氢氧化物。碳酸盐、硫酸盐、硅质矿物及硫化物、盐类和硅酸盐等。

2. 黏土岩的结构

1）砂、粉砂相对含量结构划分

根据黏上岩中泥质、粉砂及砂的相对含量划分为以下几种类型（表4-8）。

黏土岩的粒度成分、岩石的含砂性，一般需要在镜下观察，在野外只可利用牙嚼、手捻了解大致情况。另外，根据黏土矿物集合体的形状划分结构类型，以了解结构的成因。

2）黏土矿物集合体形状结构划分

（1）豆状结构：豆粒由黏土矿物组成，直径大于2mm，豆粒无核心，同心层结构不规则。该结构常是成岩阶段形成的。

（2）鲕状结构：鲕粒由黏土矿物组成，直径小于2mm，具有核心和同心层结构。同心层的成分可以有黏土矿物、氧化铁、有机质、绿泥石等互层。该结构多是成岩阶段生成的。

表 4-8　黏土岩的结构类型

结构类型	含量（%）			特征	沉积环境
	黏土	粉砂	砂		
泥质结构	>95	<5	—	断口呈贝壳状或鱼鳞状，手捻时具润滑感，加水后有可塑性	静水环境
含粉砂黏土结构	>75	5~25	—	手摸之有粗糙感，断口不平整、粗糙，加水后虽有可塑性，但不能捻成细条	河漫滩、牛轭湖、三角洲及湖泊或海洋边缘区
粉砂质黏土结构	75~50	25~5	—		
含砂黏土结构	>75	—	5~25	手摸之粗糙感更强，断口不平而粗糙，加水后更难成型	
砂质黏土结构	50~75	—	25~50		

（3）斑状黏土结构：在细小的黏土基质中，有较粗大的黏土矿物晶体。常见于高岭石黏土岩中。这种结构多是成岩或后生作用中重结晶作用形成的。

（4）砾状或角砾状结构：为同生黏土角砾沉积后又被黏土胶结而成者，也有成岩作用中由于沉积物的脱水、体积收缩而成的，这种角砾状结构常具网格状，并保存有原来的层理，仅在网格中又为后来的黏土矿物所填充。

3. 黏土岩的构造

黏土岩具有一般沉积岩常见的构造，如各种层理、层面构造、水下搅混构造。

黏土岩的层理及其他构造的研究对确定黏土岩的成因具有一定意义。例如水平细薄层理说明黏土岩是在安静的环境中形成的，如潟湖、沼泽等环境；带状水平层理，即在水平层理间夹有粉砂的细薄条带或扁豆状体，表明侵蚀区和沉积区的水文状况发生频繁的改变；若盆地底部受到强风浪的搅动，则会产生搅动层理，呈不规则的微揉皱现象。

黏土岩还常见一些显微构造，需在显微镜下确定：（1）片状构造由细小鳞片状黏土矿物呈杂乱分布；（2）毡状构造由鳞片状或纤维状黏土矿物呈相互交叉排列而成；（3）定向构造黏土矿物沿层面定向排列而成，在正交偏光镜下同时消光。

4. 黏土岩的颜色

黏土岩的颜色决定于黏土矿物和所含的染色物质的成分，所以是沉积环境地球化学条件的标志（表4-9）。

研究黏土岩的颜色要注意区别原生色及后生色。原生色一般多与层理一致，次生色多呈不规则分布或呈斑点状。次生色的特征是沿层分布不均匀，多在裂隙或节理附近。

黏土岩中的原生色可作为判别沉积环境的标志，例如在氧化环境中生成的黏土岩多为红色、褐色。在还原环境中生成的黏土岩则呈黑色、灰黑色或灰绿色等。但是在风化作用下原生的黑色、灰黑色等的黏土岩亦可被氧化成红色、黄褐色。因此，利用颜色来判别黏土岩的生成环境时，必须首先查清是原生色还是次生色。

表4-9 黏土岩的颜色

所含成分		颜色
单一黏土矿物成分		白色、浅灰色或浅黄色
含三价铁	氧化物、氢氧化物	红色、紫色、褐色
二价铁	海绿石、绿泥石	绿色
	黄铁矿	黑灰色或灰绿色
含锰元素	氧化物、氢氧化物	褐色或黑色
有机质	腐殖质、沥青、煤屑等	黑色、灰黑色或深褐色，有机质含量越高，颜色越深

5. 结核研究

结核是指在成分、结构、颜色等方面与围岩有显著区别，且与围岩间有明显界面的矿物集合体，黏土岩可形成地球化学环境的可靠标志，并可作为地层对比的依据。结核的成分多样，碳酸盐质、锰质、铁质、硅质、磷酸盐质等，形状包括球形、椭球形、透镜形等。在湖泊—沼泽沉积的黏土岩中常有硫化铁、菱铁矿结核，在弱氧化条件的湖泊中常出现褐铁矿（图4-28）和水针铁矿结核，在含盐度高的湖泊中则有钙质（图4-29）和白云质结核；在半咸水湖泊中常见有石膏、天青石等结核，而在盐湖的黏土岩中见钙芒硝结核。

图 4-28　铁质结核

图 4-29　钙质结核（拍摄于北京市延庆白河堡水库）

对结核的观察要注意区别同生结核、次生结核和成岩结核，才能得出正确的成因解释。

1）同生结核

结核体与沉积物同时形成，即在沉积过程中某些矿物围绕它层层凝聚。如石灰岩中含有燧石结核，砂岩中含有铁结核，以及现代海底的铁锰结核等。同生结核的特点是结核体不切穿层理，层理围绕结核弯曲。

2）成岩结核

沉积物在成岩过程中，由于物质重新分配而形成。它的特点是结核体部分切穿层理，部分被层理包围。

3）后生结核

沉积物固结成岩后，在岩石的裂缝或层理面上，由于交代作用或充填作用而生成。它的特点是呈不规则状或树枝状团块，明显切穿层理而无层理弯曲现象。

6. 黏土岩的产状与接触关系

产状、接触关系与古生物、结核、层理等资料相结合，可以提供关于黏土岩的岩相和其成因的概念。

呈透镜状产出在古风化面上或逐渐过渡为半风化的母岩且不具层理的黏土是风化壳（或残积）黏土；呈连续、宽广层状产出的通常是海成的或大型湖泊沉积的黏土；河漫滩沉积黏土则常呈带状或透镜状，其下部则存在有河床冲积物；冰川黏土常大面积分布呈覆盖状和层状；山谷冰川黏土呈条带状分布；冰湖沉积黏土具有特殊的纹层。冰川黏土分选性差，常含有巨砾、细砾等。

页岩易裂成平行于层理的形状，许多页岩呈纹层状，而泥岩无明显页理，且多呈块状。泥岩和页岩中的矿物成分主要是石英，也可能有其他矿物。泥页岩随着有机质含量的增加而颜色变深。

泥岩中易发育钙质结核、铁质结核、硅质结核和白云质结核。泥岩中包含很多微体化石，但需要在实验室中做进一步鉴定；泥岩中也见许多较大化石，但多以碎片形式呈现。任何沉积环境都可以形成泥岩沉积，特别是在河流相中的泛滥平原及低能海岸环境、潟湖、三角洲、远洋陆架和深海沉积环境，泥岩中的化石对于恢复古环境有重要作用。

（三）黏土岩野外鉴别

黏土岩多为静水条件下的卸载沉积，代表一种弱水动力条件下的稳定水体环境。在野外肉眼无法观察出颗粒感，质地较为均匀，且受风化易于剥落。常呈厚层状产出，颜色多样，深灰色代表强还原环境且富含有机质；浅灰色代表弱还原环境，有机质含量较少；灰绿色代表弱氧化—弱还原环境，通常伴随着间歇性暴露地表；灰黄色代表氧化环境，通常为较为干旱的古气候；红褐色表面含有高价铁离子，是强氧化环境、干旱古气候的典型。页岩通常具备较为明显的页理，含有大量的有机质呈现深黑色（图4-30）。

图 4-30 黏土岩野外实例

(a) 火山碎屑钙质泥岩，见菱铁矿结核和生物扰动构造；半深海沉积，锤子 25cm，中新统，缪拉盆地，日本东京附近（据 Stow，2009）；(b) 厚层深色油页岩和浅色粉砂岩，黑色页岩发育页理，灰白色粉砂岩发育平行层理，准噶尔盆地南缘，韭菜园子沟；(c) 褐红色泥岩与粉砂质泥岩互层，表现出氧化环境，准噶尔盆地南缘齐古组；(d) 灰色侧积泥岩，又称为落淤泥，常为一些间洪期的泥质薄层，准噶尔盆地南缘齐古组

第五章
沉积构造

沉积构造是沉积岩的重要特征，也是沉积岩的重要属性。沉积构造主要通过纹层、层系、层系组界面以及内部的岩性变化来展现。通过沉积构造可以有效判断、推敲、还原当时的沉积过程与古流向。通过沉积构造与岩相结合可以判断水动力条件强弱，而岩相组合可以作为不同沉积环境主要沉积作用的指示标志。

第一节　沉积构造基本概念与组成单元

沉积构造是沉积物及沉积岩中最常见而又最容易观察到的主要特征之一，其对沉积环境的识别起着重要的作用。在实际工作中，无论是研究沉积岩或者是解释沉积环境，对沉积构造的研究都是不可或缺的。

一、沉积构造基本概念

沉积构造是指沉积岩的各组成部分在空间上的分布和排列方式所表现出的总体特征，亦是指组成沉积岩石的颗粒彼此间的相互排列关系的总和。

沉积构造的研究通常有助于：（1）判定地层顶、底，进而确定地层层序；（2）确定沉积物搬运与沉积方式、沉积介质性质以及水动力状况；（3）恢复沉积盆地中的古水流和古沉积环境；（4）推测沉积后的物理与化学变化。

沉积构造分类方法较多，本书主要采用成因分类方法将沉积构造分为机械成因构造、化学成因构造以及生物成因构造。

二、沉积构造的基本单元

（一）纹层

纹层是组成层理的最基本、最小的单位，内部不存在任何肉眼可以分辨的层。确切地说，纹层是指床砂底形在迁移过程中留下的痕迹，其厚度很小，一般为数毫米至数厘米之间，砾岩中纹层较厚。

（二）层系

层系由许多成分、结构、厚度和产状相近的纹层组合而成。其是一个完整床砂底形迁徙的结果，形成于相对稳定的沉积条件下，一段时间内水动力条件较为稳定的产物。

（三）层系组

层系组是由两个或两个以上岩性相似或成因有联系的层系组合而成，其可以分为单组和多组。从成因上来讲，层系组是指在同一环境、不同时间、相似水动力条件下形成的内部没有明显沉积间断的沉积单元。

（四）层理

层理是由纹层与层系组在垂向上的综合表现，是碎屑岩最典型、最重要的沉积特征之一，直接反应沉积物沉积时的水动力条件，也是沉积环境的重要标志之一（图5-1）。因

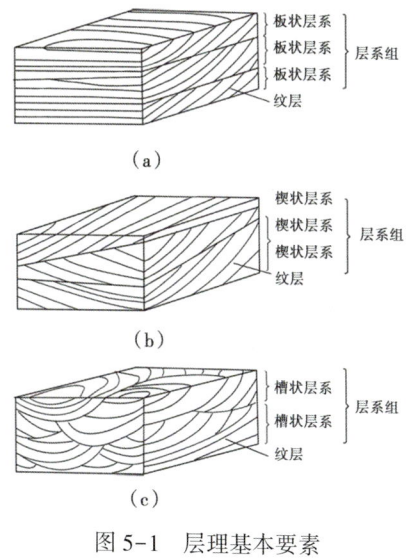

图 5-1 层理基本要素
（据曾允孚等，1986，修改）

此，层理是岩石性质沿垂向上变化的一种层状构造，其可以通过矿物成分、结构、颜色的突变或者渐变显示出来。

第二节 机械成因沉积构造

机械成因的沉积构造是指沉积物在搬运和沉积时及沉积后不久因流体流动、重力等因素的作用下产生的沉积构造。可分为三类：层理构造、层面构造以及变形构造。

一、层理构造

层理构造是沉积岩最重要的沉积特征，根据沉积岩成层构造的特点，有助于正确划分和对比地层、恢复地层产状等（图5-2）。

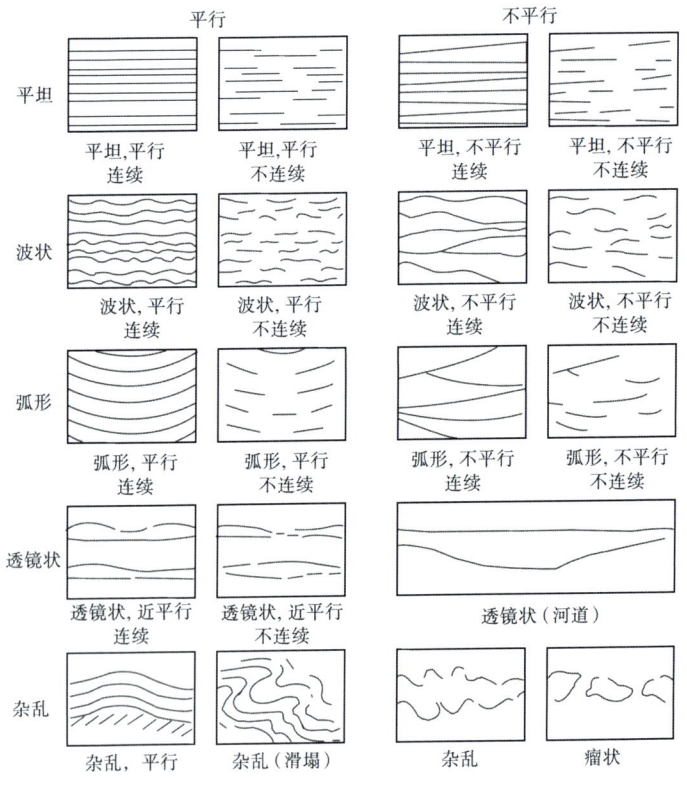

图5-2 不同类型的层理构造（据Stow，2009）

层理构造产生的原因主要是沉积方式的改变，无论是粒度大小的差异、颜色的不同或矿物成分的变化都会造成层理的出现。上下层的接触方式可以是突变、渐变、平滑或不规则等。在石灰岩或砂岩层中常常有薄层状泥页岩夹层。层理表面多种多样，有平整的、波纹状的、缝合线状的等。

在野外观察层理时需观察的内容包括：

（1）观察层的边界是否有剥蚀、冲刷的痕迹，判断上下层的接触关系是突变还是渐变。

（2）观察层内粒度、颜色、矿物成分的变化，寻找由上至下水体深浅变化的证据。

（3）寻找上层面是否有暴露地表的证据，是否见到泥裂、根土岩与喀斯特特征。

（4）检查层面是否见沙纹、剥离线理构造、泥裂和植物根系等特殊现象。

（5）检查下层面是否见破坏型沉积构造，如铸模、沟脊模。

（6）检查层内沉积构造（如交错层理、粒序层理），注意明确层内沉积的性质属于事件性沉积作用的产物（一次风暴、一次洪水）还是长期沉积的产物（几年至几百年）。

（7）观察层面构造的延伸范围，沉积型层面构造一般延伸范围较远。

（8）层面受上覆塑性沉积物的压实、负载也可以发生变形，另外构造运动（如走滑运动）、节理的形成也可以改变、塑造层的接触方式，在野外观察时应加以区分判断。

（一）水平层理

水平层理也称为水平纹层，主要特点为纹层呈直线状相互平行，且与层面平行，细层厚1~2mm。其是在水动力比较稳定的条件下，物质从悬浮或溶液中沉淀而成，分布较为广泛，多在细粒的粉砂或泥质物中出现，也可以是季节性气候变化所形成的季节性纹层或年纹，其通常代表低能的相对安静环境（图5-3）。

（二）平行层理

平行层理是由多组平行且几乎水平的纹层状砂岩组成的（图5-4），纹层厚1~2mm，是在较强水动力条件下流水作用的产物，高流

图 5-3 水平层理

（a）层系彼此平行，以粉细砂岩、粉砂质泥岩为主，粒度细，反映沉积时期水体能量较低，拍摄于准噶尔盆地南缘水西沟剖面；（b）层系彼此平行，绿灰色泥岩夹透镜状粉砂岩或泥质粉砂岩，沉积环境为三角洲前缘分流间湾，拍摄于准噶尔盆地南缘南安集海河剖面

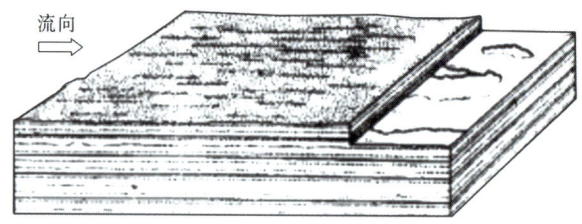

图 5-4 平行层理示意图（据 Harms，1975）

态中平坦床砂迁徙，床面上连续滚动的砂粒粗细分离而显现出的水平细层，通常可见平行于古水流方向的裂线理，代表水浅流急的沉积环境（图5-5）。

图5-5 平行层理

（a）层系彼此之间平行，较细，以粉细砂为主，主要形成于水动力较强、水流较浅环境，拍摄于准噶尔盆地南缘大龙口剖面；（b）各层系之间彼此平行或近于平行，岩性主要为灰褐色细砂岩、粉细砂岩，沉积物粒度较细，发育于厚层河道砂体上部，拍摄于准噶尔盆地南缘郝家沟剖面

平行层理多发育于细砂岩和中砂岩中，偶见于粉细砂岩中。一般的特点是颗粒大小不同的纹层叠覆，层系之间常被极低角度的侵蚀面分开，且其常与交错层理共生，一般在滨浅水砂质环境沉积的地区较为常见。

特征：（1）纹层之间彼此平行；（2）沉积物粒级为细—粗砂；（3）常具裂线理；（4）为单向水流高流态的产物。

（三）交错层理

1. 槽状交错层理

槽状交错层理为沙丘迁徙所致，层系底界为槽形冲刷面，顶部被切割（图5-6），单层系厚度顺收敛方向变化极快，各层系底界强烈下凹。在横切面上，层系呈槽状，纹层也是槽状；纵剖面上，层系呈弧形，纹层与之斜交，视顶面呈花瓣状。

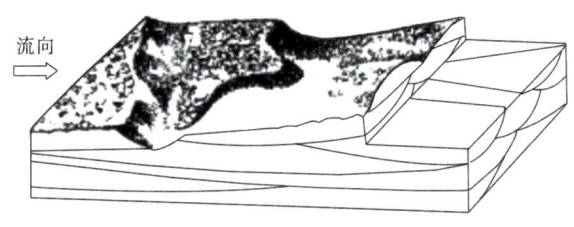

图 5-6 槽状交错层理示意图（据 Harms，1975）

依据槽状交错层理的剖面特征将其可分为同心槽状交错层理和异心槽状交错层理（图5-7），大型槽状交错层理层系底界面冲刷明显，底部常见泥砾和滞留砾石，常见于河流沉积环境和各种水道沉积环境之中。

名称		特征	剖面图示
异心槽		①纹层与层系斜交 ②层系与纹层下凹不一致 ③河道下切并迁移 ④多发育于曲流河中	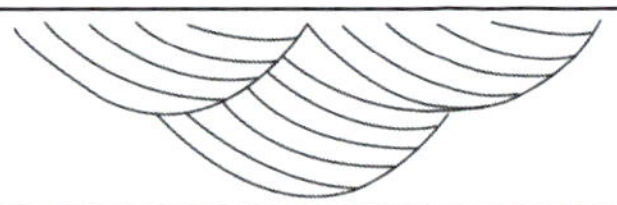
同心槽	同心同厚	①纹层与层系平行 ②层系与纹层下凹一致 ③河道下切并均匀充填 ④多发育于网状河中	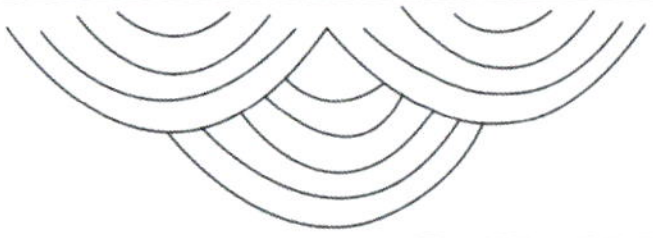
	同心不同厚	①纹层与层系同时下凹 ②纹系与层系下凹不一致 ③河道下切并快速充填 ④多发育于辫状河中	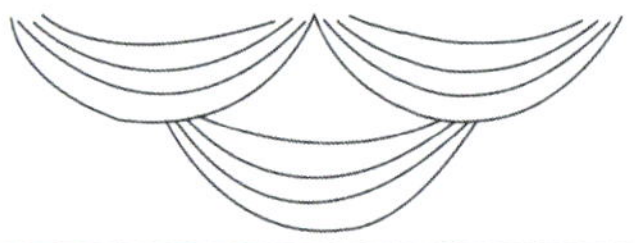

图 5-7 槽状交错层理分类与特征（据于兴河，2008）

特征：（1）层系彼此斜交；（2）纹层与层系相交，同时下凹；（3）粒级为细砂及以上；（4）为单向水流低流态沙陇与河道下切或充填的产物（图5-8）。

图 5-8　槽状交错层理

（a）层系下凹，纹层与层系低角度下切，交角较小，粒度中等，以中细砂岩为主，偶见滞留砾石，为曲流河河道沉积，反映河道迁移摆动，拍摄于准噶尔盆地南缘大龙口剖面梧桐沟组；（b）同心槽状交错层理叠置，层系同心下凹，纹层与层系相交，交角较小，以粗砂岩为主，反映河道不断迁移摆动沉积过程，拍摄于准噶尔盆地南缘石场剖面八道湾组；（c）多期槽状交错层理叠置，层系下凹，较低，纹层与层系低角度相交，交角较小，粒度中等偏细，为中细砂岩为主，河道沉积，反映河道多期迁移摆动，拍摄于准噶尔盆地西北缘油砂山剖面

2. 板状交错层理

板状交错层理由沙形不断迁徙所致，厚度一般较大，从 4cm 到 1m 不等，层系较平直且彼此平行，内部纹层与层系以不同的方式同向相交（图 5-9）。根据纹层与层系的相交方式、层系的多少可进一步划分为单组及多组，依据其成因又可划分成加积、垂积、侧积、前积（表 5-1）。其主要以河流沉积最为发育，层系底界可见冲刷面，纹层内部粒度常呈下粗上细的正粒序。

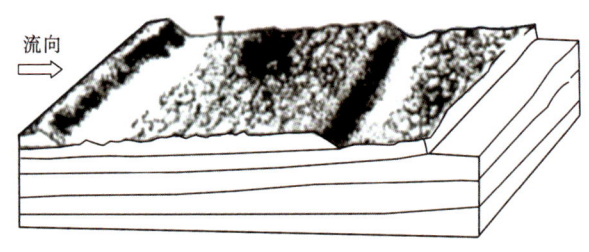

图 5-9　板状交错层理示意图（据 Harms，1975）

表 5-1　板状交错层理分类

特征	分类依据				
	层系的多少	纹层与层系的交角	纹层与层系的接触关系	成因解释	
				作用	产物
板状交错层理	单组	高角度（≥15°）	下切型	顺流加积	纵向坝
			下截型	垂积	横向坝
		低角度（<15°）	下切型	侧积	斜列坝或点沙坝
			下截型	垂积	横向坝
	多组（≥2）	高角度（≥15°）	下切型	侧积或前积	斜列坝或河口坝
			下截型	垂积	横向坝
		低角度（<15°）	下切型	侧积	点沙坝
			下截型	垂积	横向坝

根据纹层与层系的交角方式可分为两种——下切纹层与下截纹层。从交角方式上来讲，下切型纹层与层系呈收敛式相交，下截型

纹层与层系呈断截式相交（图5-10）。从水动力条件来讲，下切型纹层主要为缓流型，是砂体迁移所致，其纹层略向上弯曲，向下收敛，倾角变化较大；下截型纹层则主要为急流型，其是由于砂体加积所致，其特征主要为纹层平直，倾角较大，水流较强。

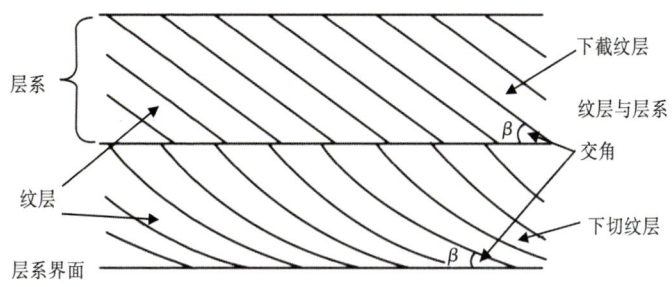

图5-10 下切型与下截型板状交错层理示意图（据于兴河，2008）

特征：（1）层系彼此平行；（2）纹层与层系交错；（3）粒级为细砂及以上；（4）为单向水流低流态沙浪的产物，主要为沙坝迁移所致（图5-11）。

3. 波状交错层理

交错层理单元的界面为波曲面，纹层呈连续波状，当沉积速率大于流水侵蚀速率时，纹层连续性较好，其上下界面可以平行，也可以相交（图5-12）。波状层理内部前积纹层，在顺水流方向上与界面斜交，在垂直于水流方向的剖面上通常与波界面大致平行或低角度斜交。

特征：（1）层系波状起伏；（2）纹层与层系斜交，纹层之间互相平行；（3）粒度以中粗砂以下为主；（4）为有波浪影响的单向水流低流态沙纹的产物（图5-13）。

4. 羽状交错层理

潮汐成因交错层理的典型，又称鱼骨状交错层理，纹层平直或微微向上弯曲，相邻斜层系的纹层倾斜方向相反，延伸至层系时彼此呈锐角相交，呈羽毛状（图5-14）。其主要是在有反方向水流的作用下形成的，常见于河流入湖/海的三角洲地带，有时两个倾向相反的斜层系之间隔以薄层状泥岩层，是潮汐环境的典型标志。

特征：（1）层系彼此斜交；（2）纹层平直或微向上弯曲，相邻

图 5-11 板状交错层理

(a) 下切型板状交错层理，层系彼此平行，纹层与层系低角度相切，交角较小，反映地形平缓，粒度中等，为中细砂岩，河道床砂底形迁移，拍摄于准噶尔盆地西北缘吐孜沟剖面；(b) 多组下切型板状交错层理，层系彼此平行，纹层与层系低角度相切，交角较小，反映地形平缓，粒度偏细，以细砂岩为主，河道床砂底形迁移，拍摄于准噶尔盆地西北缘油砂山剖面；(c) 下截型板状交错层理，层系彼此平行，纹层与层系中等角度相截，交角中等，反映地形较陡，粒度较粗，以中粗砂岩为主，主要为河道床砂底形迁移，拍摄于准噶尔盆地南缘呼图壁河剖面；(d) 下截型板状交错层理，层系彼此平行，纹层面与层面低角度下截，交角较小，粒度中等，以中砂岩为主，反映水流作用下床砂底形的迁移，拍摄于准噶尔盆地南缘三工河剖面

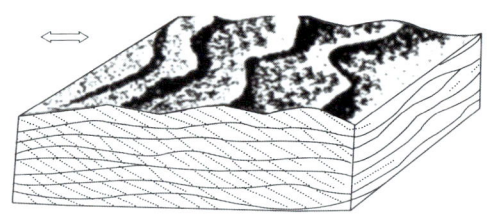

图 5-12 波状层理示意图（据 Harms，1975）

图 5-13 波状交错层理

(a) 层系波状起伏，纹层与层系斜交，纹层彼此之间平行，岩性主要为石灰岩，其主要是在浪基面附近形成的，拍摄于鄂尔多斯盆地梁家骥剖面；(b) 层系波状起伏，纹层与层系斜交，纹层彼此之间平行，岩性主要为中细砂岩，主要为单向水流流动所造成的，拍摄于内蒙古岱海剖面

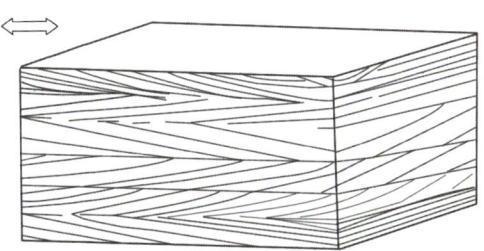

图 5-14 羽状交错层理示意图（据 Harms，1975）

层系的纹层倾向相反，延伸至层系时彼此呈锐角相交，呈羽毛状；(3) 为有反向水流作用下形成（图 5-15）。

图 5-15　羽状交错层理

(a) 层系彼此斜交，纹层较为平直，与层系相交，岩性主要为中砂岩，主要为反向水流作用下沉积形成的，拍摄于鄂尔多斯盆地龙王沟榆树湾剖面；
(b) 层系彼此斜交，纹层较为平直，与层系相交，岩性主要为中细砂岩，粒度较细，主要为反向水流作用下沉积形成的，拍摄于鄂尔多斯盆地

5. 冲洗交错层理

波浪成因的交错层理的一种，在长而平坦的海滩或沿岸沙坝的向海斜坡面上，当波浪发生破碎向浅水海滩或沙坝方向传播时，由于波浪运动，不仅受到水质点内部摩擦，而且还有与海底摩擦的阻力，使波浪发生变形，水质点运动的轨迹由圆—椭圆—扁平—向岸

及离岸的直线，形成向岸与离岸的冲流和回流的冲洗作用，在海滩或沙坝，形成冲洗交错层理（图 5-16）。

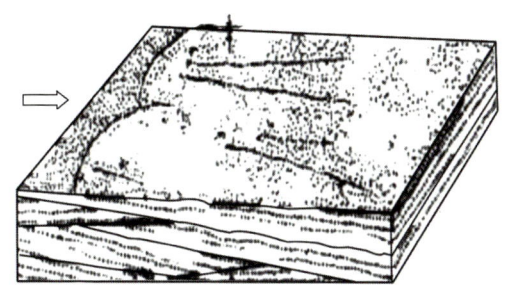

图 5-16　冲洗交错层理示意图（据 Harms，1975）

特征：（1）纹层低角度与层系接触，一般为 2°~10°，相邻的细层系倾向、倾角不一致，但主要向海方向倾斜；（2）粒度分选好，细层可见反粒序；（3）层系之间大多呈侵蚀接触，也有非侵蚀接触；（4）侧向延伸较远，厚度较为稳定（图 5-17）。

6. 丘状交错层理

风暴沉积的典型沉积构造，是风暴衰减到某一阶段大量碎屑物质堆积形成的似丘状层理构造，一般发育在风暴浪基面之上，正常浪基面之下的宽缓陆棚地区，由一些宽缓波状层系组成，顶面外形呈圆丘状，纹层向四周倾斜，层系上部被侵蚀，纹层与层系底界近乎平行，而中部呈发散—收敛状，纹层倾角小（一般小于 15°）而变化大（图 5-18）。

特征：（1）由宽缓波状层系组成，顶面外形呈圆丘状；（2）纹层向四周倾斜，层系上部被侵蚀，纹层与层系底界面近乎平行，中部呈发散—收敛状，纹层倾角小（一般小于 15°）而变化大；（3）主要是近滨带和正常浪基面以下风暴浪震荡作用所形成的产物（图 5-19）。

7. 逆行沙丘交错层理

由逆行沙丘迁移产生的倾斜纹层所组成，是在上部水流动态的急流条件下产生的床砂形体（图 5-20）。其主要特点为层系一般为透镜状，内部纹层低角度倾斜（一般小于 10°），其倾向取决于逆行沙丘是逆流迁移还是顺流迁移，其纹层一般较模糊，常与平行层理

图 5-17　冲洗交错层理

（a）层系低角度相交，层系之间倾角不一致相交，岩性为细砂岩，粒度分选好，主要是波浪的冲洗作用形成，拍摄于英国曼彻斯特；（b）层系低角度相交，层系之间倾角不一致相交，岩性为细砂岩，粒度分选好，主要是波浪冲洗作用所形成，拍摄于鄂尔多斯盆地；（c）层系低角度相交，层系之间倾角不一致相交，岩性主要为细砂，分选很好，为现代沉积而成，沉积厚度较为稳定，拍摄于广州台山市下川岛

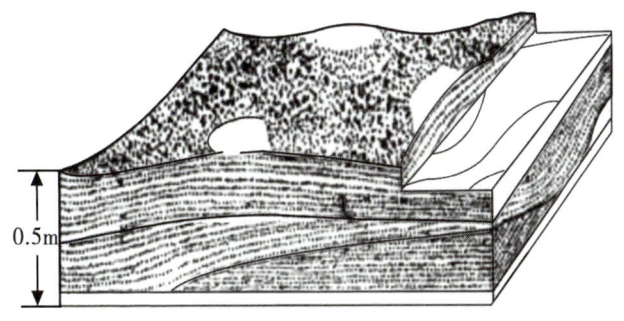

图 5-18　丘状交错层理示意图（据 Harms，1975）

图 5-19　丘状交错层理

（a）层系较宽缓，顶面为圆丘状，岩性主要为粉细砂岩，沉积物粒度较细，主要为风暴浪震荡作用形成的沉积物，拍摄于内蒙古海拉尔盆地；（b）层系较宽缓，顶面为圆丘状，岩性主要为细砂岩，沉积物粒度较细，主要为风暴浪震荡作用形成的沉积物，拍摄于徐州贾园组（据师庆民，2013）

共生。通常出现于水浅流急的环境中，是高流态下高速水流的标志，又称超临界流体的产物。

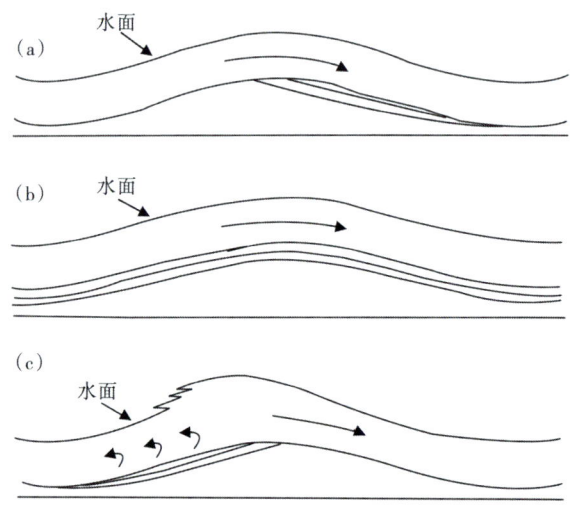

图 5-20　逆行沙丘三种不同沉积方式（引自陈景山，1981）

8. 流水沙纹交错层理

又称为爬升波痕纹理（climbing ripple lamination），是指砂质非黏性细粒沉积物中，由于水流波痕向前迁移并同时向上生长所形成的一系列相互叠置的波痕纹理，沉积物供给相对较少，水动力条件较小，层系厚度一般小于 5cm。若沉积环境中沉积物较为丰富，同时水流不断的供给，沙纹不仅向前迁徙，同时向上不断建造，从而形成爬升纹理。该层理一般发育在河流上部堤岸、边滩、泛滥沉积以及三角洲环境中。根据波痕纹理的迁移可分为两种：同相位的沙纹及迁移的沙纹（图 5-21、图 5-22）。

（1）同相位流水沙纹交错层理：主要特点为波痕纹层直接盖在另一个波痕纹层之上，且其波脊处于同一垂线上。其在水流方向迁移较小，波痕纹层基本平行且形状不对称，主要形成于水流速度、流向、水深、沉积物供应等各种因素基本保持不变的沉积环境中。

（2）迁移相位流水沙纹交错层理：主要特点是在垂直波脊的剖面上，波脊在向上生长的同时明显的顺水流方向前迁移，甚至出现一些逆水流方向的倾斜，倾角随水流速度的增大而减小。

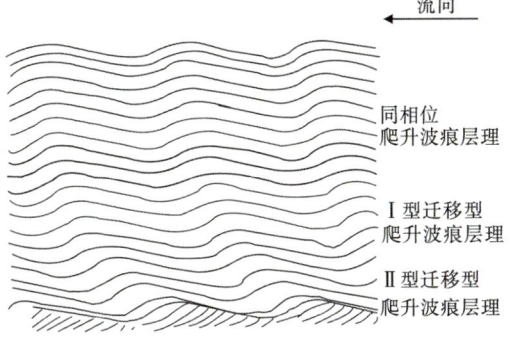

图 5-21 各种类型的爬升波痕交错层理
(据《沉积构造与环境解释》编写组，1984)

图 5-22 小型流水沙纹层理

(a) 岩性主要为灰白色中细砂岩，局部粒度较粗，可达中粗砂岩，层理为上攀沙纹交错层理，反映沉积物供给充足下的快速堆积而形成，拍摄于准噶尔盆地南缘郝家沟剖面；(b) 岩性主要为灰黑色粉砂岩，粉细砂岩，发育于河道砂岩顶部，为废弃河道或泛滥平原沉积，拍摄于准噶尔盆地南缘南安集海剖面

9. 浪成沙纹交错层理

浪成波痕迁移所产生，松散的中粉砂至粗砂在波浪的改造下形成对称形态的床砂底形，由倾向相反、相互超覆的前积层构成，内部具"人"字形构造。有时浪成沙纹也可以不对称，当一个方向的波浪作用强于另一面时形成此种。浪成波纹的层面波脊较直且常形成两个波脊会合成一个波脊的情况。当两边的波脊都会聚成一个时常形成一个低洼的地带（图 5-23 至图 5-25）。

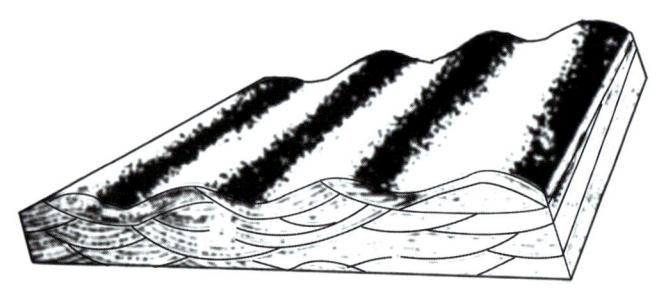

图 5-23　浪成沙纹交错层理示意图（据 Reineck 和 Singh，1973）

		沙纹指数=L/H
风成沙纹	L为2.5~25cm，H为0.5~1.0cm	最大值10~70
浪成沙纹	L为0.9~200cm，H为0.3~25cm	4~13，通常6~7
流水沙纹	L<60cm，H<6cm	>5，通常8~15

图 5-24　沙纹分类（据 Tucker，2011）

浪成沙纹的沙纹指数通常在 6~7 之间。波长受控于水深与沉积物粒度大小，粗沉积物与较深的水形成较大的浪成沙纹。

10. 风成交错（沙丘）层理

风成交错层理主要特征为规模大，交错层理单元的厚度可以从几十厘米至几米，甚至可达数十米。前积纹层较厚且常呈直线型，倾角一般巨大，在 25°~35° 之间，形态以下切型板状最为常见，也

图 5-25 浪成沙纹层理

（a）岩性主要为灰黑色中细砂岩，分选、磨圆较好，主要成因为碎屑物受波浪作用的影响形成，波痕顶部被侵蚀，拍摄于准噶尔盆地南缘郝家沟剖面；（b）岩性中等，以中砂岩为主，层理发育于中层状砂岩中，表现为沉积时受波浪作用较强，为三角洲前缘沉积，拍摄于准噶尔盆地南缘南安集海剖面

可见槽状和楔状（图 5-26 至图 5-28）。构成交错层理的砂岩常呈黄色或红色，表明氧化的沉积环境，成分成熟度高，不含泥质，分选与磨圆都较好，并可见一些重矿物。

（四）复合层理

复合层理是水体频繁进退造成的砂泥间互在垂向上不均匀叠置所构成的层理特征。由于它不是床砂底形的迁移，故其内部通常没有纹层与层系的交错。近 20 年来，人们发现在湖泊与三角洲前缘多发育此类层理，这主要是由于这些地区也可以出现水体的频繁进退。

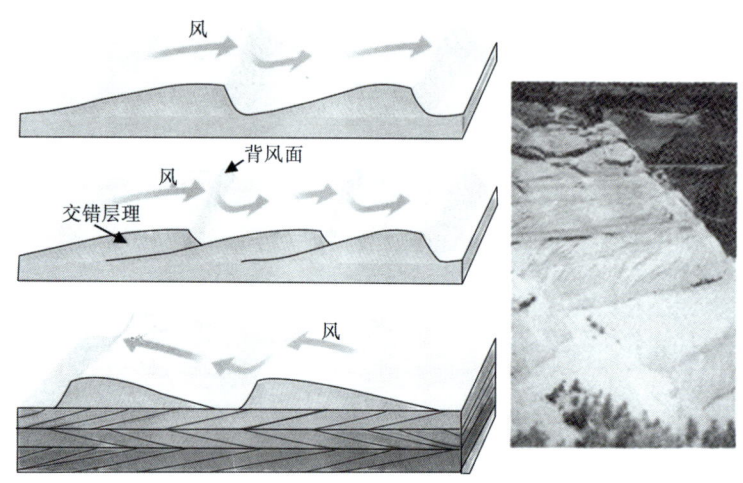

图 5-26 风成沙丘层理的特征与形成过程
（引自 E. J. Tarbuck，1997）

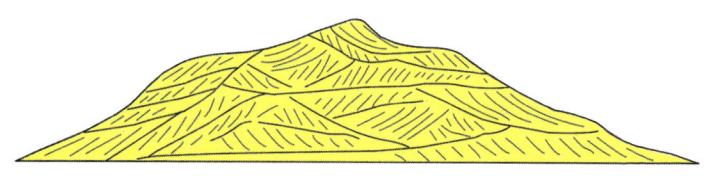

图 5-27 风成沙丘叠置样式（内部层理）（据 Stow，2009）

依据砂泥的比例可以分为三种（图 5-29）。

1. 脉状层理

脉状层理在波谷及部分波脊上含有泥质条纹，砂多泥少，砂质层中夹有泥质薄层，是在水动力较强，砂的供应、沉积和保存比泥更为有利的条件下形成的。在潮汐期，砂质沉积物被搬运构成砂质纹层，静水期泥质沉积物沉降覆盖在沙纹之上，而下一个潮汐期又将上一期波脊的泥质沉积物削去，在波谷的泥质沉积物上覆盖新一期的沙纹，如此不断叠置（图 5-30）。

2. 透镜状层理

透镜状层理以泥多砂少为特征，泥质层中夹有细粒砂质透镜体，是在水动力条件较弱，泥的供应、沉积和保存比砂更为有利的情况

图 5-28 风成交错层理

(a) 岩性主要为黄褐色石英砂岩,厚层槽状,无泥质夹层,纹层与层系高角度相交,拍摄于美国锡恩国家公园;(b) 岩性主要为黄褐色石英砂岩,厚层大型楔状,保存古代风成沙丘之中,纹层与层系高角度相交,视域宽 2.5m,拍摄于巴西圣保罗南部(据 Stow,2011)

下形成的产物。这种层理的特点是砂质沉积物呈透镜体被包在泥质沉积物之上(图 5-31)。

3. 波状层理

属脉状层理与透镜状层理的过渡性,砂泥间互,形成对称或不对称的波状,但其总的方向平行于层面。这种层理主要是由沉积介

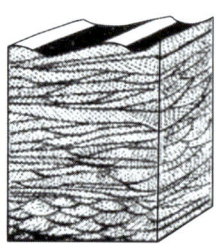 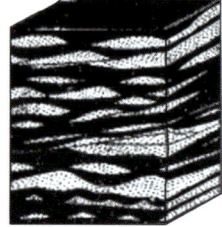 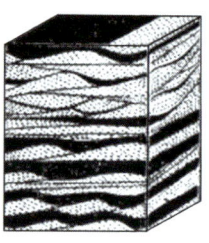

(a)脉状层理　　　　（b)透镜状层理　　　　(c)波状层理

图 5-29　不同类型的复合层理

（据 H. E. Reineck 和 I. B. Singh，1973）

图 5-30　脉状层理

(a) 砂岩中脉状分布的泥岩，泥岩含量较少，主要为较强水动力条件下沉积的产物，拍摄于内蒙古岱海剖面；(b) 岩性主要为粉细砂岩、灰黑色粉砂质泥岩，砂岩中脉状分布泥岩，主要为较强水动力条件下沉积的产物，拍摄于内蒙古岱海

图 5-31　透镜状层理

粉细砂岩中见泥岩透镜体,是在水动力条件较弱,泥的供应、沉积和保存比砂更为有利的情况下形成的产物;拍摄于内蒙古岱海剖面

质的波浪振荡运动造成的,其次是单向水流的前进运动造成的,前者形成对称形波状层理,后者形成不对称波状层理(图5-32)。

图 5-32　波状层理

(a)岩性为粉细砂岩夹薄层泥岩,主要为沉积介质波浪震荡运动形成,向上过渡为透镜状层理,拍摄于内蒙古岱海剖面;(b)岩性主要为粉细砂岩中夹薄层泥岩,其主要为单向水流前进运动所形成的,拍摄于内蒙古岱海

(五) 递变层理

递变层理又称粒序层理,是指层内由下至上粒度变化,一般没有任何内部纹层(图 5-33),最常见的递变层理为正递变,最粗的颗粒在底部向上逐渐变细。其本质是随着搬运过程的进行,水流速度变小,水流能量变弱,搬运能力减弱,最粗的颗粒先沉积下来,而后沉积较细的颗粒。正递变层理常见于浊流和风暴流沉积中。

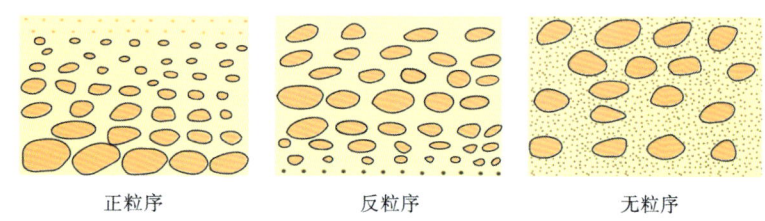

正粒序　　　　　反粒序　　　　　无粒序

图 5-33　不同类型的递变层理(据 Tucker,2011)

反递变层理相对少见,成因为水流能量的变强,更为常见的原因是颗粒排除作用和浮力作用。反递变层理是高密度沉积物沉积而成,易见于沉积物重力流的底部,尤其是碎屑流和颗粒流中(图 5-33、图 5-34)。

图 5-34　递变层理

(a)岩性变化较快,下部主要为含粗粒粗砂岩,向上逐渐过渡为砂岩,上部为泥岩,整体为向上变细的正粒序,主要是在水动力较弱时形成,拍摄于内蒙古岱海剖面;(b)多期递变层理叠置,从下至上岩性为细砾岩向中细砂岩过渡,整体为反粒序且多期叠置,为水动力从下至上逐渐减弱沉积的产物,拍摄于准噶尔盆地西北缘油砂山剖面

(六) 韵律层理

在砂泥互层的水平层中由不同颜色、不同成分、不同粒度的单层有规律地重复出现所形成的纹层状互层，称为韵律层理。这种规律性变化是由潮汐变化、季节变化、气候变化、冰川作用等形成的（图5-35）。

图5-35　韵律层理

岩性主要为细砾岩与中粗砂岩互层，整体为红褐色，沉积时沉积环境较为干旱，整体为向上变细的正韵律，主要是在水动力周期性变化的环境中形成的；拍摄于云南洱海抚仙湖剖面

二、层面构造

在岩层表面表现出的各种沉积痕迹统称为层面构造，包括波痕、剥离线理、泥裂、槽模、雨痕等，既可以出现在岩层顶面，也可以出现在岩层底面（图5-36）。层面构造是野外初步判断沉积环境、古气候等的最重要依据之一。在野外识别层面构造之前首先应区分岩层顶底面，判断该层面构造属于印模或是原始沉积面，之后再进行下一步的工作。

(一) 波痕

波痕是保留在层面上的床砂形体痕迹，是由于风、水流、波浪等介质的运动，在非黏性砂质沉积物表面形成的一种波状的层面构造，分为浪成、流水、风成三种基本类型。

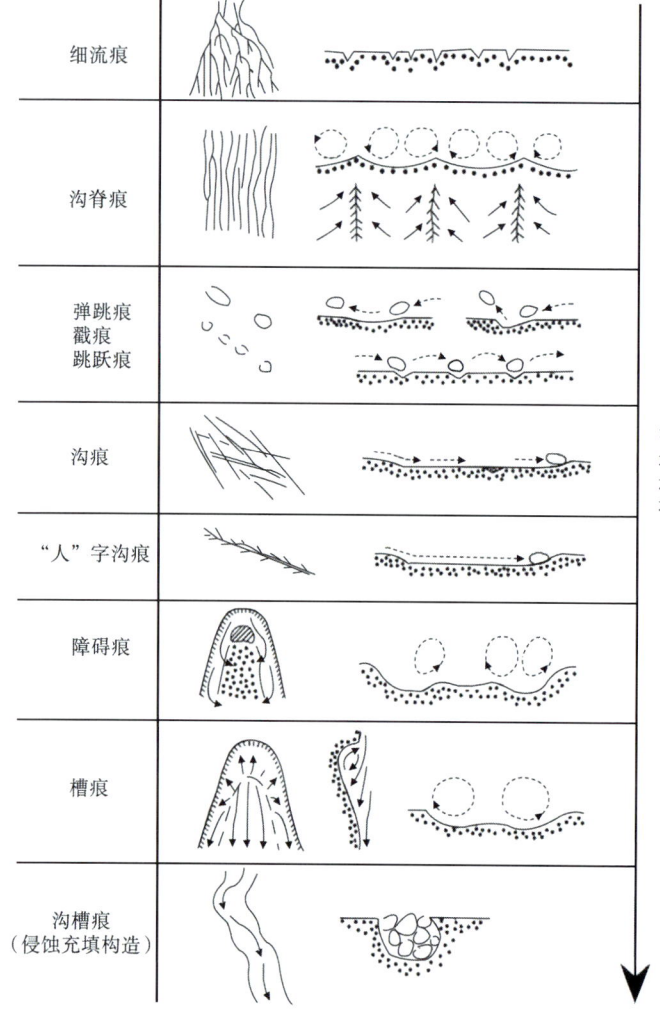

图 5-36 中小型冲刷侵蚀构造与流速关系（据 Trucker，2011）

（1）浪成波痕：波浪反复冲刷而成，常见于海湖浅水地带，其主要特点为波峰尖锐、波谷较为圆滑，形状多对称，一般波脊部颗粒较细，波谷部颗粒较粗（图 5-37）。

（2）流水波痕：由定向流动的水流冲刷形成，常见于河流和存在有底流的海湖近岸地带。特点为波峰、波谷均较为圆滑，形状不对称，随水动力强度增大，波脊由平直状变成波状、链状、舌状、

图 5-37　浪成波痕

岩性主要为灰黑色细砂岩、粉细砂岩，波峰、波谷较为圆滑，两边不对称，
主要为流水冲刷而成；拍摄于准噶尔盆地南缘郝家沟剖面

新月状，其陡坡方向指示水流方向，在海湖滨岸地带，波峰走向大致平行于岸的延伸方向（图 5-38）。

图 5-38　流水波痕

灰白色细砂岩、粉细砂岩，层理发育规模较大；波峰、波谷圆滑；两边不对称
分布；主要为受波浪作用影响形成；拍摄于内蒙古岱海盆地

（3）风成波痕：主要由定向的风形成，常见于沙漠及海湖滨岸的沙丘沉积中，其主要特点为具平直的、平行的波脊，呈极不对称

— 171 —

的形状，一般波脊部颗粒较粗，波谷部颗粒较细。风成沙纹的波脊形式与浪成沙纹类似，波脊呈直线，有时两条波脊交会在一起。波纹指数较高，因此风成沙纹的波脊平坦。风成沙丘的两种典型沙丘形式是悬链状和长条状（图5-39）。

图 5-39　风成波痕与沙丘
不对称的沙丘状层理，主要是受风的影响而形成的；拍摄于吐哈盆地

（二）槽模及印模

指砂岩底面上的舌状凸起，一端较陡，外形较清楚，呈圆形或椭圆形；另一端宽而平缓，与层面渐趋一致。一般认为槽模是流水成因，即具定向流动的水流在下伏泥质沉积物层面冲刷形成的小沟穴，后来又为上覆砂质沉积物充填而成。槽模的长轴平行水流方向，大小一般为2~10cm，陡的一端指向上游。它可以单独或成群出现，成群时长轴彼此平行，常见于浊积岩及冲积沉积中（图5-40、图5-41）。

（三）泥裂

泥裂也称干裂，是细粒沉积物（主要是泥岩、云泥等）暴露地表，由于干旱作用导致表面开裂。多数泥裂以多边形的形式呈现，多边形大小不一，从几毫米至几米都有。有时即便是水下也产生泥裂，其主要原因是水体盐度的改变。暴露地表所产生的泥裂呈多边形状，而水下凝缩作用产生的泥裂为不完整的多边形状（鸟足状）（图5-42）。

图 5-40　河道砂岩底部的冲刷面印模

岩性主要为红褐色粉细砂岩，下部为灰黑色泥岩、粉砂质泥岩，沉积环境较为干旱，凹凸不平砂岩底面反映沉积时期冲刷面的底形特征，拍摄于准噶尔盆地南缘南安集海剖面

图 5-41　浊积岩底部槽模

岩性主要为硅质浊积岩，底部可见椭圆形凸起，水流方向从右下向左上流动，视域宽 1m；拍摄于法国南部（据 Tucker，2011）

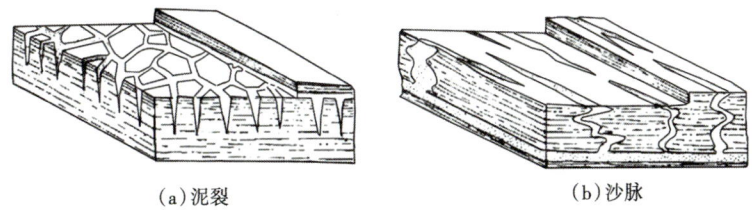

(a) 泥裂　　　　　　　　　　　(b) 沙脉

图 5-42　泥裂与沙脉示意图

平面上，泥裂以网格状龟裂纹为特征，岩石可被其切割成多角形。泥裂断面多成"V"形，有时也成"U"形，其规模大小不一。常见于海湖滨岸、间歇性河道、废弃河道、泛滥平原及潮间带的沉积物表面（图5-43）。

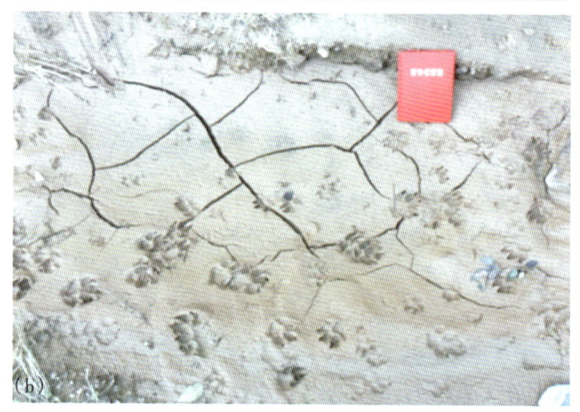

图5-43　泥裂

（a）指示间歇性干旱环境，裂理平整，砂质含量较少，拍摄于准噶尔盆地南缘西段红沟剖面；（b）间歇性干旱环境的产物，裂理较为平整，指示砂质含量较少，形状以五边形为主，其余均为多边形，拍摄于鄂尔多斯盆地关家崖剖面

（四）雨痕及冰雹痕

雨痕和冰雹痕是雨点或冰雹落在湿润而柔软的泥质或粉砂质沉积物上，冲打出的圆形或椭圆形、边缘略高于沉积物表面的凹坑。冰雹痕较雨痕大而深，形状不太规则，也较粗糙，凹坑边缘也较高

两种凹坑形成后又被上覆沉积物填充掩埋，成岩之后，遂在岩层的顶面上留下凹坑，而在上覆岩层的底面形成圆形或椭圆形瘤状突起的印模。凹形印模分布在岩层的顶面上，凸起的印模则出现在岩层底面上。据此可以判断岩层顶、底面（图5-44、图5-45）。

图 5-44　冰雹痕
为冰雹击打沉积物留下的印痕；拍摄于北京延庆

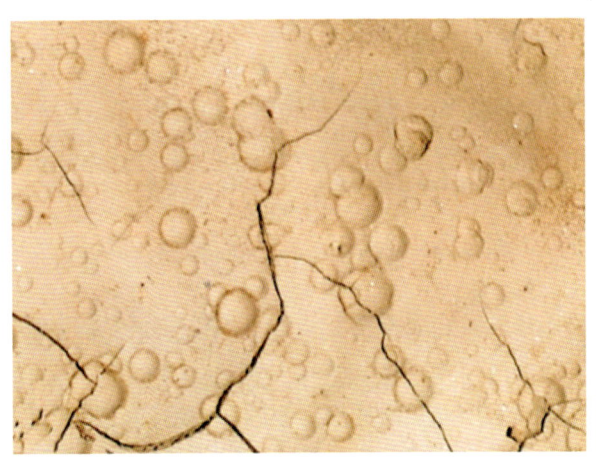

图 5-45　雨痕
以圆状和椭圆状为主，主要是雨点落在细粒沉积物中形成的印痕；
拍摄于甘肃张掖丹霞地貌

三、变形构造

变形构造（deformation structures），也称同生变形构造，是指在沉积作用的同时或者沉积物固结成岩之前，处在塑性状态时发生变形所形成的各种沉积构造。主要包括负载构造、球状构造、滑塌构造、包卷构造等。

（一）负载构造与火焰状构造

也称负荷构造、载荷构造、重荷构造等，是指覆盖于泥岩之上的砂层底部的不规则瘤状突起，高度从几毫米到几十厘米不等，它是下伏的含水塑性泥岩承受不均匀压力的负载，从而使上覆砂岩陷入泥岩之中而产生。其与槽模构造的区别在于，负载构造形状不规则，形态多变，排列杂乱，大小不一，缺乏下游和上游的指示形态（图5-46）。

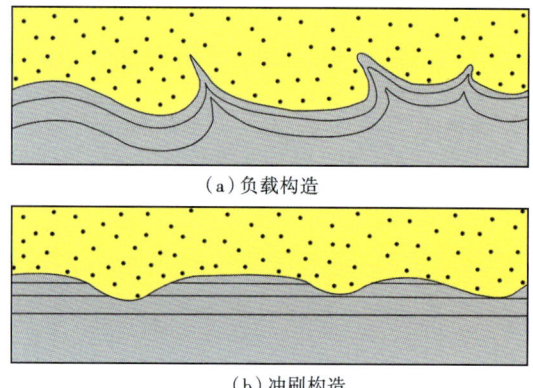

图5-46 负载构造与冲刷构造

负载构造与冲刷构造的区别在于，负载构造是在岩层塑性状态下的变形，砂岩纹层与下伏泥岩中纹层均会出现变形，而冲刷构造是后期沉积物对早期沉积物的冲刷侵蚀，上覆砂岩一般无明显纹层，而下伏泥岩则表现出冲刷，内部纹层被截断（图5-47）。

火焰状构造是指被下伏泥质层砂岩挤压向上呈尖舌状的有时弯曲并倾斜的现象，是塑性泥质挤入上覆瘤状突起中形成的。尖部一般指向地层顶面。

图 5-47 负载构造

(a) 拍摄于透镜状河道砂岩中，岩性主要为灰黑色中细砂岩、细砂岩，为沉积时期沉积物发生滑动所致，反映当时局部沉积地形较陡；拍摄于准噶尔盆地南缘安集海河剖面；(b) 保存于互层状浊积砂岩—浊积泥岩—半远洋沉积中，重荷模与下伏泥岩之间局部可能存在侵蚀接触关系，拍摄于法国东部 Annot 小镇（据 Stow，2009）；(c) 重荷模（L）与火焰状构造（F），保存于火山碎屑质浊积岩底部，浊积岩内部可见浅色漂浮状泥岩碎屑，拍摄于日本中南部（据 Stow，2009）

(二) 球枕构造

球枕构造是指砂岩层断开被分割成许多紧密地或稀疏排列的椭球或枕状的块体，大小从直径几厘米至几米不等，外形似结核，因此又被称为假结核。是由于地震、水体扰动或局部负载等原因使砂层破裂、下沉形成的，一般与滑塌有关，砂球凹面指向岩层顶面。其多发育于砂岩底部，一般不具内部构造，若有纹层则多已变形。向上过渡为未受扰动的正常砂岩，其下伏泥岩往往变形较为强烈，甚至被挤压到上覆砂岩中之中（图5-48、图5-49）。球枕构造不是某一特殊环境的沉积构造，但多代表沉积环境的快速沉积。

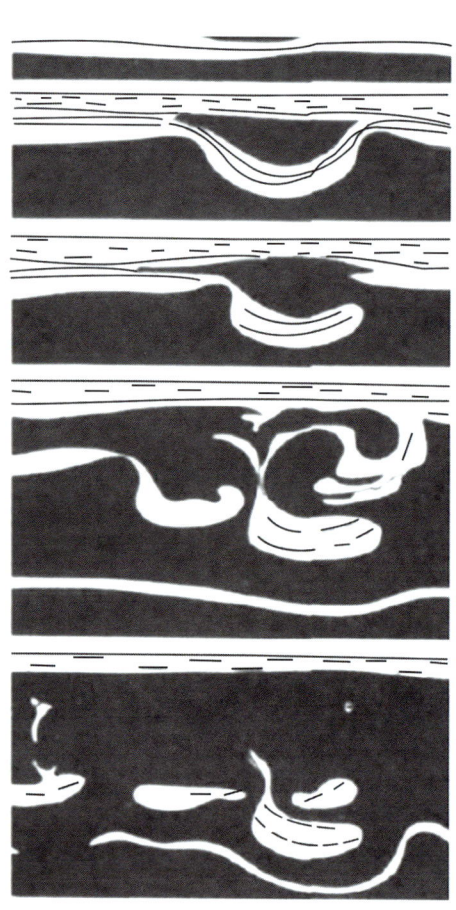

图5-48　球枕构造示意图（据 Reineck，1979）

图 5-49 球枕构造

(a) 岩性为粉细砂岩，底部可见粉砂质泥岩、泥岩，底部见球枕状，向上变为正常沉积砂岩，主要是沉积过程中变形作用影响而成的，拍摄于准噶尔盆地北缘；

(b) 岩性主要为红褐色中细砂岩，主要是沉积物沉积过程中受变形作用影响形成的，拍摄于准噶尔盆地西北缘

（三）滑塌构造

滑塌构造是已沉积的沉积物在重力作用下，沿斜坡发生移动而产生的变形构造。沉积物顺坡滑动的结果使岩层发生变形，形成简单或复杂的褶皱，有时伴有滑动面或小型重力断层。当滑塌作用较强时，岩层可以遭受强烈的揉皱，甚至发生破碎，形成成分不同、大小各异的沉积物和岩石碎块（滑塌角砾岩）（图 5-50）。滑塌变形构造可以只发生在一个十几厘米的薄层中，也可发生在厚达几十米的一套岩层中，分布范围可以是局部的，也可达几千米。引起滑塌

的主要因素包括地形、地震、海啸等，在滑塌过程中重力起主导作用。滑塌构造大多拍摄于具有斜坡和快速沉积的环境中，是水下滑坡的良好标志，在浊流环境特别发育（图5-51）。

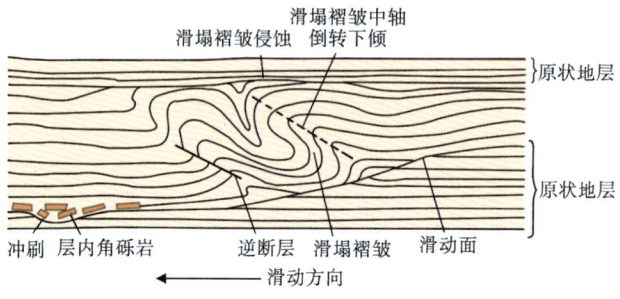

图 5-50　滑塌构造关键要素（据 Trucker，2011）

图 5-51　滑塌构造

(a) 岩性主要为灰白色中粗砂岩，主要是由于地形变化所造成的沉积物滚动而产生的层理，拍摄于准噶尔盆地南缘水磨河剖面；(b) 主要是由于地形变化所造成的沉积物滚动而产生的层理，见于薄层砂岩中，规模较大，变形较弱，拍摄于准噶尔盆地南缘水磨河剖面

(四) 包卷构造

包卷层理又称卷曲层理、揉皱层理，是指夹于未变形层之间的一个沉积层内的纹层具有显著的盘回褶曲或复杂揉皱的一种构造。其褶曲形态以"宽向斜、窄背斜"为特征，主要见于软薄层粗粉砂或细粉砂层中（图5-52）。与滑塌构造不同的是旋卷纹层的纹层虽然强烈褶皱但仍非常连续，无断层、滑动及角砾化现象，而且仅限于一个层内。其成因与沉积物的液化作用有关。

图 5-52 包卷构造

(a) 岩性主要为灰白色中砂岩、中细砂岩，其主要为河道底部的扰动沉积，拍摄于准噶尔盆地南缘南安集海河剖面；(b) 岩性为灰白色中砂岩，主要是沉积物沉积时液化产生细层的扭曲现象形成的，拍摄于内蒙古岱海

— 181 —

(五) 泄水构造

泄水构造是指迅速堆积的松散沉积物内，由于孔隙水的泄出而形成的同生变形构造。在孔隙水向上泄出的过程中，破坏了原始沉积物的颗粒支撑关系，从而引起颗粒移位和重新排列，形成新的变形构造，如碟状构造、柱状构造、火焰构造等。

碟状构造是指模糊的、形如碟状的上凹泥质纹层组成，直径一般几厘米，可能被无构造段截断，横向上断续分布，垂向上叠置，下部可见泄水通道或泄水管构造（图5-53）。

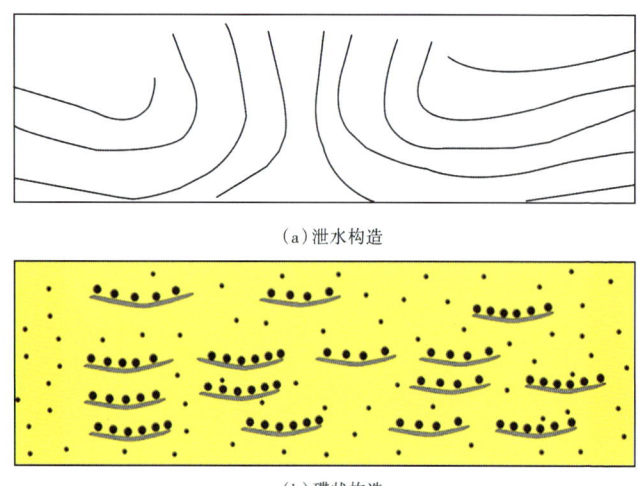

(a) 泄水构造

(b) 碟状构造

图 5-53 泄水构造与碟状构造

泄水构造代表沉积物的迅速堆积，浊流沉积、三角洲前缘沉积及河流的边滩沉积中较常出现。一般常出现在饱含水的细砂、粉砂沉积物中（图5-54）。

(六) 球形风化

岩石出露地表接受风化时，由于棱角突出，易受风化（角部受三个方向的风化，棱边受两个方向的风化，而面上只受一个方向的风化），故棱角逐渐缩减，最终趋向球形。这样的风化过程称球状风化（图5-55）。球形风化是花岗岩地段比较突出的一个不良地质现象。

图 5-54　泄水构造

(a) 泄水冲入构造 (B)，保存于深水浊积岩中，受冲入构造影响，平行纹层和交错纹层扭曲变形呈包卷纹层，视域宽 30cm，拍摄于意大利西西里岛东北部（据 Stow，2009）；(b) 碟状泄水构造与冲入构造，保存于深水浊积岩中，视域宽 40cm，拍摄于美国加利福尼亚州中部（据 Stow，2009）

图 5-55　球形风化

(a) 岩性为灰黑色细砂岩，主要是沉积受风化作用影响，其棱角逐渐被磨圆而形成，由嵇少丞拍摄于澳大利亚；(b) 多个球形风化组成，主要是岩石接受风化作用形成的，拍摄于河北平泉

第三节　化学成因沉积构造

一、晶体印痕

晶体印痕是在适宜的条件下，盐类矿物（如石膏、石盐）的晶体在松软的沉积物表面上结晶生长，如果这些晶体后来因溶解而消失，就留下了具有晶体形态的特征印痕（晶洞）。晶体印痕一般在泥质沉积物中容易保存（图 5-56）。

图 5-56 晶体印痕

(a) 沉积时在沉积物中结晶的晶体因溶解作用消失后而留下的印痕,拍摄于准噶尔盆地西北缘;(b) 当成岩作用时,泥质沉积物失水、压缩、厚度减薄,而盐类物质收缩小,突出于岩层表面,并嵌入上覆岩层中,使上下岩层的底面和顶面留下晶体的印痕,拍摄于准噶尔盆地西北缘

二、压溶构造

(一) 缝合线

常见于沉积石灰岩中,火山岩及石英岩中也可见到。在剖面中呈锯齿状曲线,形状如动物头盖骨中的接合缝;平面上是一个起伏不平的面。一般认为缝合线是压溶作用的结果,即在上覆岩层静压力下,岩层发生不均匀的溶解而成。它又是一个薄弱面,是矿液的良好通道,所以缝合线发育的岩石均有利于成矿作用的进行(图 5-57)。

图 5-57 缝合线构造

（a）岩性主要为灰白色中细砂岩，为沉积物受压溶作用影响产生，在压力作用下可溶物质溶解，不溶物质沿着压溶面沉淀形成凹凸不平的状态；（b）岩性主要为灰褐色粉细砂岩，两侧岩性略有差异，主要是岩石受压溶作用而产生的一种沉积构造

（二）叠锥构造

叠锥构造常见于泥灰岩、钙质泥岩中，也可见于石灰岩和方解石脉中。是沉积岩层面上出现的一种锥形凹陷，由许多小圆锥体套叠在一起组成，锥底朝上，锥顶朝下。有时它们分叉，形成复锥。锥高 1~10cm，锥角为 30°~60°，组成物质为纤维状方解石，少数情况下为菱铁矿、石膏等。锥体轴垂直于层理。多出现于不纯的石灰岩中，如泥质灰岩、泥灰岩、钙质黏土岩等。叠锥的成因尚有争论，一般认为是在成岩及后生阶段，沿剪切面的溶解作用和结晶作用形成的（图 5-58）。

图 5-58 叠锥灰岩

(a) 主要为石灰岩,可见多个单一的叠锥构造叠置发育,顶面呈圆锥状,拍摄于准噶尔盆地南缘水西沟剖面;(b) 岩性含石灰质,由多个呈圆锥状的构造叠置发育形成,在石灰岩层中锥顶均朝上,拍摄于准噶尔盆地南缘水西沟剖面

三、结核

结核是指与周围沉积物成分不同的矿物质团块,是一种自生矿物的集合体,在成分、结构、颜色等方面与围岩有显著区别,且与围岩间有明显界面(图5-59、图5-60)。结核的成分有碳酸盐质、锰质、铁质、硅质、磷酸盐质和硫化铁等。结合形状有球形、椭球形、透镜形或不规则团块状等;大小悬殊,内部构造也很不一致。结核常在碎屑岩、黏土岩、碳酸盐岩中成单个或串珠状群体出现。

图 5-59　铁质结核

岩性为灰白色中细砂岩，可见明显的结核，主要为沉积时含铁质的碎屑溶解并沉积形成的；拍摄于准噶尔盆地西北缘吐孜沟剖面

图 5-60　菱铁矿结核

拍摄于泥岩中的椭球状暗铁红色菱铁矿结核，代表还原环境沉积，拍摄于准噶尔盆地南缘四棵树剖面

第四节　生物成因沉积构造

生物成因沉积构造是指由生物活动而形成于沉积物表面或内部并具有一定形态的各种痕迹。其包括生物生存期间的运动、居住、觅食和摄

食等行为遗留下的痕迹。因而，又称痕迹化石或遗迹化石（图5-61）。从某种意义上讲，痕迹化石是生物行为习性适应环境的物质表现。由于它们能够反映当时的生活环境，分布范围比较狭窄，特别处在硬体化石极为稀少的地层中。它们分布普遍且保存良好，有助于古生态研究和岩相分析。

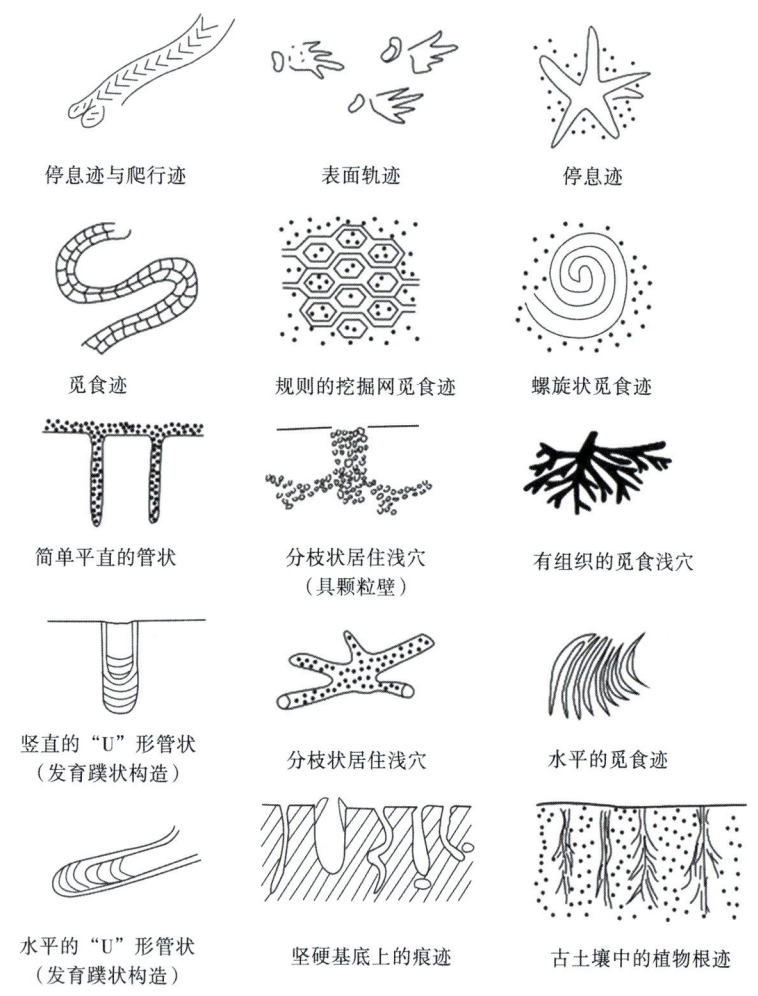

图5-61　生物成因沉积构造示意图（据Trucker，2011）

一、生物遗迹

(一) 爬行迹

爬行迹为动物在底质上爬行所留下的足迹、移迹、行迹等,多具有方向性,形态呈直或弯曲,分叉或不分叉,光滑或具有刻饰(图5-62)。

图 5-62 生物爬行迹
(a) 岩性为粉细砂岩、细砂岩,生物活动时留下的遗迹形成,拍摄于安徽淮南八公山剖面;(b) 沉积时期生物活动在沉积物中遗留的痕迹,拍摄于内蒙古岱海滦河剖面

(二) 觅食迹

觅食迹为各种形状的潜穴或潜穴系统，可与层面成任何角度，系泥食生物在沉积物内摄食富含有机质沉积物而形成的管穴构造，简单或复杂，常见于较深静水环境的细粒沉积物中（图5-63）。

图 5-63　生物觅食迹

(a) 生物觅食时在沉积物中留下的痕迹，主要分布于静水环境的细粒沉积物中，拍摄于鄂尔多斯盆地子洲地区大理河剖面；(b) 生物觅食时留下的痕迹，主要产生于水深较深的细粒沉积物中，拍摄于鄂尔多斯盆地富平赵老峪剖面

(三) 进食迹

进食迹又称进食构造，是食沉积物的内栖动物挖掘沉积物并从中摄取有机质所营建的潜穴构造。这种浅穴一方面被造迹生物半永

久性居住，另一方面又从中加工沉积作为食物。一般可以概括为直—微弯曲管状浅穴、简单的分支和星射状分支浅穴以及复杂分支浅穴（图 5-64）。

图 5-64　生物进食迹

(a) 沉积物沉积时生物在其中进食留下的遗迹所形成的化石，拍摄于丽江玉龙县；
(b) 主要为粉砂质泥岩、泥质粉砂岩，为沉积物沉积时生物在其中寻找食物并进食而遗留的痕迹，拍摄于准噶尔盆地西北缘

（四）居住迹

造迹生物居住痕迹，包括食悬浮物、食沉积物及食肉的生物。居住迹的形态有垂直或斜向的管状潜穴，有"U"形或分支的潜穴，还有复杂的潜穴系统（图 5-65）。

图 5-65　生物虫孔
(a) 生物在沉积物沉积时期活动所留下的痕迹，在后期风化剥蚀后形成，拍摄于内蒙古岱海剖面；(b) 拍摄于准噶尔盆地南缘白杨河剖面

（五）逃逸迹

逃逸迹也称逃逸构造，半固着生物或轻微活动的动物从底部快速向上或向下逃跑时挖掘的浅穴。其常见于海滩层序、风暴沉积层和浊流砂层中。典型的逃逸迹呈叠置的倒"V"形或"人"形（图 5-66）。

二、生物扰动构造

生物扰动构造是指生物在沉积物中活动，原生沉积构造遭到破坏或变形而产生的构造（表 5-2）。生物遗迹（遗迹化石）也属于生物扰动构造。生物扰动作用强烈时，可以使原生沉积构造遭到破坏，显示出斑状构造，甚至形成均匀层理（图 6-67）。

图 5-66　生物逃逸迹

(a) 岩性主要为灰褐色粉细砂岩、泥质粉砂岩，主要为生物在沉积物中游荡形成的沉积构造，拍摄于鄂尔多斯盆地子洲地区大理河剖面；(b) 岩性为灰白色粉细砂岩，主要是沉积物在沉积时期生物在其中游荡、活动时留下的痕迹，拍摄于准噶尔盆地西北缘

图 5-67　生物扰动构造

岩性主要为灰白色粉砂质泥岩，是生物在沉积物中活动使原沉积构造遭到破坏变形而形成的，拍摄于北京西山下苇甸剖面

表 5-2 根据相对于原始沉积组构的改造量而划分的
生物扰动等级（据胡斌，1997）

扰动等级	扰动量（%）	描 述
0	0	无生物扰动
1	1~5	零星生物扰动，极少量清晰的遗迹化石和逃逸构造
2	6~30	生物扰动程度较低，层理清晰，遗迹化石密度小，逃逸构造常见
3	31~60	生物扰动构造程度中等，层理界面清晰，遗迹化石轮廓清楚，叠覆现象不常见
4	61~90	生物扰动程度，层理界面不清，遗迹化石密度大，有叠覆现象
5	91~99	生物扰动程度强，层理彻底被破坏，但沉积物再次改造程度较低，后形成的遗迹形态清晰
6	100	沉积物彻底受到扰动，并因反复扰动而受到普遍改造

三、植物印痕和根迹

植物印痕和根迹是指植物死亡后埋藏并保存下来的遗体形成的化石，在三角洲平原、冲积平原、沼泽、海滨平原等大陆环境中，经常有各种植物生长，当植物死亡后，它们的根就遗留在沉积物中成为植物根迹，可以经炭化或硅化后保存下来，或腐烂分解后的空洞被泥砂充填成为铸型（图 5-68、图 5-69）。

图 5-68 植物茎干化石已呈现硅化木形态
岩性主要为灰黑色中细砂岩，可见植物茎干，为植物死亡后嵌入砂岩中产生；拍摄于准噶尔盆地南缘大龙口剖面

图 5-69　植物叶片化石

岩性主要为灰褐色中细砂岩,其中含植物叶片,叶片形态保存完好,叶脉清晰可见,叶片种类为大型乔木叶、草本植物及蕨类植物叶等;拍摄于准噶尔盆地南缘南安集海河剖面

第六章
野外沉积相识别与旋回地层分析

在野外工作中收集了所有的野外资料后，仍需要进一步解读以求得到更多信息，如成为经济矿产资源的可能性、特殊构造的形成因素或成岩历史等。许多学者对碎屑岩的研究更关注于阐明其沉积环境和形成过程。野外工作结束后，要开展不同侧重的岩石化验工作，其不仅仅是为了推断或确认沉积组分或矿物成分，更是为了对当时的沉积环境和沉积相进行确定。

沉积相和旋回地层分析是恢复古环境、研究沉积地层层序结构、解释地震相、进行盆地分析和再造古地理的基础，对石油、天然气、煤等能源和许多金属、非金属矿产资源的普查、勘探和开发具有重要意义。本章主要讲述古代地层中最常见沉积相类型的形成环境及特点，使读者了解和掌握野外鉴别沉积相和解释古环境的基本知识和技能，从而更好地从事地质生产和科研工作。

第一节 野外相分析

一、沉积相分析原则

沉积相分析法是探讨地层形成时的自然地理环境、恢复再造沉积时期古地理面貌的基本方法。相分析的原则应遵循"现实主义（actualism）"原则。这个原则是 Charles Lyell 在 1830 年的专著《地质学原理》中详细论述的一个原则。其含义为：现在正在进行着的地质作用，也曾以基本相同的强度在整个地质时期发生过，古代的地质事件可以用今天所观察到的现象和作用加以解释。1905 年盖基

(A. Geiki) 又提出"现代是打开过去的钥匙"的著名原则。在中国常将这个原则通俗地称为"将今论古"或"历史比较法"。需要指出的是，现实主义原则不等于"均变论"。前者强调通过对现代地质作用的认识去分析判断古代曾发生过的地质作用，而后者是关于事物演化规律的一种观点，它强调事物发展的均变性，而忽视了事物演化的突变性。实际上事物的发展既有均变的特点，也有突变的特点，二者是辩证的统一。现实主义原则作为地质科学的一种方法论和基本原则，在沉积相分析和古地理研究中尤为重要。

另外，需要特别指出的是，在应用现实主义原则时必须考虑到地质历史是不断发展的，各地质时期的地质作用方式和特点既有继承性也有变化性，既有连续性又有阶段性。例如，元古宙的碳酸盐潮坪环境中曾有广泛的叠层石发育，而到显生宙时，同样是碳酸盐潮坪环境，但由于食藻类生物的出现，叠层石分布的范围和数量大为缩小。又如，现代正处在更新世后海平面上升时期，可以比较容易地将现代滨岸地带的海侵剖面与古代海侵期的相应剖面进行对比。但对于地质时期中多次出现的海退型剖面则难于找到现代的类比物。所以，在应用现实主义原则时，决不能简单地将今日的现象与古代完全等同看待，而必须根据多方面的事实对历史进行分析才能得出合乎逻辑的科学的解释。

二、沉积相的概念

由于地质历史时期的沉积环境总是在不断发展演化的，因此对于古沉积环境，我们并不能直接观察获得，必须通过对相关记录的研究来帮助我们认识古沉积环境。沉积相的概念就此孕育而生。

近些年来，随着沉积学飞速的发展，人们对"相"的认识也逐渐趋向统一。当前国内外地质界多数人的认识是将沉积相看作是沉积环境的物质表现，在一定的沉积环境中进行着一定的沉积作用，并形成一定的沉积组合。沉积环境和沉积作用的各种特点，必然会在这些沉积产物中留下某些记录。这些记录主要表现在岩石组分、几何形态、结构、构造、生物化石等方面的差异。所以"相"应是能表明沉积条件的岩性特征和古生物特征的规律综合。根据这个定义，"相"与"环境"不是同一的概念。"环境"是条件、原因，而"相"是环境中诸多作用的产物、结果。

据上所述，"相"或"沉积相"对恢复古环境来说，应是一种解释性的术语。在实际工作中常遇到这样一些情况，或者是由于地质记录的不完备和特征性的标志没有暴露，"相"的类型无法确定；或者是由于人们认识上的差异，对同一现象常有不同的解释，从而导致在确定"相"类型时常出现意见分歧。为此，曾有人主张引入"岩相（lithofacies）"和"生物相（biofacies）"两个术语来描述相，以表示沉积岩体中可观察到的特征。岩相是表示岩石综合特征的岩石单位，生物相则是表示生物特征的岩石单位。前者如交错层理砂岩相、纹层状泥灰岩相等；后者如笔石页岩相、壳相等。笔者认为，如将岩相和生物相作为描述性术语使用，那么，沉积相则可作为具有成因含义的术语。因此，在实际工作中，只有综合分析了所收集到的岩石的、生物的、化学的特征以及厚度、形态和接触关系等各种反映沉积环境的信息，并对其形成的环境做出判断后才可使用沉积相这个术语。例如浅海砂岩相意味着这套砂岩（或以砂岩为主的一段地层）是在浅海中形成的；生物礁相意味着它们是在生物礁环境中形成的；其他如浊积相、河流相等。所以，沉积相是具有解释性的术语。

三、野外沉积相分析

沉积相分析方法可分为野外相分析和室内相分析两部分。野外相分析是地质资料的真实记录，室内相分析是野外相分析的升华与补充，室内研究必须在野外研究的基础上进行。在实际应用中，应综合各种实际资料，将野外与室内分析有机地结合，才能正确地确定相类型和恢复沉积环境。

（一）野外相分析目的

野外相分析是相分析的基础和对比标准，是对野外沉积特征的真实记录。

野外相分析是指在野外对自然露头、人工露头、钻孔岩心等地质实体进行直接地观察、描述、测量、取样以及制图。作为环境解释依据的原始资料大部分是在野外研究的基础上取得的，相分析的初步结论也应该在野外确定下来。沉积相是由沉积环境中若干沉积过程形成，一种沉积相可以通过一系列的沉积特征表现出来，如果是以沉积过程和沉积环境为主要研究目的，在野外工作时应重点记录一些相标志特征，包括：岩性特征、沉积结构、沉积构造和构造组合、化石、颜色、规模和古流向等。

野外表现出来的沉积相特征可能在很大程度上受到沉积后期作用和成岩作用的改造。在一个沉积序列中，可能存在许多不同的沉积相特征，一些沉积相可能会重复出现很多次，也可能会在垂向上或横向上变为另外一种沉积相，同一种沉积亚相在不同剖面上的沉积特征也有很大差异。

（二）野外相分析方法

1. 岩相与垂向序列

由于多数沉积构造可出现在不止一个沉积环境之中，因此，一般不把单个沉积构造作为沉积相判别的依据。保存于沉积序列中的沉积构造以及其垂向序列或组合对特殊的环境而言最为典型，是判别沉积环境的关键。

岩相是特定能量条件下形成的岩石特征的总和，对判断沉积物搬运方式、沉积时的水动力条件及分析沉积环境具有重要意义。A. D. Miall（1988）通过对河流沉积物的研究划分出22种岩相类型，随后（1988）又划分成17种（表6-1）。划分与识别岩相的主要标志是粒度、岩性、沉积构造及颜色等。通过客观的描述性术语和相关的形容词可以较好地反映沉积相，如槽状交错层理粗砂岩相或块状含砾泥岩相（表6-2）。在一些情形下，相通过它们的沉积环境表现出来，如辫状河相、潟湖相，或者通过它们的沉积机制来表现，如浊流砂岩或风暴层理沉积相。在野外早期研究阶段，岩相和生物相应以客观描述为主，如板状交错层理砂岩相，在后期工作中，可加入表示沉积过程或环境的描述词汇，如河流相砂岩。

垂向序列是一系列有相互联系的岩相在垂向上的组合。而保存于沉积序列中的岩性、沉积构造垂向序列或组合可以比较准确地判别沉积环境（于兴河，2008）。岩相仅反映了单一的沉积作用，在野外工作时，受到剖面出露状况、时间、工作人员经验等因素的影响，无法收集到完整而有用的沉积信息，通常会在不同的沉积相中观察到相同的岩相，如在河流相与三角洲相中都可以观察到"平行层理细砂岩相"，因此仅通过单一的岩相判断沉积环境不具备代表性，而岩相的垂向组合序列则可以确定出特定的沉积环境。不同的垂向序列可以帮助判断沉积过程中的水动力条件以及垂向上的沉积演化过程，因而建立垂向序列是沉积微相判断的重要工作之一。

沉积相解释要经常用到垂向序列。因此要求垂向序列相对连续，没有间断。沉积相的垂向序列是沉积环境侧向迁移的结果（如三角洲、潮坪的前积，河流的迁移）。在有间断的序列中，有时可见不同相之间有明显的侵蚀接触，这些相不一定是侧向相邻的，也有可能是较大范围内不同环境的沉积。地层规模的间断可能是较大的沉积环境的改变引起的，例如相对海平面的升降。

表 6-1 河流体系岩相划分（据 Miall，1988）

岩相代码	岩性	沉积构造	成因解释
Gms	块状、杂基支撑砾石	递变层理	泥石流沉积
Gm	块状砾石	平行层理	纵向沙坝
Gm	块状砾石	叠瓦构造	滞留沉积，筛选沉积
Gt	层状砾石	槽状交错层理	小型河道充填
Gp	层状砾石	板状交错层理	纵向沙坝三角洲
St	中—极粗砂含中砾	槽状交错层理	沙丘（低流态）
Sp	中—极粗砂含中砾	板状交错层理	舌状、横向沙坝（低流态）
Sr	极细—极粗砂	波痕	波纹
Sh	极细—极粗砂含中砾	平行层理或线理	面状层流（高流态）
Sl	极细—极粗砂含中砾	低角度交错层理	冲刷—充填、冲刷沙丘、逆行沙丘（沙纹）
Se	含内碎屑的侵蚀冲刷	原生交错层理	冲刷—充填
Ss	细—极粗砂含中砾	宽的或浅的冲刷	冲刷—充填
Fl	砂、粉砂、泥	细纹层或细的波纹	漫滩沉积
Fsc	粉砂、泥	纹层状—块状	漫滩沼泽沉积
Fcf	泥	块状夹淡水软体动物	漫滩沼泽沉积
Fm	泥、粉砂	块状、泥裂	漫滩或披盖沉积
C	煤、钙质泥	植物、泥薄层	沼泽沉积
P	碳酸盐岩	成壤化	古土壤

表 6-2　岩相划分示意（据张驰，2017）

岩相代码	岩相	沉积结构与构造	沉积作用解释	图解
Ge	滞留砾岩相	砾石为主，分选、磨圆一般，具一定的定向排列	辫状河道底部滞留砾石沉积	
Sm	块状层理砂岩相	中粗砂岩为主，分选、磨圆一般	沉积物的迅速堆积	
St	槽状交错层理砂岩相	中粗砂岩，分选、磨圆一般，发育槽状交错层理	河道的下切，迁移并充填	
Sp	板状交错层理砂岩相	中粗砂岩，分选、磨圆一般，发育板状交错层理	牵引流作用下的沉积物加积	
Sh	平行层理砂岩相	细砂岩，分选、磨圆较好，发育平行层理	高流态面状层流沉积	
Sr	流水沙纹砂岩相	细砂岩，分选、磨圆较好，发育流水沙纹	沉积物在水流作用下迁徙沉积	
Sw	浪成沙纹砂岩相	细砂岩，分选、磨圆较好，发育浪成沙纹	波浪淘洗改造而形成	
Fr	流水沙纹粉砂岩相	粉砂岩，分选、磨圆好，发育流水沙纹	细粒沉积物在水流作用下迁徙沉积	
Fl	水平层理粉砂岩相	以粉砂岩为主，发育水平层理	稳定水体中悬浮物质沉降	
M	块状层理泥岩相	块状泥岩，无明显层理构造	前辫状河三角洲泥岩卸载	
Mc	碳质泥岩相	暗色泥岩，见炭屑顺层分布	强还原环境下的细粒沉积	

第六章　野外沉积相识别与旋回地层分析

1) 组合类型 A：Gcm→Gms

该种岩相组合由多级颗粒支撑砾岩相及砂质支撑砾岩相构成（图 6-1A）。底部为多级颗粒支撑的砾石沉积，砾石多为棱角状—次棱角状，块状构造，砾石之间被较细沉积物充填；在两期大套砾石之间为薄层泥质沉积，主要为碎屑流带来的泥质沉积。向上过渡为砂质支撑砾石沉积，砾石分选中等、磨圆中等，表现为砾石悬浮在中粗砂中。随着水动力条件相对减弱，流体的搬运能力也随之降低，碎屑流中携带有砂质沉积物。该序列为典型的碎屑流沉积，一般发育在扇三角洲平原的碎屑水道。

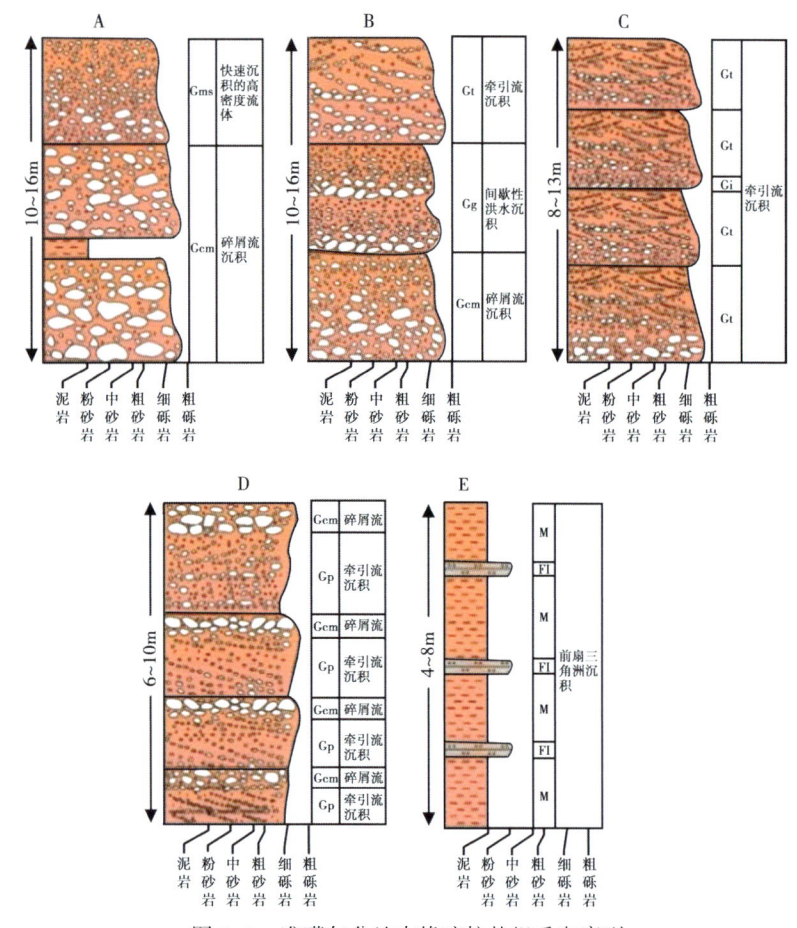

图 6-1 准噶尔盆地南缘喀拉扎组垂向序列

2) 组合类型 B：Gcm→Gg→Gt

该种岩相组合由多级颗粒支撑砾岩相、递变层理砾岩相及槽状交错层理砾岩相构成（图6-1B）。底部发育多级颗粒支撑砾岩相，砾石的分选、磨圆程度均较差，颗粒大小混杂，为典型的碎屑流沉积的产物；中部为递变层理砾岩相，砾石的分选、磨圆程度中等，整体呈现为明显的正粒序，为间歇性洪水的沉积；顶部为槽状交错层理砾岩相，砾石的分选、磨圆中等，反映了较强的牵引流的作用。此序列为典型的碎屑流向牵引流的过渡，一般发育在扇三角洲平原碎屑水道向辫状水道转换的部位。

3) 组合类型 C：Gt→Gi→Gt

该种岩相组合由槽状交错层理砾岩相、叠瓦状砾岩相组成（图6-1C）。整体表现为多期正粒序的叠加，单期砾岩体由底部的中砾岩和上部的细砾岩组成，发育槽状交错层理砾岩相，局部在底部可见叠瓦状砾岩。此序列为典型的牵引流的产物，沉积时水动力较为稳定，一般发育在扇三角洲的辫状水道中。此序列中出现的槽状交错层理砾岩相与 B 组合中的相比，砾石的粒度明显变小，也反映出相对较弱的水动力作用。

4) 组合类型 D：Gp→Gcm→Gp

该种岩相组合由板状交错层理砾岩相和多级颗粒支撑砾岩相组成（图6-1D）。其中，单期砾岩体底部为细砾岩，发育板状交错层理。向上过渡为粒度较粗的砾石，砾石为多级颗粒支撑，砂体基本不发育。整体表现为向上变粗的反粒序。此序列一般发育在扇三角洲的辫流坝部位，为多期反粒序的叠加。

2. 综合柱状图

在不同的相被识别出来后，应将其特征列一个图表展现其不同的特点，包括：名称、代码、代表性厚度或厚度变化、粒度、沉积构造、化石、颜色等。之后可以参考现代沉积和已经建立起的沉积相模式对其进行解释。综合柱状图是集合了岩性、粒度、颜色、厚度、垂向序列、沉积构造、沉积旋回、沉积相、化石以及野外典型照片等信息的综合地层柱状图，是野外研究与室内研究的集中展现，其中，野外工作是基础，室内工作是精华。通过综合柱状图可以读出一个地区的沉积相类型、砂地比、典型沉积构造、基准面旋回变化特征等多重信息，因此综合柱状图并不是简单的野簿描绘，而是应该在野外测量描述的基础上，综合多种资料，结合相关沉积学知识进行绘制（图6-2）。

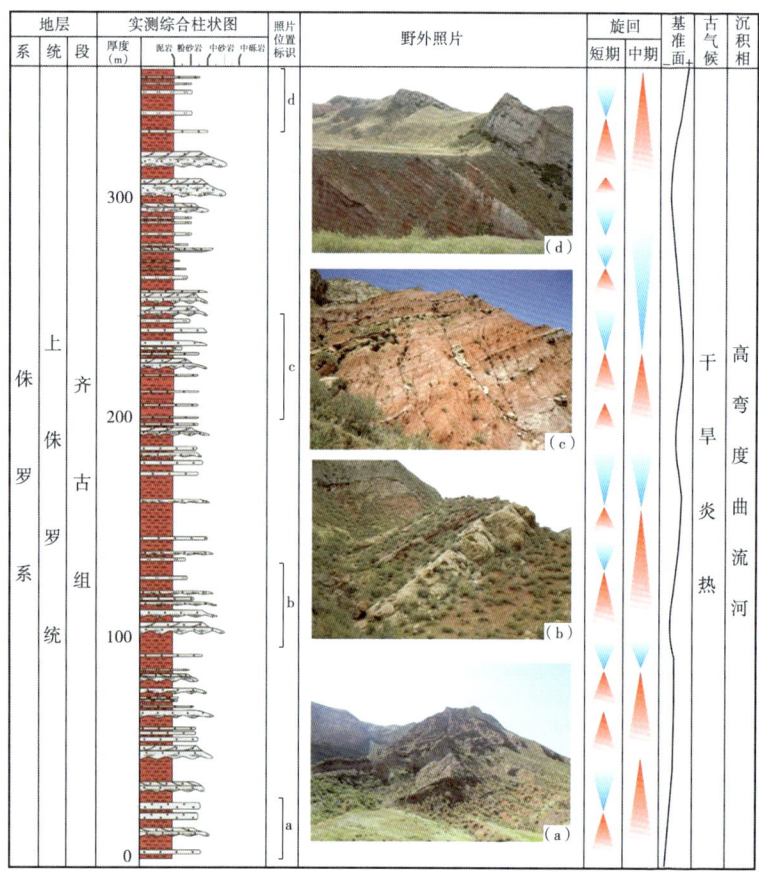

图6-2 准噶尔盆地南缘齐古组地层综合柱状图
呼图壁河剖面；比例尺为1:2000

综合柱状图比例的选择应根据研究的目的。如果需要进行详细的沉积微相研究或典型剖面的构型要素分析，则需要在野外进行细致的沉积特征研究并绘制能够展现出更多细节的小比例尺（如1:10或1:5）；如果是进行亚相的研究或者垂向砂体变化趋势的研究，则可以选择中比例尺（如1:50），适当的合并或舍弃一些细节，仅展示大的趋势即可。

在完成岩性柱状图之后，仔细观察柱状图所有的沉积特征和具有相似特征的层理和沉积单元。首先应先观察沉积构造，沉积构造反映沉积过程；之后观察沉积结构、岩性和化石，发现那些存在明显相似特征的沉积类型，这些就是相同的相，应给其命名或编号。再根据这些岩相在垂向上的叠置方式以及变化，判断沉积相、微相类型，通过砂体厚度、粒度、颜色、沉积构造及其规模的变化判断基准面的升降、A/S比值变化、水动力环境、沉积环境等信息。

3. 特殊因素分析

一些沉积相很容易通过沉积特征进行解释，如窗状灰质泥岩最有可能在潮坪环境中沉积。然而其他的一些沉积特征并不一定是某种沉积环境的特定产物，需考虑可能是相邻沉积环境的产物，例如交错层理粗砂岩相可以在河流、湖泊、三角洲、浅海甚至深海环境中，并且经过不同的沉积过程形成。许多沉积过程可以产生很明显的相，但是可能出现在不同的环境中；比如，密度流产生的粒序层理可出现在陆相和海相盆地的浅海和深海环境中。

在一个沉积序列中，可能会有一组相共同出现，组成相组合。相组合在相同的沉积环境中沉积，包含不同的沉积作用，发育不同的亚相或在沉积环境中有变化。如三角洲或海底扇，其中存在一些不同的沉积过程，产生不同的沉积类型，但它们是相互联系的，共同组成相组合。

第二节 相和相模式

通过对现代沉积环境、沉积物及古代露头的研究，利用已经建立的相模式来表现和总结沉积系统的特点，并体现相在横向和纵向上的联系。这些相模式有助于对沉积岩进行解释并且预测沉积相的分布。然而，需要注意的是沉降系统只是沉积系统的一个瞬间，沉积系统是动态的，而且在特定气候下或地区中，甚至某个特定的地质历史时期中，相模式和该时期的海平面存在一定联系。

通过野外收集到的信息可以建立相模式。在二维或三维空间上想象沉积环境和亚环境的展布，画出大致轮廓、剖面和细节展示相和亚相的空间展布。之后推测控制沉积的主要因素，是海平面变化、气候因素、构造运动、沉积物供给还是生物作用。最后研究沉积序列中的旋回和层序。

一、冲积扇

冲积扇（alluvial fan）是发育在山谷出口处，由暂时性洪水水流冲刷形成的范围局限、形状近似于圆锥状的山麓粗碎屑堆积物。多发育于沉积物供给充足且地形坡度较大的地区，自山谷口向盆地方向呈扇状展开，扇体半径几百米到几百千米不等，既可单独发育，也可多期扇体互相叠置构成沿山麓分布的带状或裙边状冲积扇群。

（一）沉积特征

冲积扇的沉积作用基本有两种类型：（1）一种类型起因于重力与洪水作用，形成泥石流（debris flow，也称碎屑流）沉积物，为高黏度块体流；（2）另一种类型起因于暂时性或间歇性水流作用，形成水携沉积物，主要有三类，包括片汜沉积、河道沉积和筛积物，为低黏度液体流。

1. 碎屑流沉积

由沉积物和水混合在一起的一种高密度、高黏度的流体。颗粒在粒杂泥和水的混合物支撑和重力作用下进行搬运。碎屑沉积物含量通常大于40%的（甚至可高达80%）称作黏性碎屑流，在10%~40%之间的称作稀性碎屑流。碎屑流沉积以块状构造为主，少见层理，分选、磨圆均较差，颗粒大小混杂，无定向排列，偶见向上变粗的反粒序与直立的砾石。

2. 片汜沉积

从冲积扇河流末端漫出河床而形成的在宽阔浅水中沉积下来的产物，由板片状的砂、粉砂和砾石质的沉积物组成。片汜的特点是水浅流急，为高流态的暂时性水流，多出现在扇中以下的下游地带，是一种分布于河道下游终端的浅的坡面径流。洪峰过后，片汜沉积又迅速变为辫状水道和沙坝沉积。砂层具平行层理、逆行沙丘层理以及槽状或板状交错层理（图6-3），衰退的洪流可产生向上变细的沉积序列。

3. 河道沉积

指暂时切入冲积扇内的河道充填沉积物，多分布在冲积扇的上

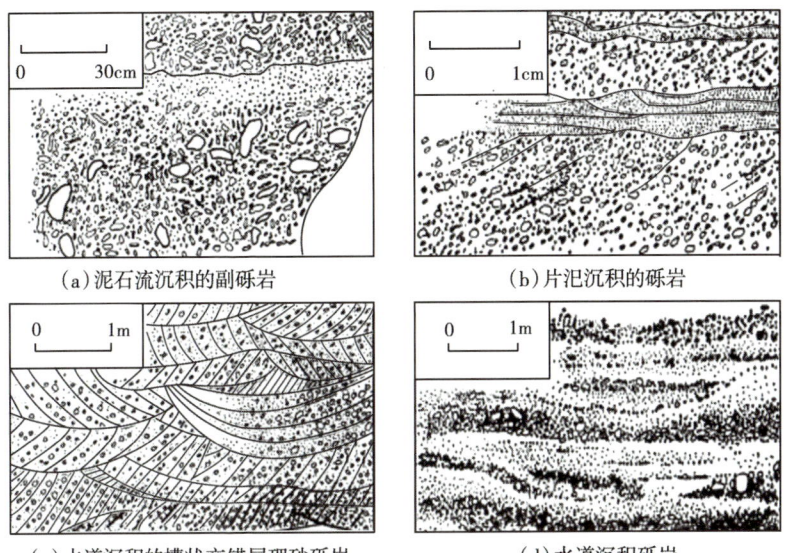

图 6-3 苏格兰老红砂岩冲积扇沉积物中的四种砾石相
（据 Dluck，1967）

半部。典型的扇根河道直而深，随后逐渐变浅，大多为辫状河道。因为在交会点（水道纵剖面线与扇面的交点）以下，河水易漫出水道形成片泛。但当水道中有充足的地下水补给时，交会点以下直到扇端都有水道发育。其主要由砾岩与砂岩组成，砾石常呈叠瓦状排列。冲积扇上的水道很不稳定，经常改道，每次洪水期的水系分布都有很大变化，老的水道充填沉积物常被以后的片泛沉积物覆盖，所以水道沉积相向上多过渡到片泛沉积相，构成向上变细的旋回。

4. 筛积物

扇体表层面的舌状砾石沉积层。当洪水携带的沉积物缺少细粒物质（粉砂和泥）时，便形成由砾石组成的沉积体，大部分具重力流性质。由于砾石层具有极高的孔隙度和渗透率，当水流通过砾石层渗透到地下时，细碎屑会填积在大砾石之间，构成具有双众数粒度分布特征的砂砾石。通常筛积物在扇体中是一种局部性的堆积，并会导致扇体坡度的进一步减小。

表 6-3 冲积扇的沉积物特征

特征		碎屑流沉积	河道沉积	筛积物	片汜沉积
形成条件与水动力		①陡峻坡度、植被稀少 ②大量泥质和碎屑物 ③突发性洪水	植被不发育，地形高出基准面	母岩供给物质中以棱角状或次角状砾石为主，细粒很少	黏度低的洪水沉积，流水持续时间短且流速快
发育部位		扇根与扇中	均有分布，扇中为主	扇根与扇中	扇端，常伴有粗粒并切割河床的充填沉积
主要地质特点	岩性	大小混杂，分选很差	由砾石及砂组成，分选中等偏差	次棱角状粗砾组成，分选较好，多级颗粒支撑	砾石、砂或者少量的含黏土的粉砂组成，分选中等
	沉积构造	层理不发育，多呈块状，可具粒序层	层理不太发育，单层厚度变化较大，可发育板状交错层理、水平层理及叠瓦状构造	块状构造	块状，可见交错层理或平行层理
	形态与产状	叶瓣状的舌状体，夹于片汜沉积之中	呈下切—充填透镜状，底部凸凹不平或呈上凹状与片汜沉积过渡	透镜状	单独砂体呈透镜体，共同组成板片状

（二）野外识别

1. 鉴别特征

1）颜色

冲积扇沉积多产出于氧化环境下，有机质和还原性沉积物较少，因此干旱扇的沉积物颜色偏红色，含铁质。

2）矿物

由于冲积扇沉积倾向于蒸发作用，常会有盐类沉积物，如石膏和方解石等分布在扇端，并呈结核状或薄层状产出。

3）岩性

冲积扇沉积通常由游荡性河流（辫状河流）的河床沉积或泥石流沉积组成，在整个层序中，砾石比例很大，可见混杂堆积的砂、砾岩，其结构成熟度偏低，分选较差，反映沉积物搬运距离较近。其中泥石流沉积和筛积物是冲积扇的良好鉴别标志。

4）形态

古流向呈辐射状，平面上呈扇状或圆锥状，剖面上呈楔状，并可见多期扇体的叠置，河道呈透镜状或"顶平底凸"的形状。

5）位置

发育于山根、盆地边缘、构造活动频繁、地势起伏较大的地理背景之下，多靠近边界断层，具有搬运近、沉积快、粒度粗的特点。

6）构造

层理构造一般都不太发育，常为块状构造，底部常见冲刷—充填构造。可见不明显的大型交错层理、平行层理及递变层理，砾石的叠瓦状排列以及顺层面排列十分常见。

7）化石

除了分散的脊椎动物骨骼和植物碎屑外，通常不含生物化石，植物碎片也相对较少。

2. 野外相标志实例

1）递变层理

底部砂砾岩，粒度向上变细，中间为含砾砂岩至细砂岩，顶部发育泥质粉砂岩和泥岩，分选性变好，除了粒度变化之外，无其他任何沉积构造，其成因是由泥、砂、砾和水搅混在一起的密度流在沉积过程中，因水流能量逐渐变弱沉积分异所致（图6-4a）。

2）碎屑流沉积

冲积扇扇根混杂堆积的碎屑流沉积，沉积物呈红褐色，分选差、磨圆差，呈次棱角状—次圆状，大小混杂，泥质含量高，整体较泥石流沉积含泥量低。沉积构造现象不明显（图6-4b）。

3）河道沉积

岩性为浅红褐色砾岩，磨圆分选差，可见砾石叠瓦状排列，局部含灰绿色砂质砾岩，为多期洪水作用的结果，泥质含量高，无植被发育。由老的河道沉积物和片汜砾石沉积物组成，沉积相向上过渡为片汜沉积，从底到顶形成一套正旋回（图6-4c）。

4) 槽状交错层理

岩性主要为含砾粗砂岩,由于扇面辫状河道持续流动形成的摆动和下切并改道,使老的水道充填沉积物常被后期水道切割充填(图6-4d)。

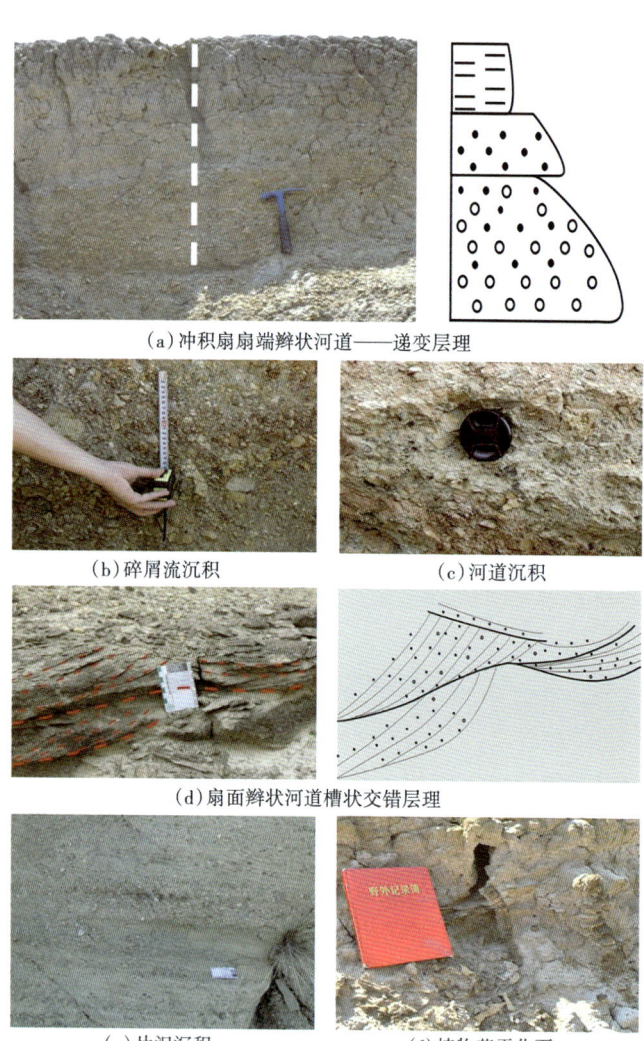

(a)冲积扇扇端辫状河道——递变层理

(b)碎屑流沉积　　　　　　(c)河道沉积

(d)扇面辫状河道槽状交错层理

(e)片汜沉积　　　　　　(f)植物茎干化石

图6-4　冲积扇沉积野外典型照片

(a至d,f)拍摄于准噶尔盆地西北缘深底沟剖面;
(e)拍摄于准噶尔盆地南缘四棵树剖面

5）片汜沉积

冲积扇河流末端漫出河床而形成的板片状砂和砾石质沉积物，砾石物性一般，以中—小砾岩为主，颗粒分选一般、磨圆较差，杂基支撑，当能量降低时，沉积一套薄层的细粒沉积（图6-4e）。

6）植物茎干化石

呈红褐色，直径可达2~3cm，茎干空心或实心。常出现在冲积扇扇缘的河道中。植物茎干的出现表明气候湿润植被发育，物源区地形较陡，受强水动力影响，树木被带到河道中，并被打碎，当能量降低沉积下来形成植物茎干化石（图6-4f）。

(三) 沉积模式

根据现代冲积扇地貌及沉积物的分布特征，以将今论古的原则，可进一步将冲积扇划分出扇根、扇中和扇端三个亚相，三者之间无明显的界限。

1. 扇根

分布在紧邻冲积扇顶部的断崖处，沉积坡角大，发育2~3个直而深的主河道，沉积物由分选差、无结构、大小混杂的砾岩或叠瓦状构造的砾岩、砂砾岩组成，砾石之间一般被黏土、粉砂和砂的杂基充填。该区主要是碎屑沉积和辫状河道沉积，厚度较大，一般呈块状构造，沉积构造不明显，具弱的正粒序。

2. 扇中

位于冲积扇中部，是冲积扇的主要部分，以具中到低的沉积坡度和发育辫状河道为特征。沉积物主要由砂岩、砾状砂岩和砾岩组成，较扇根而言，砂砾比增高，结构成熟度明显变好。受河道频繁摆动影响，多发育槽状交错层理，局部可见逆行沙丘交错层理，冲刷构造发育。扇中主要发育筛积物和辫状河道。

3. 扇端

又称扇缘，发育在冲积扇趾部，沉积坡角小，地形平缓，沉积物通常由砂岩和含砾砂岩组成，夹粉砂岩和黏土岩，可见不明显平行层理、交错层理和冲刷—充填构造，局部也可见变形构造和暴露构造。该区主要为片汜沉积和辫状河道沉积。

冲积扇在形成和发育过程中发生进积作用和退积作用使得其垂向序列有着显著差异。当冲积扇向源区退积时，多形成下粗上细的退积正粒序层序；当向盆地方向进积时，多形成下细上粗的反粒序层序。

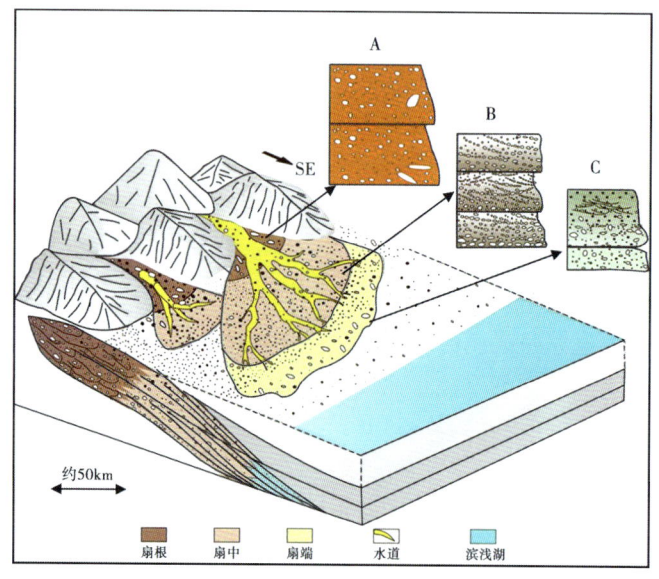

图 6-5　冲积扇沉积模式示意图

A—扇根，以粗碎屑沉积为主，其沉积物由分选差、无结构、大小混杂的砾岩组成；B—扇中，发育辫状河道，沉积物主要由砂岩、砾状砂岩和砾岩组成，或具叠瓦构造，具有明显的多旋回特点，由于辫状河道反复而迅速地侧向迁移作用可形成槽状交错层理；C—扇缘，由砂岩和含砾砂岩组成，其中夹粉砂岩和黏土岩

二、河流相

河流不仅是侵蚀、改造大陆地形和搬运沉积物到海、湖中的主要营力，也是陆相沉积中重要的沉积体。

（一）河流分类

河流在地表流动时受气候（主要是降雨量）地质构造、地貌形态（地形起伏）、基岩性质和植被发育等因素的影响，常具有不同的类型。各类河流的差异主要表现在河道形态（宽深比、弯曲度、稳定性及变化性）、纵剖面梯度、径流状况（径流量及其变化）、负载类型与数量、河道迁移的特点等方面。

不同的河道形式对河流的沉积环境组合及其沉积特征起着重要

的控制作用。因此，河型分类是建立其沉积相模式的前提与基础。河流可以按照不同的原则进行分类。其中，依据河流形态可分为辫状河、顺直河、曲流河和网状河。

表 6-4 河流相分类与特征

分类	发育特点	示意图
辫状河	①坡降陡，水浅流急； ②河道不稳定，水流不断分汊汇合，来回摆动； ③下切侵蚀作用为主； ④以粗粒沉积为主，砂多泥少，"砂包泥"； ⑤心滩发育，边滩不发育	
曲流河	①坡降缓，水深流缓； ②流量变化小，河道稳定，具二元结构； ③侧向侵蚀作用为主，凹岸侵蚀、凸岸加积； ④粉砂和泥含量高，"泥包砂"； ⑤边滩发育，河漫发育，心滩不发育	
顺直河	弯度小，河道稳定顺直	
网状河	①低坡降，低弯度，河道窄而深； ②河道稳定，多条互相连接成网状； ③迅速填积作用； ④沉积物悬浮负载，砂质沉积为主； ⑤发育稳定的心滩、泛滥沉积、天然堤	

（二）辫状河

辫状河通常是指弯度小于 1.5 的低弯度河流，在整个河流的宽度范围（或河谷）内发育有许多被沙坝分开的河道。河道宽而浅，时分时合，频繁摆动，游荡不定，多发生在坡度较大的地带。河道坡降大，流速急，对河岸侵蚀快，一般不发育边滩和天然堤，而发育心滩（河道砂体及砾石坝）。辫状河流多出现在季节性变化明显的潮湿或较潮湿气候带，或洪水平原中。洪水期和枯水期的每次交替，都将改变河道沙坝与河道之间的形态和布局。所以，河道与河道沙坝的频繁迁移是辫状河流最重要特点。

1. 辫状河沉积特征

（1）以砾石和砂质沉积为主，局部夹粉砂和黏土，在垂向剖面上常形成"砂包泥"的宏观沉积特征，心滩或河道沙坝的形态上主要呈透镜状和板状，底部冲刷面清楚。

（2）多为近源河段，因此，岩石成分复杂，矿物成熟度较低，粒度变化范围宽、分选较差，典型辫状河的粒度分布特征在概率图上存在三个总体。其中，牵引总体和悬浮总体较发育，而多数情况下缺乏和很少跳跃总体。

（3）层理类型多样，代表性层理是大型槽状交错层理，底界面常常为明显的冲刷面，也可有大型楔状交错层理或大型板状交错层理，有时可出现逆行沙丘层理。

（4）心滩沉积是一个最大特点，并且与边滩不一样的就是其上无堤岸沉积，这是由其河床具有游荡性的特点所决定的，河道不固定，堤岸沉积无法保存。

2. 辫状河野外识别

（1）粗粒沉积为主，顶底多突变接触，砂砾岩发育，"砂包泥"为特征，形态上变现为席状或"顶平底凸"的河道状；

（2）冲刷作用强烈，底部见明显冲刷面，为河道滞留沉积，岩性多为粗砾岩、细砾岩、砂砾岩；

（3）层序下部发育由河道沙坝迁徙而成的各种层理且层理规模一般较大，如大型槽状交错层理、大型下截板状交错层理，构成层理的岩性多为中—粗砂岩，顺层理面见砾石的排列；

（4）上部可见平行层理砂或小型板状、槽状交错层理及爬升波痕纹理细砂；

（5）垂向上表现出由粗变细的正韵律结构，且由于辫状河的频繁摆动强烈，垂向上可见多期河道叠置出现；

（6）泛滥平原细粒沉积物较薄或不发育。

3. 辫状河野外相标志实例

1）河道沉积

辫状河沉积（图6-6）底部发育厚层状河道砾岩，底部以中—粗砾为主，分选差，次圆状，可见砾石定向排列，发育叠瓦构造，冲刷面；向上变为砂、泥岩，夹薄层碳质泥岩。砂岩主要为粗砂岩、含砾粗砂岩，发育槽状交错层理。

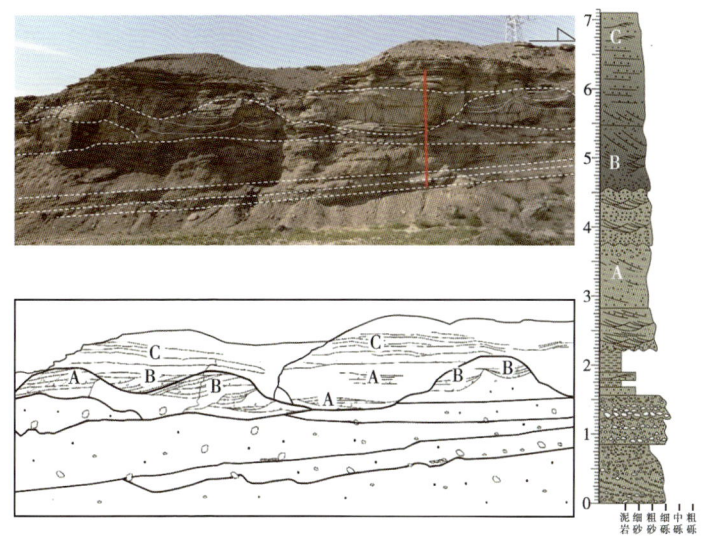

图 6-6 辫状河沉积典型野外剖面
A—心滩坝，板状交错层理砂岩相；B—辫状河道，槽状交错层理粗砂岩相；C—泛滥平原，流水沙纹泥岩相

2）滞留沉积

辫状河滞留沉积以粗—中砾为主，分选差，次圆状（图6-7a）。砾石定向排列，可见叠瓦构造，底部发育冲刷面，局部发育薄层的砂质条带（低流态的分支河道透镜状沉积）。

3）流水沙纹细砂岩相

河道顶部细砂岩中可见流水沙纹层理，流水沙纹由于水流波痕向前迁移并同时向上生长所形成的一系列相互叠置的波痕纹层组成（图6-7b）。图中箭头所指方向为水流方向，由缓翼指向陡翼。

4）"砂包泥"结构

底部以粗砂岩为主，发育低角度板状交错层理，中部发育两套煤层，煤层之间沉积一套黄色的泥岩，顶部为两期河道沉积，发育灰绿色粗砂岩，分选、磨圆较好，发育槽状、板状交错层理（图6-7c）。

5）板状交错层理砂砾岩相

纵向沙坝发育多组低角度下切型板状交错层理（图6-7d），与水流方向平行的长形砂体，其分布方向与河道的延伸方向基本一致，是在浅水地区由平行于沙坝的单向水流形成的。其沉积物通常由粗粒的砂砾岩组成，为顺流加积的产物。

6）泛滥平原沉积

以灰绿色泥岩为主，质纯，局部充填铁质夹层，泥岩可见球形风化，底部发育薄层（图6-7e）。

7）沙坝沉积

辫状河斜列沙坝发育两组低角度板状交错层理，纵向沙坝发育单组高角度下截型板状交错层理，岩性以细砾岩，含砾粗砂岩为主，坝的顶端沉积物粒度细，发育小型的流槽水道（图6-7f）。

8）槽状交错层理砂砾岩相

槽状交错层理最为典型（图6-7h），野外特征非常明显且易于识别。图中水道的下部发育大型槽状交错层理，泥砾沿纹层面分布。往往形成于较强的水动力条件下，由河道冲刷切割所形成。同心槽状交错层理，纹层与层系同时下凹，但下凹不一致，常发育于水道中上部，反映了水道的下切与快速充填。

9）岩相组合

辫状河河道地来回摆动造成了其堤岸沉积不发育，在摆动的过程中多期河道在垂向以及侧向上来回侵蚀切割，是辫状河的典型沉积特征。垂向上常表现出多套"底部滞留沉积—槽状交错层理砂砾岩相—板状交错层理砂岩相"的组合，枯水期水动力减弱可在顶部发育泥质等细粒沉积，构成典型的正韵律"砂包泥"结构。除此之外，河道与心滩坝的组合也是其典型岩相标志。

4. 辫状河沉积模式

在野外判断辫状河沉积时，关键是寻找相标志以及综合分析垂向序列，根据垂向上岩相以及岩相组合判断是否为辫状河沉积。一般来说，河流沉积可以划分出河道、堤岸、废弃河道以及泛滥平原四个亚相，但由于辫状河具有强烈的侵蚀性、摆动频繁性或快速迁徙性，使得堤岸沉积和决口扇沉积很难保存下来，因此，辫状河沉积在野外典型的沉积相标志为辫状河道以及心滩坝沉积。辫状河中有时也可发育边滩，但其规模及发育程度较曲流河均小得多，并且常受到较强烈地改造。

(a) 辫状河道底部滞留砾石沉积

(b) 流水沙纹

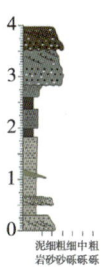

(c) 辫状河道"砂包泥"结构

(d) 多组低角度下切型板状交错层理　　(e) 泛滥平原

图 6-7　辫状河沉积野外典型特征

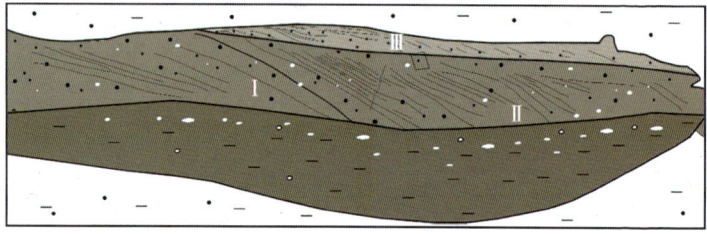

(f)辫状河道沙坝

(g)中厚层粗砂岩,多期辫状河道叠置

(h)同心槽状交错层理,含砾粗砂岩,反映辫状河内部加积作用

(i)一期完整河道沉积,明显正粒序,底部砾岩,见冲刷面,向上变为中粗砂岩,发育小型槽状交错层理

(j)槽状交错层理和板状交错层理的组合,组成了典型的辫状河垂向沉积序列

图 6-7　辫状河沉积野外典型特征(续)

(a 至 f)拍摄于准噶尔盆地西北缘吐孜阿克内沟剖面;(g)拍摄于准噶尔盆地南缘红沟剖面;(h 至 j)拍摄于准噶尔盆地南缘水磨沟剖面

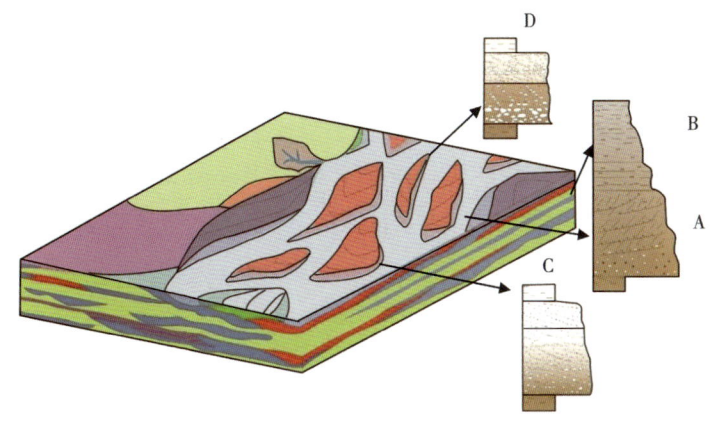

图 6-8 辫状河沉积模式（据于兴河）
A—辫状河道沉积；B—辫状河泛滥平原（球形风化）；
C—辫状河斜列沙坝；D—辫状河纵向沙坝

自从 R. G. Walker 和 D. J. Cant（1976）发表了典型辫状河沉积层序后，地质工作者针对辫状河沉积的垂向序列开展了一系列的研究与总结。Miall 利用岩性、岩相组合及构形单元的概念，并考虑了辫状河发育的地质地理背景和气候特征，总结出了六种辫状河沉积模式与岩相类型（表6-5）。

表 6-5 六种以砂砾岩为主的辫状河沉积岩相组合模式
（据 Miall，1978）

名称	沉积环境位置	主要岩相	次要岩相
特罗海姆型	承受泥石流的近源河 （主要发育在冲积扇上）	Gms, Gm	St, Sp, Fl, Fm
斯科特型	具有河道径流的近源河 （包括冲积扇在内）	Gm	Gp, Gt, Sp, St, Sr, Fl, Fm
唐杰克型	远源砾石质河 （发育旋回沉积层）	Gm, Gt, Gs	Gp, Sh, Sr, Sp, Fl, Fm
南萨斯喀彻温型	砂质辫状河	St	Sp, Se, Sr, Sh, Ss, Sl, Gm, Fl, FM
普拉特型	砂质辫状河	St, Sp	Sh, Sr, Ss, Cm, Fl, Fm
比约溪型	承受暴洪的季节性河流	Sh, Sl	Sp, Sr

(三) 曲流河

曲流河是以弯曲的单一河道为特征，比辫状河坡降小，河道蜿蜒曲折，曲率较大，坡降较小，洪泛间歇性相对小一些，流量变化不大，搬运形式以悬浮负载和混合负载为主，碎屑物较细，推移质/悬移质比值小，河深大，宽/深比小。当然其本身变化仍然很大，长时间的低水位和短期的洪泛依然存在。曲流河一般发育于冲积平原的下游，三角洲沉积之上和辫状河之下。

1. 曲流河沉积特征

（1）以陆源碎屑岩为主。从下到上依次为砾岩、砂岩和泥岩。岩性变化频繁，极不稳定，上部偶见泥质灰岩薄层。

（2）沉积构造规模向上变小，交错层理类型由大变小，向上逐渐出现小型流水沙纹和爬升波状交错层理，中间夹有水平层理，并可发育泥裂、雨痕等。

（3）常见植物印痕和植物根，可能有泥炭和煤，也见少量淡水软体动物，如腹足类和双壳类等。以上沉积特征反映曲流河宏观标志。在微观上，这些岩层特别是砂岩，在粒度分布、他生和自生矿物成分及其组合特点等方面都比较明显。

（4）螺旋形前进的不对称横向单环流体系造成曲流河"凹岸侵蚀，凸岸加积"的沉积特征，河床向凹岸迁移，凸岸形成点坝或边滩。随着河流弯度不断加大，不同期次的粗碎屑在凸岸不断加积，静水期凸岸常落下薄层淤泥，构成边滩或点坝的砂岩夹薄层细粒沉积的特征。

2. 曲流河野外识别

1）河床滞留沉积

发育冲刷面；与下伏岩层突变接触；粗砾岩和底部河床滞留砾岩、含砾粗砂岩为主，砾石常定向排列；块状或条带状产出；向上过渡为边滩或牛轭湖。

2）边滩

粒度大小与距物源远近有关，以含砾、砂及粉砂为主；下部发育大型槽状或板状交错层理，向上过渡为小型交错层理或流水沙纹，顶部可见水平层理；典型正韵律，顶部过渡为天然堤；剖面上为板状，平面上为椭圆形。

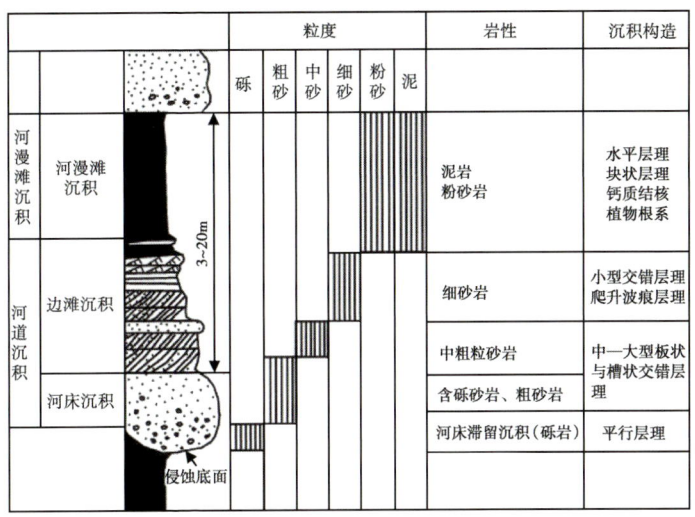

图 6-9 曲流河典型沉积层序（据 Klein，1972；Allen，1970，修改）

3）天然堤

粉砂岩与泥岩的薄互层，发育小型流水沙纹、爬升波痕和水平层理等，可见植物与生物扰动；顶部过渡为漫滩沉积；剖面楔形，平面条带状。

4）牛轭湖

属于废弃河道沉积，主要为粉砂岩和泥岩；发育水平层理或泥岩块状构造；一般无韵律结构；底部与河床沉积接触；剖面常呈河道的顶平底凸型。

5）决口扇

底部偶见中—粗砂岩，以粉细砂为主；发育小型交错层理，底部发育冲刷—充填构造；反韵律；形态呈舌状和透镜状。

6）河漫滩

岩性为粉砂岩和泥岩；发育水平层理，块状构造；可见生物扰动构造；剖面上呈板状。

3. 曲流河野外相标志实例

1）"二元"结构

下部的厚层砂岩为曲流河河道沉积（图 6-10a），以侧向迁移为主，主要为多期水道叠置形成的厚层状砂体，表现为正粒序，河道底部发育冲刷面和砾石等滞留沉积，自下而上发育大型槽状交错层理和板状交错层理，顶部见平行层理。向上沉积环境变为泛滥平原，岩性为厚层泥岩、粉砂质泥岩夹薄层粉砂岩，多见水平层理。

2）大型槽状交错层理

典型现象为槽状交错层理（图6-10b），可见纹层与纹层间在尾端收敛，且不同纹层组相互截交，呈现异心槽状交错层理的特征。反映河道多期迁移，在较强水动力条件下，冲刷切割所形成。

3）低角度下切型板状交错层理

岩性为红色中砂岩，分选、磨圆较好，纹层下部与层系界面相切，为高能条件形成的直脊波痕底形迁移的产物，常构成曲流河点坝的主体（图6-10c）。

4）植物碎屑化石

箭头位置发育灰黑色粉细砂岩、粉砂质泥岩，其上突变为中细砂岩，推测箭头位置为河道边部泛滥平原沉积的产物（图6-10d）。

5）水平层理

在褐红色或灰色的泥岩、粉砂质泥岩和粉砂岩中普遍发育水平层理，解释为泛滥平原沉积（图6-10e）。

6）平行层理

河道顶部的粉细砂岩中发育平行层理，反映水浅流急的沉积状态（图6-10f）。

7）曲流河泛滥平原沉积

该部位主要以细粒沉积为主，整体表现为"泥包砂"的特点，岩性为深灰色泥岩夹薄层粉细砂岩，砂岩厚度不大，侧向尖灭较快呈楔形（图6-10g）。

8）河道沉积

河道砂体与泛滥平原交互出现，反映河道沉积规模相对较小，沉积间断较短，河道内发育槽状交错层理和板状交错层理（图6-10h）。

4. 曲流河沉积模式

曲流河典型沉积特征为"二元结构"，即河道沉积亚相与河漫滩沉积亚相，最重要的沉积过程为河流的侧向迁徙。曲流河内部可细分为河床滞留沉积、边滩、牛轭湖、天然堤、决口扇、河漫滩等，垂向上常表现出明显的正韵律，具透镜状或"顶平底凸"的形态。

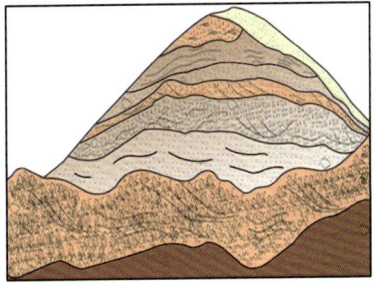

(a)"二元"结构

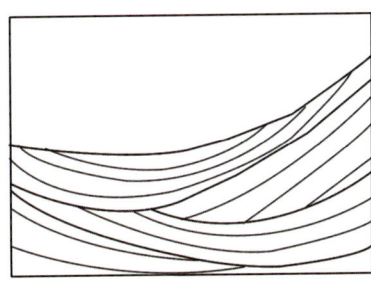

(b)槽状交错层理

(c)点沙坝低角度下切型板状交错层理　　(d)植物碎屑化石

(e)水平层理　　(f)平行层理

图6-10　曲流河沉积野外特征

(g) 泛滥平原沉积

板状交错层理

槽状交错层理

(h) 大型河道砂体，可见曲流河的二元结构；下部为河道沉积，发槽状交错层理、板状交错层理；上部为泛滥平原沉积；拍摄于准噶尔盆地南缘红沟剖面

图 6-10　曲流河沉积野外特征（续）

河岸由于天然堤的存在，其抗蚀性增强，凹岸受侵蚀，同时在凸岸产生加积形成一个点沙坝，构成了一定的向上变细的粒序，这是曲流河主要的沉积砂体。沉积构造有大型的板状/槽状交错层理向小型板状交错层理、小型沙纹演化，即"点沙坝层序"。点沙坝内各个侧积体之间可以冲刷接触，也可覆盖一层间洪期的泥质薄层，这是曲流河最主要的识别标志（图6-11）。

曲流河垂向层序自下而上可分为四个沉积单元（图6-12）：

（1）河道底部的滞留沉积；

（2）边滩沉积，常见 ε 型（多组低角度下切型）板状交错层理；

（3）边滩顶部（或称坝顶）发育有良好的爬升波痕纹理、平行层理或小型槽状交错层理（冲槽的产物）；

（4）垂向加积或漫积，具体为天然堤和泛滥平原沉积，主要由断续波状（小型流水沙纹）交错层理粉砂岩和水平纹理粉砂质泥岩

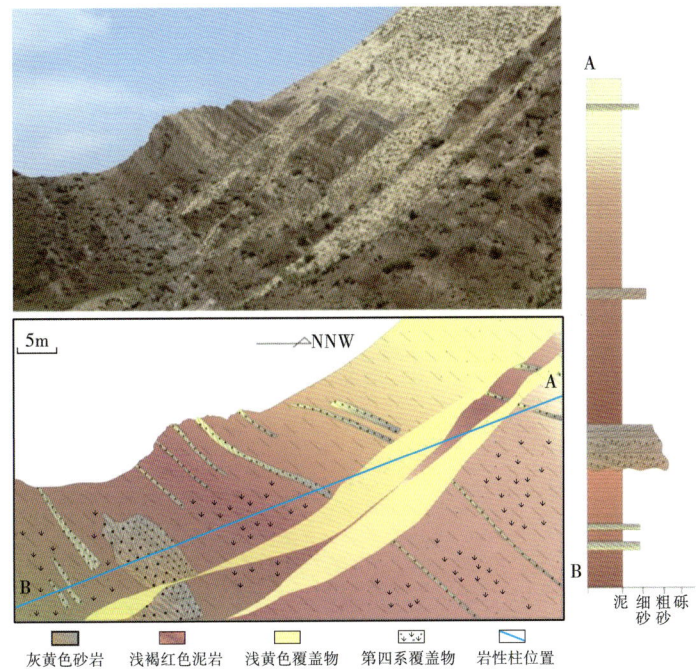

图 6-11 准噶尔盆地南缘曲流河沉积剖面与垂向序列

及块状泥岩组成。

(四) 网状河

网状河是沿固定的心滩(江心洲)流动的多河道河流。河道因心滩和河岸坚固而稳定,这也是网状河与辫状河的主要区别点。网状河沉积物搬运方式以悬浮负载为主。河道本身显示了窄而深的、弯曲的多河道特征,并顺流向下呈网结状。河道间则被半永久性的冲积岛和泛滥平原或湿地分开。冲积岛和泛滥平原或湿地主要由细粒物质和泥炭组成;其位置和大小较稳定(图 6-13)。

网状河以河道砂体为主要沉积物。在河道内不断填积,形成了多层叠加式的复合正韵律;砂体具大型交错层理,河道最终废弃前可能演化成小型曲流河而沉积小型点沙坝。河道砂体呈窄而厚的条带状分布,其他伴生砂体为天然堤和小型决口扇,不占主导地位。

由于网状河河道的稳定性,窄条状的河道砂体与大面积分布的

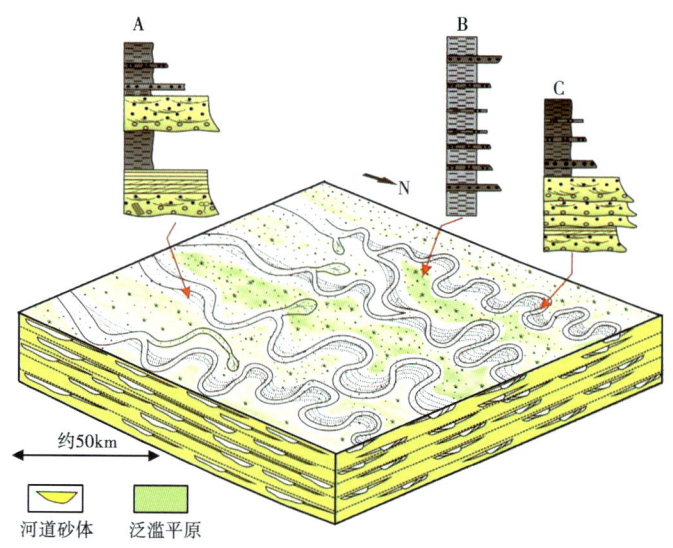

图 6-12 曲流河沉积模式和典型的垂向序列

A—边滩沉积，岩性主要为砂岩、泥岩互层，层理主要为板状、槽状交错层理，具明显的二元结构特征；B—泛滥平原，岩性主要为泥岩夹薄层粉细砂岩，层理主要为平行、水平层理，为洪水期河水漫越天然堤沉积形成；C—河道，岩性主要为砂岩，砂岩底部可见滞留砾石，向上岩性渐变为泥，层理主要可见槽状、板状交错层理叠置，整体呈向上变细的正粒序

细粒泛滥平原沉积皆以厚层状出现，所以很难将二者综合到一个沉积序列之中。在网状河的河道垂向沉积序列中为向上变细但分带不明显的正旋回沉积。泛滥平原沉积序列则是简单的厚层细粒沉积物，多夹有泥炭层。

（五）河流沉积野外识别标志

1. 垂向沉积序列

多表现为下粗上细的正韵律沉积，底部常具冲刷面。反映在沉积环境上，一个完整的河流沉积层序从下而上由河底滞留沉积开始，向上依次出现河道沉积和泛滥平原或河漫滩沉积，但在特殊情况下，偶尔可见到反韵律的沉积序列。

2. 沉积构造

主要沉积类型为水流波痕成因的交错层理，反映了单向水流搬运的特征，在组合特征上随粒度变化而出现相应的变化。从下向上

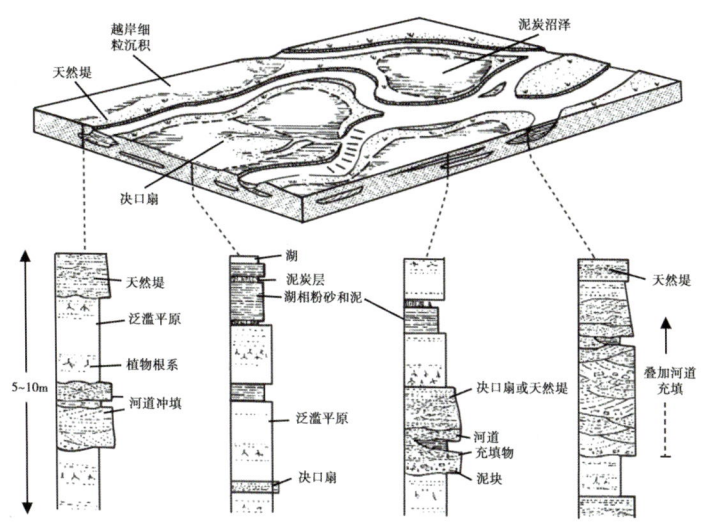

图 6-13 低—高弯度网状河体系的沉积序列及模式
（据 Smith，1983；Miall，1985）

的基本顺序是：冲刷面→大型槽状交错层理→大型板状交错层理→平行层理→逆行沙波层理→爬升波痕纹理→断续波状（小型沙纹）交错层理和水平纹理。

3. 岩性

岩性变化范围较大，从砾岩至泥岩均有发育。但不同类型的河流又有较为典型的岩性范围，如辫状河砂泥比较高，粒度偏粗，为典型的粗粒沉积，表现出"砂包泥"的沉积特征；曲流河虽也有粗粒沉积，但整体粒度较辫状河偏小，野外剖面上常呈现"砂泥互层"的特征；网状河除底部滞留沉积外，整体粒度较细，并表现出"泥包砂"的特征。

4. 生物化石

以植物根和植物碎屑化石为主，特别在河漫滩沉积中出现植物根和碳质泥岩，可见少量淡水生物化石，无海相化石。

5. 矿物特征

成熟度中等较差，黏土矿物主要为高岭石，反映酸性环境。

表 6-6　不同类型的河流沉积识别标志对比

特征	辫状河	曲流河	网状河
亚相	心滩（坝）	点沙坝	网状河道
岩性	以砂岩、砾岩为主，常发育厚层的砾岩和含砾粗砂岩	以砂岩、泥岩为主，一般砾岩层较薄	以粉砂岩、泥岩为主，砂岩、砾岩次之
剖面组合	砂包泥	砂泥间互	泥包砂
垂向层序	正韵律结构，细粒沉积薄，或缺失	典型的正韵律结构	不明显的正韵律结构
沉积构造	发育各种大型槽状、板状交错层理，常见块状层理，一般缺乏小型沙纹层理	多种多样，以下切型板状交错层理为典型标志	以槽状交错层理和水平层理为主
粒度分布（概率图）	以三段式为主	以二段式为主	以二段式为主
砂体形态	平面上：单个砂体为低弯度条带状；河道带砂体为板状或宽条带状剖面上，单砂体和河道带砂体为透镜状	单个砂体为弯曲的条带状；曲流带复合砂体为平板状	平面上：窄条带状，交织、扭结成网状；剖面上：为直立或倾斜的窄而厚的墙状，相互分隔远离
厚度规模	中厚层状—厚层状，范围：几米至几十米	中厚层状，范围：几米至十几米	中层状，范围：几米至十几米
砂体叠置	多层式垂向叠置	单边或多边式侧向叠置	孤立式

6. 砂体形态

垂直沉积走向的、弯曲的条带状，剖面上砂体常呈透镜状、板状或典型的"顶平底凸"河道状。垂向上常具有二元结构（尤其是曲流河），下部为砾、砂质沉积，上部为粉砂、泥质沉积。

不同的河流类型具有不同的水动力条件和迁移、演化规律，不仅造就出的地貌形态不同，各自形成的沉积物在岩性、粒度、沉积构造及其组合与垂向层序及空间形态与展布等很多方面都存在着明显的差异。

表 6-7　河流相一般特征

沉积	很复杂；冲积系统包括发育泛滥平原的曲流河、辫状河、冲积扇，曲流河道具有侧向迁移的特点，河道与泥质溢岸沉积伴生，在泛滥平原上发育决口扇，辫状河河道沉积占主导，可分为砾石质和砂质；冲积扇中会出现碎屑流、片流和水道沉积
岩性	砾岩、砂岩、泥岩都有；经常会有薄层的同生砾岩，许多砂岩为岩屑或长石砂岩，成分成熟度为不成熟—成熟
结构	许多河流沉积的砾岩为颗粒支撑；碎屑流砾岩为杂基支撑；绝大多数河流砂岩碎屑磨圆为棱角状—次圆状；分选差—中等；结构成熟度低—高；一些河流相砂岩和泥岩呈红色
构造	河流砂岩显示板状和槽状交错层理，平行层理+部分线理，低角度交错层理（侧向加积面），河道和冲刷面，较细的砂岩显示波状交错层理；河流沉积的砾岩呈透镜状，较平底形和不明显的交错层理；泛滥平原的泥岩呈块状，可能会有根系和钙质结核；中间可能夹杂决口扇和洪泛沉积的薄层砂岩
化石	主要为植物（碎屑或原地植物），同样会有鱼骨和鳞屑，淡水的软体动物，脊椎动物遗迹，居住洞穴
古流向	单向的，通过分散度看河流类型，辫状河砂岩分散度较曲流河低
砂体形态	砂体形态从带状到扇状
相序列和旋回	取决于河流类型：冲积扇可能会整体呈现出向上变粗或变细的序列，这主要取决于气候和构造变化；曲流河为向上变细和河床交错的砂岩单元，若干米厚，侧面为冲积层，层间为具钙质结核的泥岩及决口扇和洪泛产生的稳定砂岩；辫状河沉积透镜状多层的交错层理砂岩，很少含有泥岩

三、三角洲相

三角洲是河流携带大量沉积物流入相对静止和稳定的汇水盆地或区域（如海洋、湖盆、半封闭海、湖等）所形成的、不连续岸线的、突出的似三角形砂体；其沉积物供应速度比由当地盆地作用再分配的供应速度要快。

三角洲是在河流作用与海洋作用共同影响下形成的陆源碎屑沉积占优势的沉积区域，它属于大陆与海洋（或湖泊）之间的过渡砂体，包括水上和水下两个部分。理想的三角洲形态为锥形或扇形。

（一）三角洲成因分类

蓄水体的性质、水动力条件、坡度陡缓、物源远近等因素均可影响三角洲的形成，因此，国内外学者针对不同的影响因素进行了各自的分类。

多数学者根据河流、波浪和潮汐作用的相对强度来划分三角洲的成因类型。三角洲在沉积过程中，不仅受到河流作用的影响，同时还会受到波浪和潮汐作用的改造与破坏。当河流携带大量沉积物在入海口（入湖口）不断堆积向前推进时，形成向海（湖）方向扩展的堆积体，成为建设性三角洲，建设性三角洲的层序表现为海（湖）退序列，即碎屑沉积物向盆地方向进积。当波浪、潮汐作用占主导对原先形成的朵叶体进行改造和破坏时，形成的三角洲为破坏性三角洲，破坏性三角洲沉积层序表现为海（湖）侵序列，即碎屑沉积物向陆方向退积。

W. E. Galloway（1975）根据上述三种作用的相对关系，综合分析了全球大量现代三角洲资料后提出了一个三元分类方案（图6-14）。根据沉积作用特点和水动力性质划分出河控三角洲、浪控三角洲、潮控三角洲三端元。其他各类过渡类型三角洲都可根据河流、波浪和潮汐三种主控作用的相对强度将其标在三角形图解的相应位置上。

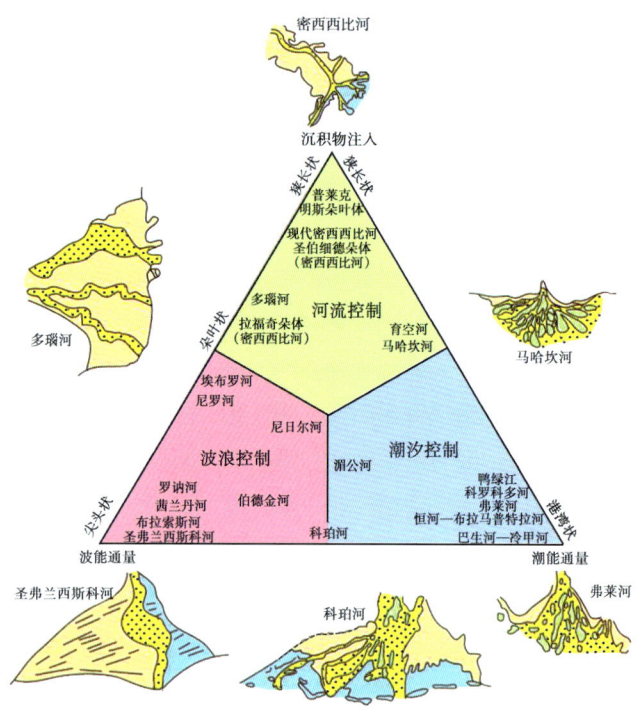

图6-14 三角洲类型三端元分类（据Galloway，1976）

河控三角洲物源供给充足，河水在河口处受海水顶托作用而分汊，不断向海进积，平面展布呈鸟足状或朵叶状；浪控三角洲受波浪破坏的影响，一般仅发育一到两个主河道，沙坝在河道两侧分布并向陆方向收敛，平面上呈鸟嘴状；潮控三角洲受潮汐作用地来回冲洗，河口多呈漏斗状，平面上呈港湾状（表6-8）。

表6-8 不同控制因素三角洲特征与现代沉积

分类	沉积特征	现代典型代表
河控三角洲	①发育多条分流河道； ②河道深度向盆地方向逐渐变浅、变窄； ③分流河道在河口分汊方向多样，甚至大于180°； ④通常地形较为平缓； ⑤平面上多呈鸟足状或朵叶状	
浪控三角洲	①仅发育一至两条分流河道； ②分流河道在河口处被沙坝部分或完全封堵，与岸线斜交； ③沙坝分布于河道两侧，并向陆方向合并收敛； ④平面上常呈鸟嘴状	
潮控三角洲	①发育少量（数条或数十条）分流河道（潮道）； ②分流河道（潮道）向河口方向逐渐变深； ③河口多呈漏斗状，且较宽，分流河道（潮道）方向较为一致； ④平面上常呈港湾状	

G. J. Orton（1988）依据三角洲的主要控制因素（粒度粗细、几何形态、坡度、供源性质以及沉积物供给的流域面积等）提出了一个三角洲详细分类方案（图6-15）。这一分类方案更好地反映了不同三角洲所具有的特性。根据粒度又可以将三角洲划分为粗粒三角洲和细粒三角洲两大类五小类。粗粒三角洲包括扇三角洲和辫状河三角洲，即以冲积扇或辫状河作为供源，以底负载的形式搬运进入

稳定水体所形成的三角洲。细粒三角洲则应为正常河流作为供源，以混合负载为主进入稳定水体中所形成的三角洲。在自然界，粗粒三角洲和细粒三角洲的发育背景、沉积特征是不同的，但其间演化确是有规律的，实际上它们是一个连续谱系中的端元组分。

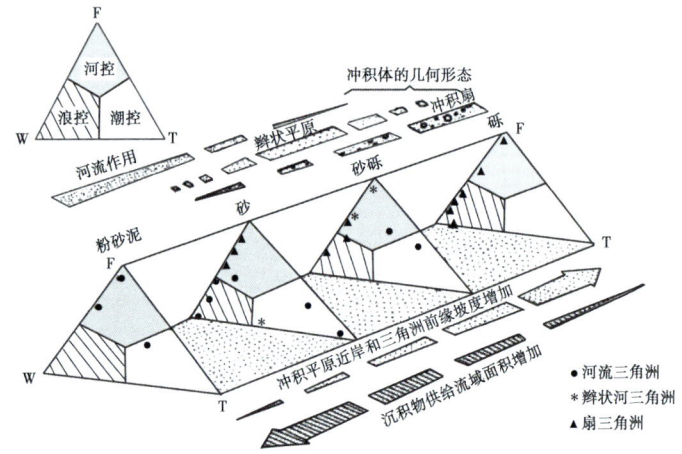

图 6-15　三角洲分类图（据 Orton，1988）

（二）正常三角洲

河流携带沉积物进入稳定水体所形成的三角洲。平面上具有分带性，通常从陆上至水下分为三个相带，即三角洲平原、三角洲前缘和前三角洲。

1. 层序特征

根据三角洲内部沉积特征，其垂向层序常呈现出三层结构，包括顶积层（或称三角洲平原亚相）、前积层（或称三角洲前缘亚相）、底积层（或称前三角洲亚相）三部分（图 6-16、表 6-9）。

一般来说以河控三角洲为代表的建设性三角洲在发育的过程中，沉积物供给较充足，三角洲不断从陆地向海/湖盆推进，发育有完整的三级层序，构成下细上粗的反旋回沉积序列，即所谓的进积型沉积序列。以浪控三角洲和潮控三角洲为代表的破坏性三角洲通常也具有下细上粗的反旋回沉积序列，但其完整性不如河控三角洲好。在浪控三角洲前缘沉积层序的底部，细粒段经常发育不好，这是因为波浪作用将紧邻三角洲前缘的悬浮物改造，并分散漂移至更远地

图 6-16 三角洲典型层序（据 Stow, 2009）
T—顶积层；F—前积层；B—底积层

带所致。中部与上部所见分选好的砂岩具对称波痕及冲刷构造，足以证明波浪的改造作用，在三角洲平原之上往往被海岸砂沉积所覆盖。潮控三角洲前缘垂向层序的最大特征在于近顶部见有双向交错层理、复合层理及再作用面等构造，以及潮汐沙坝及坝间水道沉积交替组成的特征（表 6-9）。

表 6-9 三角洲三层结构及特征

	位置	厚度	岩性	构造	微相
顶积层	三角洲顶部、陆上部分	数十米至数百米不等	最粗，从含砾砂岩至泥岩均有发育，以中—粗砂岩为主	冲刷—充填构造、大型交错层理、平行层理等河道沉积构造	水上分流河道、天然堤、决口扇、分流间湾、沼泽等
前积层	三角洲向稳定水体推进的前坡	取决于沉积物供给与堆积速率	砂质、粉砂质、泥质沉积物，较顶积层细	大型—中型交错层理、沙纹层理、水平纹层等	水下分流河道、河口坝、远沙坝、沿岸坝、席状砂等
底积层	三角洲底部、滨外	一般较薄，数厘米至数米不等	粉砂岩、粉砂质泥岩、泥岩	水平纹层、块状构造等	前三角洲泥

2. 野外识别

1）沉积

沉积很复杂，野外不同控制因素的三角洲其沉积微相与层序的发育程度会有很大的差异，因此提高了野外识别三角洲沉积的难度。

2）岩性

以砂岩、粉砂岩、粉砂质泥岩、泥岩为主，受水动力条件与距物源远近等因素影响。夹暗色富有机质细粒沉积或煤层，含菱铁矿。正常三角洲极少含砾岩和化学岩，以此区别于河流相与湖泊相。

3）结构

变化很大，结构不成熟—成熟，分选中等，磨圆较好。由陆向海方向粒度和分选有变细变好的趋势。

4）构造

砂岩中可见多种类型的交错层理（槽状交错层理、板状交错层理、流水沙纹等）。细粒沉积物显示出压扁的薄层和浪成层理，泥岩中发育水平层理。常包含植物根系、煤层、致密硅石、菱铁矿结核等。此外还有可能发育波状层理、透镜状层理、冲刷—充填构造、生物扰动构造等。

5）化石

一些砂岩和泥岩中含海相与陆相生物化石，特别是双壳类、植物化石等。

6）古流向

主体流向为由陆向海稳定水体，也可出现平行于海岸线的。

7）几何形态

主要取决于三角洲的类型，野外剖面上砂体形态呈带状—席状，一些微相会有独特的形态，如分流河道砂体常呈透镜状或"顶平底凸"的形状，河口坝砂体常呈席状或"底平顶凸"的形状。

8）相序与旋回

受三角洲前积的影响，典型相序为向上变粗的序列（泥岩—砂岩），反映在沉积环境上依次为前三角洲—三角洲前缘（河口坝）—三角洲平原（分流河道），顶部常发育煤层。三角洲整体反旋回，但内部不同微相粒序特征却各有差异，如河道以下粗上细正粒序，河口坝多呈下细上粗反粒序。

3. 野外相标志实例

1）河口坝砂体

外观形态为底平顶凸状，内部结构为槽状交错层理及板状交错层理（图6-17a）。

2) 槽状交错层理砂岩相

由中细砂岩组成的沉积构造,一般规模不大,为河道频繁侧向摆动作用的沉积环境,反映了沉积时的水动力较强(图6-17b、e)。

(a)河口坝砂体,顶平顶凸形态,反粒序

(b)槽状交错层理中细砂岩

(c)水平层理泥岩

(d)小型流水沙纹层理

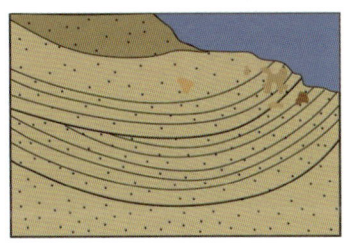
(e)槽状交错层理

(f)曲流河三角洲前缘沉积

图6-17 曲流河三角洲野外典型相标志
拍摄于准噶尔盆地南缘大龙口剖面

3）水平层理粉砂岩相

该层理一般发育在粉砂质泥岩和纯泥岩中，其纹层面可见深灰色纹层，纹层呈直线状互相平行，并且平行于层面，细层厚1~2mm。一般出现在细砂岩的上部或单独以薄层状出现。通常发育在水动力较弱、低流态的浅水环境（图6-17c）。

4）小型流水沙纹层理粉砂岩相

主要由河流作用控制形成，一般发育在粉砂岩中，表现为水动力较弱的浅水环境（图6-17d）。

5）三角洲前缘沉积

岩性主要为灰黑色泥岩、粉砂质泥岩夹薄层粉细砂岩互层。砂体规模较小，代表水体相对较深但常受到外部供源影响的曲流河三角洲前缘沉积（图6-17f）。

4. 沉积模式

由于三角洲的复杂性，单一的沉积模式无法完全概括出其所有沉积体系的特点。每类三角洲都具有特有的形态和沉积特征，可以依据其垂向沉积序列、相的区域分布以及砂体的几何形态进行描述。

三角洲相可以划分出三角洲平原亚相、三角洲前缘亚相和前三角洲亚相，各亚相内部又可划分出多种不同的微相。三角洲微相类型较多，具体划分方法对于不同地区、水动力条件等又有所差异，但通常出现较多的微相有水上分流河道、天然堤、决口扇、沼泽、分流间湾、水下分流河道、河口坝、远沙坝、席状砂、前三角洲泥等（表6-10），这些微相的岩性、沉积构造、规模等又各有不同。

表6-10 三角洲亚相与微相划分

三角洲平原		三角洲前缘	前三角洲
上三角洲平原	下三角洲平原		
主河道、辫状河道、废弃河道、泛滥平原	水上分流河道、天然堤、决口扇、分流间湾、堤外泛滥平原、潟湖、沼泽	水下分流河道、水下分流间湾、河口坝、远沙坝、席状砂、障壁沙坝、潮汐沙坝/潮坪、潮汐水道	前三角洲泥、浊积砂、滑塌重力流沉积、浊积水道

在浪控三角洲前缘，受波浪作用的影响沉积物会发生分配，河口坝的形成会受到阻碍，以发育具浪蚀海滩脊序列为特征，具对称波痕。潮控三角洲一般发育于中高潮差、低波浪能量、低沿岸流的

盆地狭窄地区，三角洲平原与三角洲前缘均受到潮汐作用的影响，在潮控三角洲前缘可见到以潮汐作用为特征的双向交错层理及双黏土层等构造，在潮差很大的河口，形成潮控的港湾型三角洲。

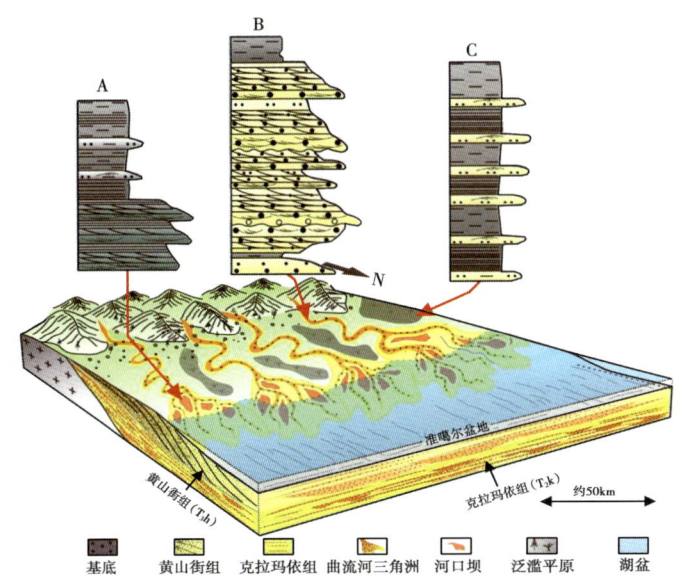

图 6-18　准噶尔盆地曲流河三角洲沉积模式

A—曲流河三角洲河口坝沉积，岩性主要为砂岩，岩相组合为槽状交错层理中砂岩相；B—曲流河三角洲分流河道沉积，砂岩为主，底部见滞留沉积，岩相组合为槽状交错层理中砂岩相；C—曲流河三角洲泛滥平原沉积，粉细砂岩、泥岩为主

（三）扇三角洲

扇三角洲是以冲积扇为供源以底负载方式搬运所形成的近源砾石质三角洲（于兴河等，1995）。形成扇三角洲的重要条件是湖（海）岸地形高差较大，盆缘斜坡较陡，离物源较近，物源供给充足。扇三角洲的分布相对较为局限，在特定的地形、构造和气候条件下才能形成和发育，其中构造是主控因素。

1. 扇三角洲沉积特征

总体来看，扇三角洲存在如下地质特征：

（1）扇三角洲一般位于山麓附近，且往往与湖盆边界断层相伴生。断陷湖盆中，主要位于湖盆短轴陡坡一侧，分布面积一般比较小，平面呈扇形。

— 237 —

（2）向陆方向通常以断层为界，其近物源沉积物常以角度不整合超覆在基岩之上。单个扇三角洲厚度大，可达几千米。

（3）扇三角洲组成均为砾石、含砾砂和砂等粗碎屑沉积物，成分和结构成熟度比较低，反映其距物源较近，搬运距离短，沉积速率快的特征；单个扇三角洲垂向上一般呈向上变粗的特点。

（4）扇三角洲前缘河口坝发育很差甚至缺少沙坝。

（5）与冲积扇相比，扇三角洲前缘受波浪的淘洗作用，成熟度有所提高，且可见双向交错层理和海（湖）相化石；三角洲末端常与暗色泥页岩互层。

2. 扇三角洲野外识别

1）岩性

以砾石、含砾粗砂岩等粗粒沉积为主，细粒沉积较为少见，反映出近物源、快速沉积的特征；前缘远端和前扇三角洲可见海相泥页岩。

2）结构

砂、粉砂、黏土等杂基含量高，成分成熟度和结构度较低，混杂堆积，分选、磨圆较差。

3）构造

砾石一般具叠瓦状构造，向盆地方向倾斜；扇三角洲平原主要为冲积扇，冲刷—充填构造发育，交错层理不明显，以厚层块状堆积为主；扇三角洲前缘发育大型槽状交错层理、板状交错层理、平行层理、冲洗层理等，也可见波浪及潮汐改造的构造；常具滑塌变形构造（表6-11）。

4）化石

扇三角洲前缘海相化石丰富。

5）几何形态

剖面上扇三角洲多呈楔状—席状，分布范围广；辫状河道砂体呈厚层块状或透镜状，河口坝砂体呈"底平顶凸"的形状，且顶部多被侵蚀改造。

6）相序

单层厚度大，可见多期频繁叠置。垂向上自下而上为：前扇三角洲泥岩—扇三角洲前缘末端粉、细砂岩—扇三角洲前缘河道砂岩、含砾砂岩—扇三角洲平原砂砾岩和砾岩，构成向上变粗反粒序。

表 6-11　扇三角洲识别特征

		沉积特征	沉积构造
扇三角洲平原	旱扇三角洲平原	粗粒沉积，砾石成分复杂，混杂堆积，成熟度低，厚度大，成层性差；频繁叠置的水道沉积与片汜沉积砂砾层；发育辫状水道、泥石流、片流、筛积物等	冲刷—充填构造较发育，缺乏明显的交错层理
	湿扇三角洲平原	发育砾石质辫状水系沉积；河道反复侧向迁徙，垂向多期叠置；发育辫状水道、河道滞留相、砾石坝相	缺乏清晰层理；向盆地方向可见交错层理、平行层理、潜穴等
扇三角洲前缘		以陡的前积相为特征，砂质沉积增多，发育水下辫状河道	牵引流构造发育，可见大—中型交错层理及波浪及潮汐作用改造的沉积构造
前扇三角洲		主要为临滨—远滨的粉砂、泥质沉积，偶见砾石透镜层	发育流水沙纹，常见底栖生物扰动

3. 扇三角洲野外相标志实例

1）槽状交错层理砾岩相

通常发育于中—粗砾岩中，砾石多为扁平状，且在交错层理的纹层面上呈叠瓦状定向排列。小型槽状交错层理出现于含砾粗砂岩和细砾岩中，反映了水道下切、迁移及充填的过程。不同的岩石砾级体现了不同的搬运能力，即水动力强弱，而水动力强弱与地形坡度具有直接的关系；坡度越大，水动力条件越强。粗砾岩中大型槽状交错层理反映出沉积时期坡度较大，物源近而充沛（图 6-19a）。

2）岩性突变

下部砾岩厚度为 20cm 左右，且分选较差，泥质含量较高，之间的突变面较为平整，上部砂砾岩发育板状交错层理，纹层较薄。粗砾岩是一期短暂的洪水冲积形成，之后水动力条件趋于稳定，说明了沉积时水动力不稳（图 6-19b）。

3）粗砾水道

巨厚层状粗砾岩，从成因上判别其属于水道沉积。受控于古水流方向的砾石结构多成扁平叠瓦状，具一定的定向排列；发育冲刷面与大型槽状交错层理，说明流水冲刷作用强烈；单期水道为正粒序，反映沉积物随水动力逐渐减弱的卸载。如此厚层的粗碎屑沉积形成于大可容纳空间与高沉积物供应速率，同时其 A/S 比值大（图 6-19c）。

4）平行层理砂砾岩相

平行层理发育于厚层水道砂体上部。岩性主要为细砾岩、含砾中粗砂岩中，纹层与纹层之间间距相对较大，单期纹层厚度在 2~5cm 之间。沉积物成熟度高，粒度细，需要的搬运营力较弱，此时水动力远远大于所需的搬运营力，因而水流急速，底部床砂底形平整，形成平行层理（图 6-19d）。

5）流水沙纹层理砂岩相

通常出现在平行层理上部，岩石粒度更细，通常为中细砂岩。水流作用减弱对之前平整的床砂底形存在一定的干扰，形成单向水流的不对称波纹层理（图 6-19e）。

6）块状层理砾岩相

块状层理中砾石杂乱，分选、磨圆差，泥质含量高，无明显粒序特征与定向排列，多呈浅褐红色，为陆上陡坡近源重力流沉积（图 6-19f）。

7）板状交错层理砾岩相

大型板状交错层理发育于水道砂体的中上部，岩石类型以细—中砾岩为主，粒度相对槽状交错层理的岩性较细，砾石同样沿纹层面定向排列，纹层面与层系面相切，且夹角较小，侧向延伸远。这些特征反映出在相对稳定的强水动力条件下，沉积物在顺流加积的主导作用下，形成于辫状水道或辫流坝的中上部（图 6-19g）。

8）厚层细粒水道砂体

岩性以含砾中粗砂岩向泥岩过渡，沉积构造从槽状交错层理→板状交错层理（不明显）→平行层理→水平层理，体现水道携带的沉积物随着水动力条件的减弱而卸载，顶部杂色泥岩发生菱铁矿化；在水道底部见冲刷面，且含杂色泥砾，为冲刷下伏泥岩层而成。这种水道沉积距物源较远，坡度较小，弯曲度较大，水流强度更稳定，为扇三角洲前缘水下分流河道沉积（图 6-19h）。

9）岩相组合

沉积环境的判断不仅需要岩相标志，更重要的是垂向上的岩相组合。图 6-20 为典型的扇三角洲平原剖面。以巨厚层砂砾岩为主，厚度可达 30m，多期水道砾岩切割叠加，可见顶平底凸的水道形态，

图 6-19　扇三角洲野外相标志
拍摄于准噶尔盆地石场剖面

砾石达粗砾级别，多为扁平状定向排列，发育大型槽状交错层理、块状层理及平行层理，层理面下部为冲刷弧形向上逐渐变平坦；底部冲刷明显，表现为弱正韵律；岩相类型主要为槽状交错层理砾岩相（Gt）、块状层理砾岩相（Gm）及板状交错层理砾岩相（Gp）。

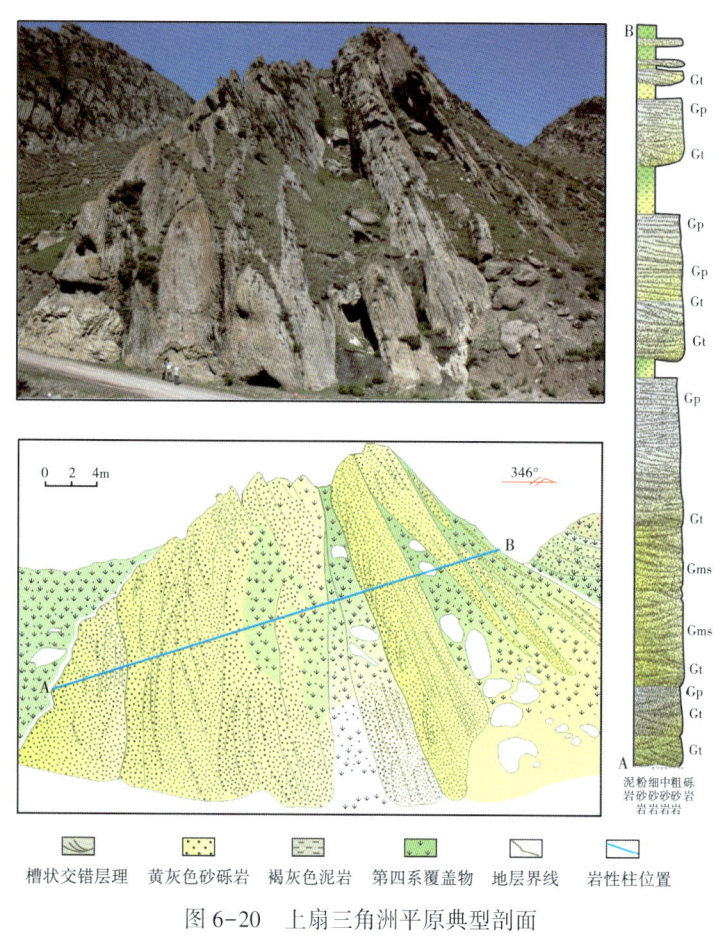

图 6-20　上扇三角洲平原典型剖面
拍摄于准噶尔盆地南缘四棵树剖面

4. 扇三角洲沉积模式

扇三角洲的模式很多，由于受地质构造、气候、河流与海洋或湖泊相互作用、陆棚宽度和陆坡的坡度以及相关沉积体系等多方面的影响，几乎每个扇三角洲的沉积组成和结构都不相同，很难用一个综合模式来概括各类扇三角洲的特点。Ethridge 和 Weseott（1990）根据扇三角洲前缘的地质地理背景特点总结出三种扇三角洲沉积模式，即陆架型、斜坡型和吉尔伯特型。裂谷盆地中，在断层的下盘通常发育深水斜坡型和吉尔伯特型扇三角洲，而在断层上升盘通常发育富砂的陆架型扇三角洲。

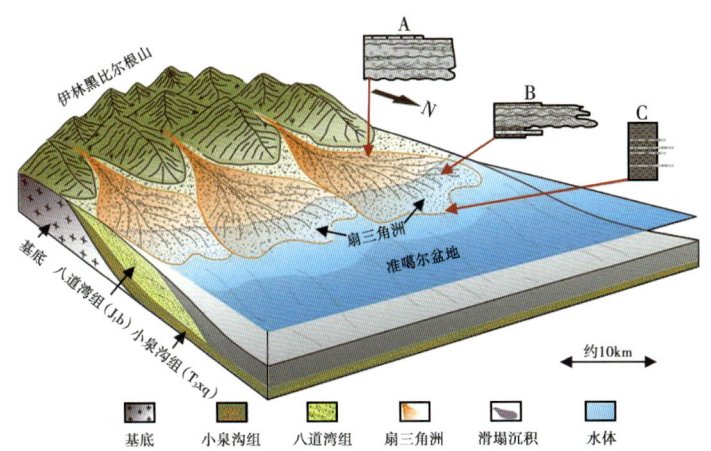

图6-21 准噶尔盆地南缘扇三角洲沉积模式示意图

A—扇三角洲平原分流河道，水道中有砾石充填，水道的剖面呈不对称形；
B—扇三角洲前缘水下分流河道，岩性为灰色、灰黄色砾岩、含砾粗砂岩，整体呈现向上变细的正粒序；C—前扇三角洲，主要为深灰色泥岩与薄层砂岩互层

（四）辫状河三角洲

辫状河三角洲是一种粗粒三角洲，通常形成在湖盆的短轴方向，当盆地长轴方向斜坡较窄、物源较近时也可发育，沉积特征介于正常三角洲与扇三角洲之间。单一辫状河三角洲是指单一的底负载河流进积形成的辫状河平原进入稳定水体中而形成的富砂和砾石质的粗粒三角洲（于兴河等，1995）。

1. 与正常三角洲区别

辫状河三角洲是由辫状河作为供源，通常粒度较粗，为短流程粗粒三角洲；而正常三角洲多以曲流河作为供源，通常粒度较细，为长流程细粒三角洲。

（1）辫状河三角洲平原的分流河道具辫状河的特征，即河道沉积物宽/厚比高，呈宽平板状；碎屑颗粒较粗，砂、砾含量高（正常

三角洲以砂、粉砂为主）；河道砂体无典型的"二元结构"特征，即顶积层亚相或溢岸沉积少；河道不稳定，易迁移，因此粗碎屑砂体在平面上往往成片分布。

（2）辫状河三角洲前缘带水下分流河道发育，由于辫状河水流强度相对较大，且碎屑物质丰富，推移质/悬浮质比值大，因此进入水体后，河道沉积相对发育，河口坝发育程度相对较差，这与正常三角洲有较大区别。

（3）辫状河三角洲往往个体比正常的细粒三角洲要小，但经常成群分布，尤其是地形坡度较陡时。

2. 与扇三角洲区别

扇三角洲供源为冲积扇（包括干扇和湿扇）。辫状河三角洲平原上泥石流不发育，而扇三角洲平原上多见泥石流，尤其是干旱扇三角洲泥石流更为发育。

（1）扇三角洲重力流沉积发育，扇三角洲平原常见泥石流。辫状河三角洲以牵引流沉积为主。

（2）粒度上，扇三角洲要比辫状河三角洲粗得多，而辫状河三角洲砂质沉积物多，砂/砾比高于扇三角洲。

（3）扇三角洲的垂向沉积序列以砾岩为主，粒度的粗细变化较快，而辫状河三角洲的层序粒度变化相对较慢。

（4）辫状河三角洲的分流河道为细粒顺直型河流或低弯度曲流河，而扇三角洲的分流水道则多为粗粒辫状河。

（5）辫状河三角洲的层理构造与砂体形态较扇三角洲更清晰。

3. 辫状河三角洲野外识别

1）岩性

以砂、砾质沉积为主，向盆地方向（前缘方向）粒度变细，过渡为中、粗砂岩，含砾粗砂岩等。分选、磨圆较差，不稳定矿物含量高。在三角洲平原辫状水道间以及前辫状河三角洲中可见粉砂岩、泥岩等细粒沉积。潮湿条件下发育沼泽沉积、结核等。

2）构造

具三角洲相关沉积构造，又具辫状河相关沉积构造。辫状河道底部发育冲刷—充填构造，向上可见大型槽状交错层理、板状交错层理、平行层理等。洪水期时，由于沉积物的快速卸载，可见块状构造砂砾岩。在三角洲前缘受波浪改造可发育浪成沙纹、复合层理等构造。

3）形态

砂质沉积形态以席状、透镜状为主，细粒沉积以薄层带状为主，向盆地方向厚度增大。

4）化石

潮湿的辫状河三角洲可见大量植物化石碎片。

5）旋回韵律

整体下细上粗的反韵律，一些河道砂体常表现出正韵律。由于水下辫状河道迁徙性强，导致河口坝不稳定，规模一般不会太大，反韵律并不是很明显。

4. 辫状河三角洲野外相标志实例

一些层理构造，如槽状交错层理、板状交错层理、流水沙纹等并不能作为判断沉积环境的关键证据，仅能作为辅助依据，沉积环境的判断需要结合岩相组合来进行。选取准噶尔盆地南缘三工河组浪控辫状河三角洲典型露头剖面为例。

其中，三工河组下部的剖面以灰白色、灰绿色和灰色泥岩为主，局部夹灰黄色砂岩（图6-22）。砂体的几何形态均表现为顶平底平的平板状，横向延伸距离长，但厚度小于2m。主要的岩相包括槽状

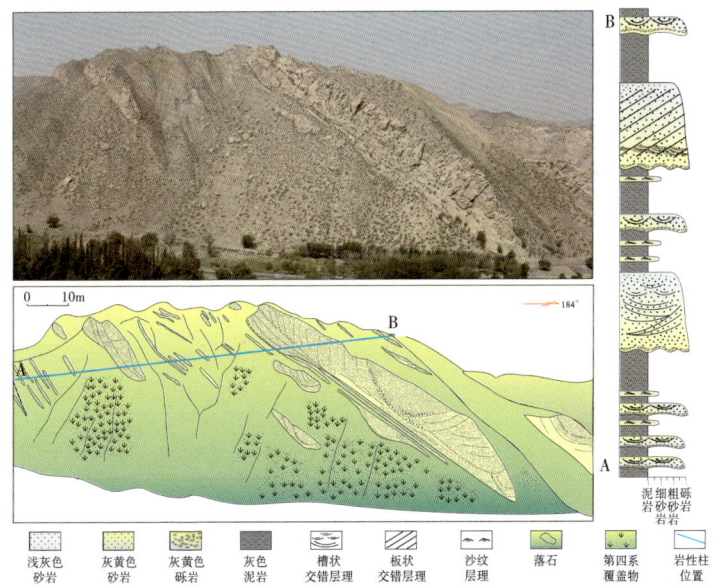

图6-22 准噶尔盆地南缘三工河组下部典型剖面解释

交错层理砂岩相（St）、板状交错层理砂岩相（Sp）、平行层理砂岩相（Sh）、浪成波纹细砂岩相（Sr）和块状泥岩（Fm），整体以块状泥岩（Fm）—浪成波纹细砂岩（Sr）岩相组合为主，具一定波浪作用控制的辫状河三角洲前缘沉积；其中河道砂体中发育的槽状交错层理中粗砂岩（St）—板状交错层理砂岩（Sp）—浪成波纹砂岩（Sr）岩相组合，为辫状河三角洲水下分流河道沉积并遭受一定的波浪作用形成。综合分析为受波浪作用改造的辫状河三角洲前缘沉积。

三工河组中部剖面以灰黄色、灰白色砂、砾岩为主，从底至顶可分为五期沉积旋回组合。第一套为反粒序特征。可识别出三期明显的冲刷面，冲刷面上见滞留砾石。该剖面的主要岩相类型为块状层理砾岩相（Gm）、槽状层理砾岩相（Gt）和板状交错层理砂岩相（Sp）。垂向上的岩相组合全部为块状层理砾岩相（Gm）—槽状层理砾岩相（Gt）—板状交错层理砂岩相（Sp），为典型河道沉积。单期河道均表现为正韵律，厚度大于10m，三期河道垂向叠置，呈多层式结构，总厚度约为30m。但是各期河道的最大厚度位置出现迁移，并且河道之间未见泥岩或细粒隔夹层。其顶端反粒序沉积为辫流坝，综合分析为辫状河三角洲前缘沉积，河道频繁摆动，相互切割、叠置（图6-23）。

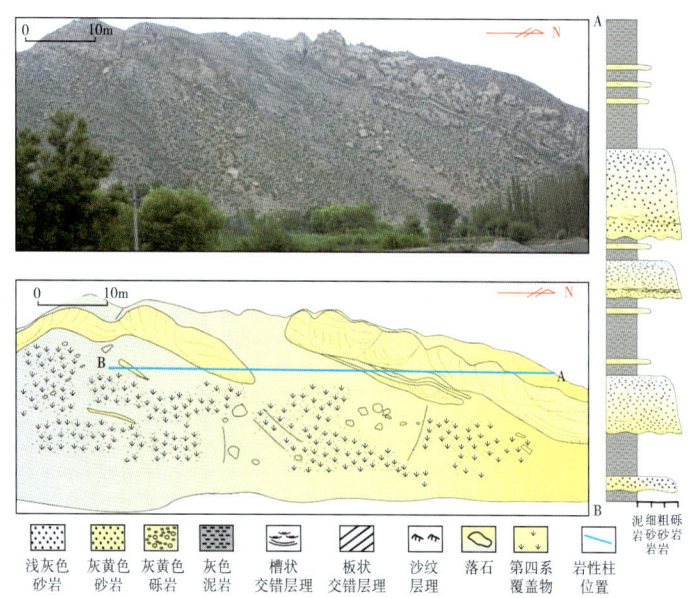

图6-23　准噶尔盆地南缘三工河组中上部典型剖面解释

三工河组上部的剖面以灰黄色河道砂体为主，常见小型河道砂体散落分布于江河组三段（图6-24）。大型河道砂体厚十余米，见槽状、板状交错层理及平行层理。小型河道砂体宽3~7m，厚0.5~1m。其中大型砂体为主河道，小型河道砂体为分流河道。局部夹灰黄色泥岩和砂岩。砂体的几何形态均表现为顶平底凸的透镜状，横向延伸距离长，平均砂层厚度小于0.8m。综合分析为辫状河三角洲平原沉积，未受波浪改造作用影响。

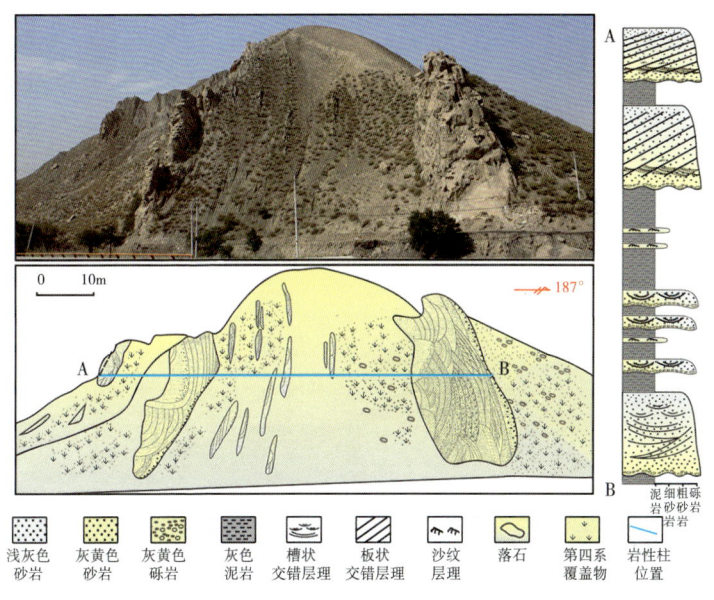

图6-24 准噶尔盆地南缘三工河组上部典型剖面解释

5. 辫状河三角洲沉积模式

辫状河三角洲属粗粒三角洲范畴，岩性以砾岩、含砾砂岩、粗砂岩为主，分选从较差到较好，砂/砾比较扇三角洲高，较正常三角洲低，属过渡形态。其沉积构造包括块状层理、各种交错层理、水平层理及复合层理等，剖面形态呈透镜状或席状，垂向上构成反韵律，局部正韵律。沉积相带可划分出辫状河三角洲平原、辫状河三角洲前缘和前辫状河三角洲三个亚相单元。三角洲平原部分又可划分出上、下辫状河三角洲平原。地形坡度不同，辫状河三角洲的沉积模式也有差异。

表 6-12 陡坡型与缓坡型辫状河三角洲沉积模式差异

亚相	缓坡型	陡坡型
上三角洲平原	陆上沉积，砂、砾组成的洪水间歇性辫状河道沉积	砾质河相带，粒度较缓坡型粗
下三角洲平原	水、陆过渡带，高水位时期处于水下；发育大量平行层理砂层，构成席状，下端出现砂质分流河道，靠近前缘的斜坡带发育少量的反韵律前积层，剖面底部常见深灰—蓝灰色湖相泥沉积	以辫状分流河道和间歇性洪水片流沉积为主，构成大型席状砂相带，岩相组合类型与缓坡型相似，但槽状、板状交错层理砂岩发育
三角洲前缘	厚层粉砂和薄层泥岩互层为主，泥岩厚度大，多具浪成沙纹	内区受波浪影响较弱，外区受波浪影响较强，复合层理发育
前三角洲	深灰色泥岩	深灰色泥岩

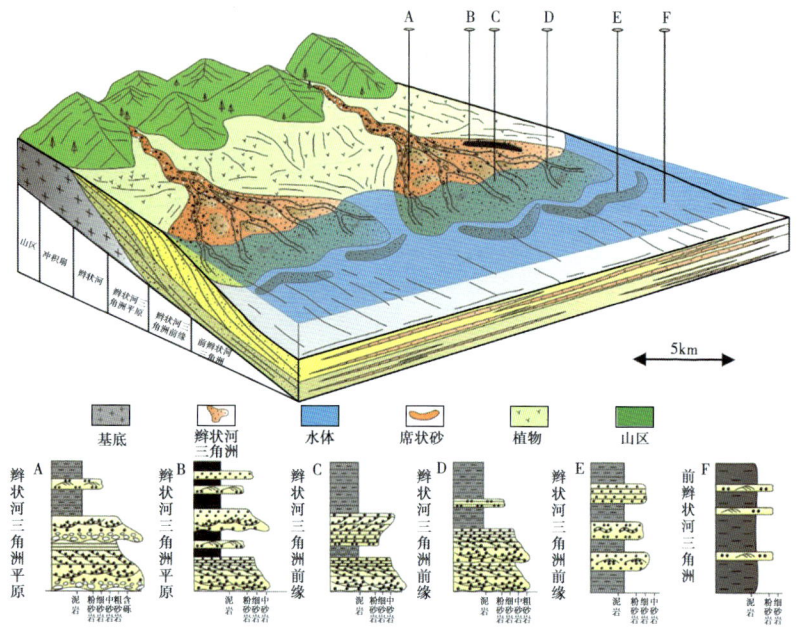

图 6-25 准噶尔盆地南缘井井子沟组辫状河三角洲沉积模式
（据张驰，2017）

四、湖泊相

湖泊是指四周被陆地围绕的相对低洼的流水汇集地域。湖泊拦截了由河流搬运的大量沉积物，既是大陆沉积物堆积的重要场所，同时也是化学沉淀的重要场所。其水动力条件以波浪和湖流为主，沉积作用受地形、气候、生物和大地构造等因素影响较大。

（一）湖泊分类

湖泊分类方案众多，这是由于其成因复杂、影响因素众多所致。

1. 成因分类

分为河成湖、冰川湖、火山湖、堰塞湖、风成湖、喀斯特湖和构造湖等（图6-26）。

(a) 大理洱海构造湖

(b) 鄱阳湖河成湖

(c) 长白山天池火山湖

(d) 草海岩溶湖

图 6-26 湖泊成因分类

2. 地貌分类

按其所处的地理位置和地貌分为高原湖、平原湖等。

3. 沉积分类

按其沉积物的性质和气候环境分为陆源沉积的永久性湖泊、内源沉积的永久性湖泊、内源沉积的永久性湖泊、永久性湖泊、山麓冲积扇、内陆萨布哈。

4. 盐度分类

按其盐度可分为淡水湖泊（＜0.1%）、咸水湖泊（0.1%～3.5%）、盐湖（＞3.5%）。

（二）湖泊沉积特征

湖泊类型众多，但根据沉积物在湖泊内的位置和湖水深度两个基本条件，采用浪基面、枯水面和洪水面进行界定，可将湖泊沉积划分出滨岸、浅湖、深湖三个基本亚相，在湖泊内部又可以发育三角洲、扇三角洲、辫状河三角洲、近岸水下扇、湖底扇、风暴沉积等多种类型的砂体，沉积特征复杂。

表 6-13　湖泊相特点

沉积	和湖的大小、形状、盐度和深度有关，浅水主要为波浪和风暴流，深水主要为浊流和底流，生物和化学沉淀较为常见；较大的气候变化控制着湖泊沉积
亚相	滨湖亚相（洪水岸线至枯水岸线之间）、浅湖亚相（枯水岸线至正常浪基面之间）、半深湖亚相（正常浪基面至风暴浪基面之下）、深湖亚相（风暴浪基面以下）
类型	永久性湖泊和短暂性湖泊；咸水湖和淡水湖；分层的和未分层的
岩性	变化很大：砾岩、砂岩、泥岩、石灰岩（鲕粒灰岩、微晶灰岩、生物碎屑灰岩、微生物灰岩）、灰质泥岩、蒸发岩、白垩土、油页岩和煤等均可沉积
构造	浪成沙纹、干裂、雨痕、叠层石经常在湖岸沉积中出现；风暴相关沉积构造；韵律层、脱水收缩缝经常为深水沉积，也经常夹浊流的粒序砂岩层
化石	无海相，陆相无脊椎动物化石（特别是双壳类和腹足类）；脊椎动物的足迹和骨骼；植物，特别是藻类
相序列和旋回	反映了湖平面变化随气候和构造运动的变化；经常呈现向上变浅的序列，顶部发育暴露和成土层
伴生砂体	三角洲、扇三角洲、滩坝、水下扇、重力流、风暴相等；湖相序列中也经常出现土壤层

（三）湖泊沉积野外识别

1. 岩石类型

以黏土岩、砂岩和粉砂岩为主，砾岩少见且仅分布于具陡崖的滨湖地区。砂岩一般比海相成因复杂，各种类型都有出现，成分成熟度相对较低，但与河流沉积相比，其矿物成熟度高，石英含量可达 70%以上。

黏土岩在碎屑湖泊沉积中广泛分布，且由湖岸向中心增多。形成于较深水还原环境的湖相黏土岩常含丰富的有机质，成为良好的生油岩系。碎屑湖泊沉积中也可出现类型多样的化学岩和生物化学岩，如石灰岩、泥灰岩、硅藻土、油页岩等，其沉积厚度及分布范围较为局限。

2. 沉积构造

层理类型多样，深湖地区细粒沉积中多发育水平层理，在滨浅湖地区可发育各种类型的交错层理。由于湖泊的范围有限，浪基面深度小，湖泊广大地区多处于浪基面以下，故黏土岩多发育水平层理，有时为块状层理。在近岸地区可见大型交错层理、浪成沙纹交错层理等。深水部位也可见各种重力流沉积构造或风暴成因的构造，如丘状交错层理。

湖泊沉积可有较发育的波痕。以往认为对称波痕是湖泊与河流相区别的一种标志，但据 Picard 等的研究，波痕的对称性并非湖泊所特有。而且湖泊亦发育不对称波痕，但其波峰的走向绝大多数与滨岸平行，不对称波痕的陡坡向岸方向倾斜。泥裂、雨痕、搅混构造亦较常见。

3. 生物化石

生物化石丰富是碎屑湖泊沉积的重要特征。常见生物种类为介形虫、瓣鳃类、腹足类等，藻类也是湖泊中较常发育的生物。轮藻为淡水环境所特有，蓝绿藻、硅藻和部分绿藻也是常见的类型，其中蓝绿藻与海相见到的呈叠层状构造不同，常呈树枝状或分离的结核团块状构造，红藻在湖相中未曾见到过。此外，陆生植物的根、干、叶、孢子、花粉等大量出现也是湖相的重要特征，尽管海相也出现植物化石，但湖相以其种属和数量远离滨岸越来越少这种梯度变化来加以鉴别。

4. 垂向沉积特征

碎屑湖泊沉积多出现由深湖—滨浅湖的下细上粗的反旋回层序，以此区别于下粗上细的间断性正旋回的河流相沉积。从其沉积构造特征上来讲，以小型沙纹或浪成交错层理为主，粒度以粗细砂为主，沉积层的厚度较为稳定。

5. 分布范围与沉积厚度

湖泊相沉积的分布范围比河流相大，比海相小，相带、岩性和厚度大致呈环带状分布，而且岩性和厚度横向变化比河流相稳定，但稳定程度比海相差。

图 6-27 湖泊沉积野外特征

(a) 砂质坝，反韵律，中砂岩向上过渡为粗砂岩，发育平行层理；
(b) 波丘状交错层理，风暴沉积典型构造；(c) 反旋回障壁坝与滨岸沉积；(d) 半深湖—深湖泥页岩

（四）湖泊沉积模式

理想的湖泊沉积模式在平面上呈环带状分布，从边缘到中心沉积物粒度由粗变细，各相带不一定连续，且分布多不规则，理想的分布序列为：湖滩砾石外带—砂质沉积带—粉砂质、泥灰质沉积内带—湖中心软泥沉积带（图 6-28）。这个理想的模式与湖水的水动力条件变化是大体一致的，即波浪带—浪基面上带—浪基面下带。但实际上湖泊沉积要复杂的很多。在湖盆边缘地区可发育三角洲砂体；深湖地区可发育粗粒浊流沉积，通常表现出陡岸为砾、缓岸为砂、弯者为泥。因此，在研究湖泊沉积时，要注意多种砂体类型的发育。

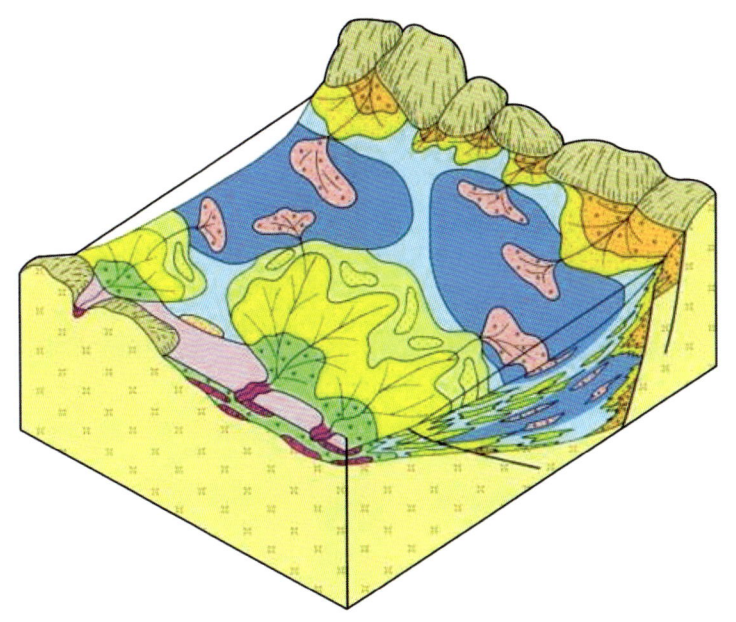

图 6-28 湖泊相沉积模式

五、滨—浅海相

滨海一般是指平均浪基面以上至最高浪潮面之间的地带,或者说是正常浪基面(一般在水深 20m 左右)以上的滨海地区,又称海岸带。滨海带呈带状围绕大陆或岛屿边缘连续展布,其宽度受海岸坡度、波浪强度、潮差大小等因素的控制。基本地质特征表现在:深度范围、宽度大小、沉积特点、环境特征四个方面。根据有无障壁可分为有障壁海岸环境和无障壁海岸环境两种。

(一) 无障壁海岸

无障壁海岸范围从海岸线到正常浪基面之间,受波浪流和潮汐流作用明显,与海洋连通性好,之间没有被障壁岛(沙坝、生物礁等)分隔开来。按海岸地貌特征、水动力状况、沉积物特征等因素,从大陆向海洋方向可将滨岸相划分出滨岸沙丘、后滨、前滨、临滨、远滨(滨外)5 个亚相(表 6-14)。

表 6-14　无障壁海岸各亚相识别标志

亚相	微相	主要营力	发育位置	沉积物	沉积构造
滨岸沙丘	滨岸沙丘	风力	最大风暴浪之上	细—中粒、缺泥、成熟度高、成分单一，以石英为主，含重矿物	大型高角度交错层理，层系厚、角度陡
	海滩沙脊		最大高潮线附近	粗砂、砾石、生物碎屑	平行层理、冲刷面、交错层理
后滨	风成沙丘	风暴浪	沙丘与平均高潮线之间	中细粒砂，常见介壳层	水平层理、多角度交错层理
前滨	海滩	冲浪	平均高潮面至平均低潮面之间	较粗，发育砂质滩或砾石滩，结构成熟度高	冲洗交错层理、冲刷构造
临滨	沿岸沙坝	升浪、破浪、碎浪	平均低潮面至浪基面之间	总体沉积物较粗，其中碎浪带沉积物最粗，升浪带最细	低角度楔状或板状交错层理、水平层理、浪成沙纹
远滨	滨外沙坝	风暴浪、涨浪及重力流	浪基面以下	细粒，可见风暴岩或生物介壳层	水平层理、丘状交错层理、复合层理

1. **无障壁海岸野外识别**

（1）岩性：砂质较纯，成熟度高，石英等稳定组分含量高，重矿物富集。

（2）结构：结构成熟度和成分成熟度均较高，分选、磨圆均较好。

（3）构造：临滨带槽状和板状交错层理发育，下部可见水平层理和生物潜穴，前滨带则以大型冲洗交错层理为标志，沿层理面发育各种浪成波痕、剥离线理等。

（4）化石：可见大量的海相生物化石及其碎片，尤其是介壳类生物，在滨线一带，受波浪冲洗影响，容易形成薄的介壳层。

（5）垂向序列：进积型为主，呈现出下细上粗的反旋回（图6-29）。

（6）形态：剖面表现出下平上凸的透镜状或席状。

2. **无障壁海岸沉积模式**

在海岸发展的过程中，随着海进海退的发生，可形成进积型和

图6-29 无障壁海岸沉积序列(据Stow,2009)

(a)前滨至潟湖沉积序列,厚1.5m,底部低角度冲刷侵蚀,向上过渡为平行的薄层砂岩,顶部高度生物扰动沉积单元,拍摄于西班牙东南部Sorbas盆地中新统;(b)滨外泥岩至前滨泥质砂岩序列,厚7.5m,可见带状灰质结核以及强烈的生物扰动,拍摄于英格兰南部bridport

退积型的海岸垂向序列(图6-30)。在海平面相对稳定且沉积供给充足的条件下,或沉积速率超过海平面上升速率时,海滩不断向海方向加积推进,近岸沉积物依次叠置在远岸沉积物之上,构成一个自下而上逐渐变粗的沉积序列,依次出现滨外泥、下滨面、上滨面和风成沙丘或滩砂。

(二)有障壁海岸

如果在海岸地区发育障壁岛、障壁砂、生物礁等使近岸海与广海的流通与循环存在障碍,沿岸海水处于局限或半局限的状态,这

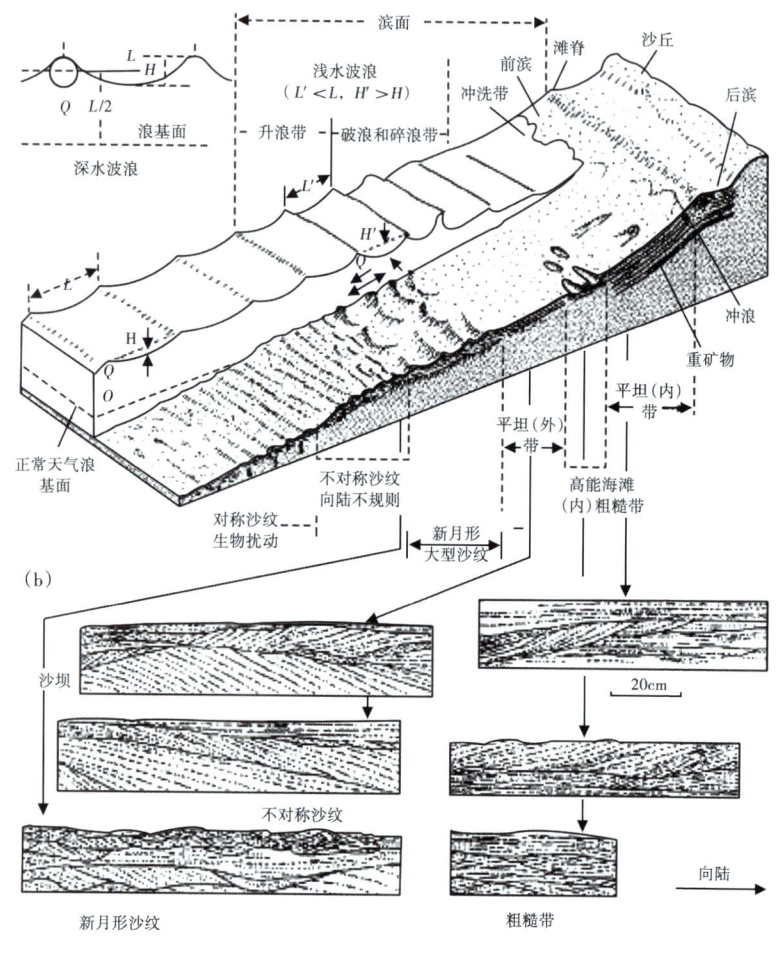

图 6-30 滨面带浅水—深水沉积模式（据 Clifton 等，1971）

就构成了有障壁海岸。障壁海岸带波浪作用较弱，潮汐作用较强，构成双向水流。障壁岛近乎平行于海岸，通过潮汐水道系统连接着潟湖、潮坪以及广海。

1. 有障壁海岸野外识别

有障壁海岸是一个复杂的沉积体系，它包括与海岸近乎平行的障壁岛、障壁岛后的潮坪和潟湖、潮汐水道系统和潮汐三角洲等，不同的体系有着不同的野外识别特征（表 6-15、图 6-31）。

表 6-15 有障壁海岸识别特征

	岩性	结构	构造	沉积序列
潮坪	主要为黏土、粉砂和砂，砾石质沉积物少见，局部可见泥砾和生物介壳；潮湿环境的泥坪中可发育泥炭沼泽沉积，干旱环境则可发育石膏等蒸发岩	由于潮水地来回冲洗，粒度一般较细，分选、磨圆较好，结构成熟度和成分成熟度较高；平面上粒度分带明显，越靠近大陆粒度越细	沙坪主要发育小型流水沙纹层理，也可见羽状交错层理及再作用面；混合坪具脉状、波状和透镜状层理，砂泥互层水平层理等；泥坪主要发育水平层理或波状纹层，干裂、雨痕虫孔等也可见	底部为潮下带的潮汐水道沉积，向上过渡为沙坪—混合坪—泥坪，构成典型的正韵律
障壁岛	中—细砂岩和粉砂岩，偶见砾石质沉积和生物介壳层，重矿物富集	砂质纯净，分选、磨圆较好	厚层楔状、槽状交错层理，低角度板状交错层理以及不对称的波痕，局部见虫孔	无固定的韵律性，一般表现出下细上粗的反韵律
潟湖	细砂、粉砂、碳酸盐粉砂、粉砂质黏土，干旱条件下可形成石膏、岩盐等，可见铁锰结核、菱铁矿结核、鲕绿泥石等	分选、磨圆较好	交错层理不发育，以平行层理为主，波浪作用强烈时可发育浪成波痕和浪成交错层理	
潮汐水道	底部为砾石、粗砂岩等粗粒沉积物，向上过渡为中—细砂岩	分选、磨圆一般较好，成熟度较高	底部发育冲刷面；下部深潮道具大型羽状交错层理和中型槽状交错层理；上部浅潮道发育中小型槽状交错层理和平行层理	下粗上细正韵律
潮汐三角洲	粗砂岩、中砂岩、细砂岩、粉砂岩、泥岩	分选、磨圆一般	底部具双向交错层理；中部发育双向的槽状交错层理；上部发育向陆方向的交错层理、波痕等	下细上粗反韵律

2. 有障壁海岸沉积模式

障壁岛—潟湖体系的剖面结构受海平面波动、沉积盆地下沉速率和沉积物供给速率变化的影响，将出现不同的变化。在沉积物供给连续且充分、海平面稳定等条件下，整个相带向海推进，形成海进型或海退型沉积序列，有时还可出现潟湖相超覆在障壁岛之上的

图 6-31 浅海潮汐碎屑沉积序列（据 Stow, 2009）
透镜状潮汐水道砂岩切入薄层粉砂—泥岩之中，虚线代表了
潮汐水道充填的底部；拍摄于智利中西部 Los Molles

沉积序列。在障壁岛—潟湖沉积体系不同部位，剖面结构有所不同且沉积序列也存在差异（图 6-32、图 6-33）。

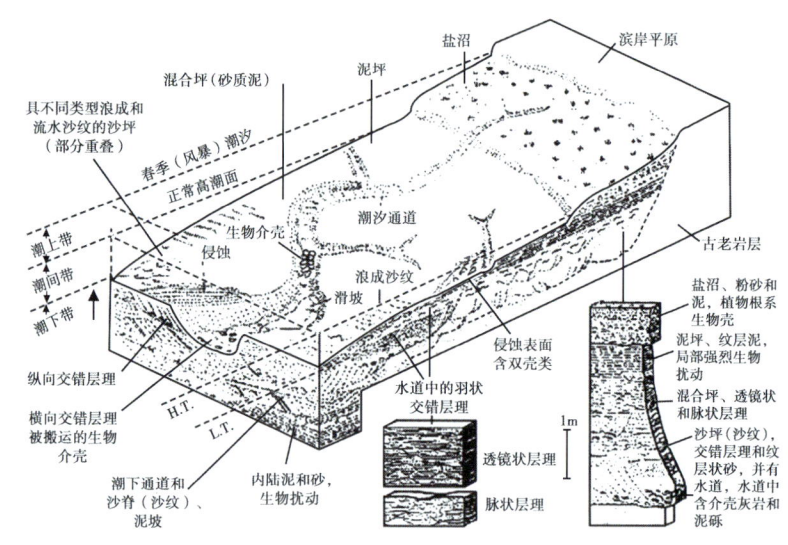

图 6-32 碎屑型潮坪沉积模式图
（据 V. Straaten, 1954; Klein, 1970; Ginsburg, 1975）

(三) 浅海陆棚

陆棚又称大陆架,位于正常浪基面之下,大陆斜坡之上的平缓宽阔的浅海区。浅海沉积可分为碎屑物质、生物介屑、火山碎屑和自生矿物等,以碎屑沉积为主。其中,泥质沉积主要来自河流的细粒悬浮物质,砂质沉积则受多种因素共同影响(图 6-34、表 6-16)。

表 6-16 滨—浅海碎屑岩相一般特点

沉积	很多沉积相和微相,包括潮坪、海滩、障壁岛、潟湖、滨岸和陆架;波浪、潮汐和风暴流是最主要的作用
岩性	砂岩(成分成熟度很高,可见石英净砂岩)、泥质砂岩、砂质泥岩、泥岩、石灰岩,可见薄层砾岩,砂岩中可能会含海绿石
结构	结构成熟度很高
构造	砂岩:交错层理,可见青鱼骨刺交错层理,再作用面,水平层理(沙滩上截切的低角度层系),浪成沙纹和流水沙纹,波状、透镜状交错层理,潮汐作用的束状交错层理;风暴沉积的 HCS 和 SCS,风暴刚开始时的薄层粒序砂岩 泥岩:可能含有黄铁矿结核,通常还会有生物扰动和很多遗迹化石,后者可以反映局部水动能和深度
化石	海相动物群的差异和盐度、动荡程度和基底等有关
古流向	可变化的:平行海岸线到垂直于海岸线,单峰、双峰或多峰
几何形态	障壁和沙滩为线性砂体;广阔的台地为席状砂
相序列和旋回	变化很大程度上依赖于具体环境和海平面变化历史(上升或下降);海岸线的前积为向上变粗和向上变细
相组合	石灰岩、铁矿和磷酸盐可能出现在浅海碎屑岩相中

1. 浅海陆棚野外识别

1)岩性

以粉砂岩、泥质粉砂岩和泥岩为主,粒度较细,也可发育化学岩。海绿石、鲕绿泥石、磷灰石等自生矿物是野外鉴定浅海相的重要标志。分选、磨圆较好,成熟度高。透镜状的细砂和粉砂质通常为风暴期形成的,因此又称"风暴砂层"。砂质与泥质沉积物常呈互层状、夹层产出。

2)形态

席状、面状、板状,单层延伸远,中薄层。

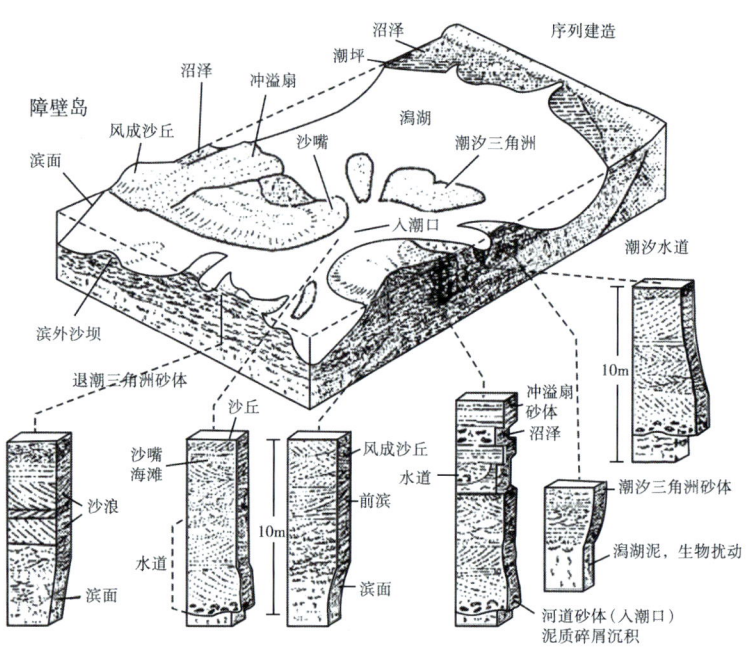

图 6-33 障壁岛—潟湖体系沉积模式图（据 Reinson，1984）

图 6-34 浅海至潟湖序列（据 Stow，2009）
岩性从石灰岩过渡到泥灰岩、泥岩；拍摄于英格兰南部

3）构造

沙纹层理、水平层理、中小型交错层理、波痕、丘状交错层理等，也可出现粒序层理、冲刷面等。发育水平虫孔，生物遗迹丰富。

4）生物化石

各种海相生物化石，尤其是底栖窄盐度广海生物，如海百合碎片、珊瑚、有孔虫、牙形石等。

5）垂向序列

海侵时粒度向上变细，单层变薄的正旋回；海退时粒度向上变粗，厚度向上变厚的反旋回。

2. 浅海陆棚沉积模式

浅海陆棚沉积物搬运营力主要有四种——风暴流、波浪流、潮汐流、洋流，特殊情况下可出现等深流。在浅海沉积序列中，根据其能量和沉积物组成不同，可划分出砂质高能浅海、砾质高能浅海以及泥质低能浅海沉积，又可依据沉积物注入量划分出高注入盆地和低注入盆地。总体上来说，低注入盆地的垂向序列以正韵律为主，而高注入盆地则以反韵律为主。

六、半深海—深海相

半深海—深海相是指位于陆架坡折向海一侧，包括大陆坡、陆隆和深海平原在内的深水区域，其中沉积物重力流作用机制（滑坡、滑塌、碎屑流、颗粒流、浊流等）和底流是其主要的动力机制。半深海—深海相既可发育碎屑流沉积，又可发育化学沉积，本书重点介绍半深海—深海重力流沉积。

（一）重力流沉积特征

深水重力流沉积是阵发性的、瞬间的、短暂的快速沉积事件的产物，流体中含有大量悬浮质，以液化的砾、粉砂和泥质物为主体，借重力由高向低流动的块体流。根据运移的沉积物内部块体解体程度，可将重力流的块体流分为岩崩、滑坡、块体和流体四个阶段；根据重力流碎屑支撑机理，可将重力流分为碎屑流或泥石流、颗粒流、液化流和浊流，在一次块体搬运事件中，上述这些作用可能一起发生，且相互转换。

1. 液化流

整层通常为块状，向上为不太发育的平行纹层，再向上为碟状构造发育段，自下而上常表现出盘碟宽度减小、弯曲度变大的趋势。因而变形构造，尤其是碟状构造是其主要标志之一。向上碟状构造逐渐消失，变为无构造段，而在液化作用强烈时，可见泄水构造。单元层顶底界面清楚，与上下层呈突变接触，但无明显的侵蚀面，底部可具沟模。以中、细砂岩为主，成分与结构成熟度均低。

2. 碎屑流

也称泥石流，水流中含大量弥散黏土和碎屑构成的一种黏稠、涌浪式前进的黏滞流。碎屑流沉积常由粒径范围广的沉积物组成，通常呈块状，无分选，无粒序，可见直立的砾石，其顶部有时可显正粒序。碎屑流沉积既可以是水道的充填体，也可以呈席状产出（图6-35）。

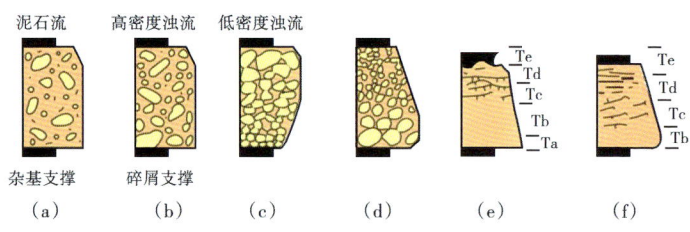

图 6-35　深水重力流沉积：碎屑流和浊流（据 Tucker，2011）
变化在几厘米到几米或者更大；Ta、Tb、Tc、Td 和 Te 段为典型的浊流鲍马序列

3. 颗粒流

颗粒流属粒状沉积的一种特例，需要极大的坡度，因此较少出现且规模不大。粒度范围包括黏土到砾石，以砂质沉积为主，底面可发育底模，内部可见下细上粗的反粒序。颗粒流沉积最显著的特征之一是发育反粒序或粗尾递变层理，但一般仅以层序中、下部为限，顶部仍常出现正粒序，撕裂砾石多见于中部最粗层段。

4. 浊流

浊积岩内部最突出的特征是递变层理，垂向为鲍马序列。经典的鲍马序列由五个层组成，构成向上变细的正粒序，体现了浊流能量逐渐降低，大颗粒率先沉积，之后小颗粒卸载的规律（图6-36）。

A 段（Ta）：底部递变层，沉积物快速沉积的结果，底部见砾石，向上发育砂质沉积，构成正粒序，厚度一般最大。底面发育充刷—充填构造和沟模、槽模等。

B 段（Tb）：下平行层理段，由中、细砂组成，发育平行层理，沿层面可见剥离线理。

C 段（Tc）：流水沙纹段，由粉砂组成，厚度较薄，发育小型流

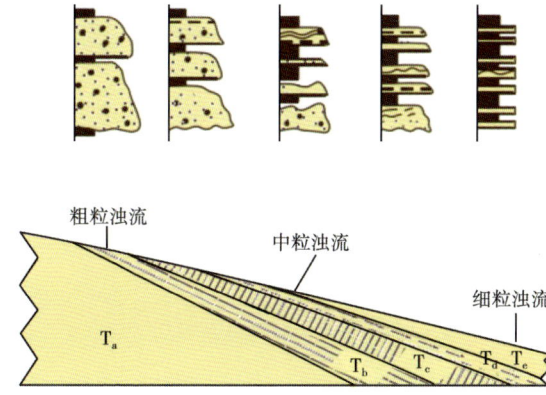

图 6-36 浊流的顺流变化模式与垂向序列（据 Tucker，2011）

水沙纹和爬升纹层，并可见包卷层理、泥岩撕裂、滑塌变形等牵引流和重力流复合作用构造。代表能量减小，由高密度浊流变为低密度浊流。

D 段（Td）：上平行层理段，由泥质粉砂、粉砂质泥组成，具连续性较差的平行层理，是悬浮质沉积物垂向卸载的结果。

E 段（Te）：块状泥岩段，可见不明显的水平纹层。

（二）重力流野外识别

（1）浅水陆源碎屑沉积与深水页岩共生或组成韵律层，其中，碎屑成分为陆源的或浅水的，可含浅水化石、植物碎屑等，但无浅水相关的沉积构造（如大型交错层理、波痕、泥裂等）；

（2）滑塌沉积以及浊积岩是识别大陆斜坡环境最主要的也是最有效的手段；

（3）滑塌沉积中可见分选、磨圆较差的混杂堆积砂砾岩，巨厚的砂泥质互层建造，与上下岩层突变接触，发育滑塌变形包卷构造、泥岩撕裂以及滑塌角砾岩、重荷模等，底面常发育高密度流动的侵蚀痕—槽模、沟模等；

（4）浊积岩常具完整或不完整的鲍马序列；

（5）岩石颜色深，反映深水缺氧的还原环境（表 6-17、图 6-37、图 6-38）。

表 6-17　深海碎屑岩相的一般野外识别特征

沉积	发生在海底斜坡、海底扇和裙带处，存在很多类型，特别是浊流、碎屑流、等深流和悬浮沉积
岩性	泥岩、灰质泥岩、砂岩（不成熟—成熟，杂砂岩）、砾岩（含砾泥岩）
结构	多样：砂岩可能会富杂积；砾岩多为杂积支撑，起源于碎屑流
构造	浊流砂岩：粒序层理（层间夹远洋沉积泥岩），可能会显示出鲍马序列，厚5~100cm；一些砂岩呈块状 平流沉积：砂质和泥质粉砂岩，顶底渐变接触，生物扰动，交错层理，厚10~30cm 远洋沉积：薄层状泥岩，并发育生物扰动构造；深海水道规模可能会很大，同样会发生滑塌、滑动和水下构造
化石	泥岩主要含有深海生物群化石；互层的砂岩可能含有浅水的化石
古流向	在浊流砂岩中流向是变化的，沿斜坡向下或沿盆地长轴方向，最好测量底痕构造
相序和旋回	浊流序列呈向上变粗和砂层向上变厚，或者向上变细、变薄

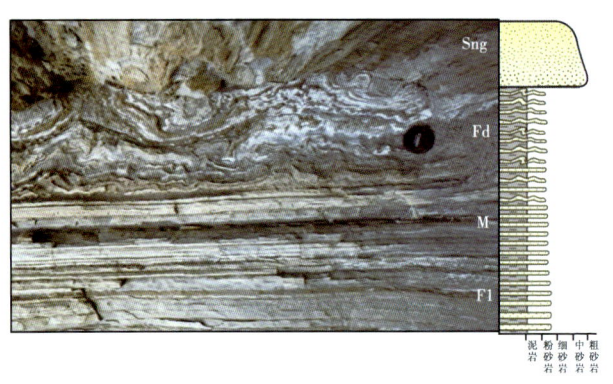

图 6-37　粉砂岩滑塌变形

底部发育水平层理，向上发育变形构造，见不明显的正粒序，为深水扇外缘
低密度浊流远端沉积；拍摄于准噶尔盆地南缘芦草沟组

（三）重力流沉积模式

　　浊流沿海底峡谷流动，穿过大陆架和大陆斜坡，在深海盆地形成朵叶状海底扇，构成半深海—深海典型的扇相模式。由于海盆和湖盆之间存在较大的差异，海盆的可容纳空间大，受海平面升降影响；湖盆可容纳空间有限，受构造沉降、气候和降水等多方面约束，

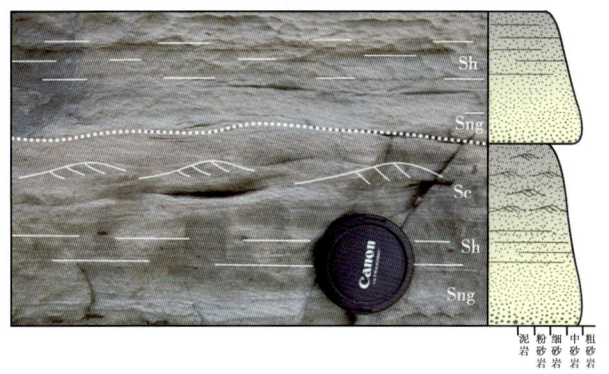

图 6-38 鲍马序列 A—B—C 段

中细砂岩，两期正粒序叠置，单期由低到顶发育粒序层理、平行层理、爬升纹层，为深水扇外缘低密度浊流；拍摄于准噶尔盆地南缘芦草沟组

因此海底扇和湖底扇在沉积特征上既具有相似性，又存在一定差异。

海底扇一般分布在谷口处，扇体位于补给水道之下，形状与大陆上的冲积扇类似，它们主要是浊流形成的泥砂质沉积物再沉积的产物，又称浊积扇。从大陆斜坡至深水盆地方向又可划分出补给水道、内扇、中扇、外扇等亚相。推进的海底扇一般为向上变厚变粗的层序，其中外扇和内扇均表现出反韵律，中扇由于发育分流水道而呈正韵律（图 6-39、图 6-40）。

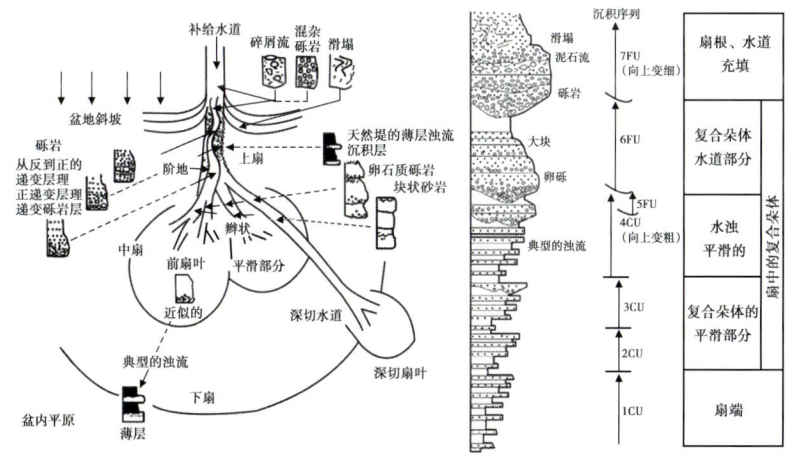

图 6-39 海底扇模式（据 Walker，1978）

图 6-40 深水厚层滑塌浊积砂岩（S）序列（据 Stow，2009）
拍摄于美国加利福尼亚州南部

第三节 露头旋回地层分析

一、概述

在一个沉积序列中，沉积岩总是组成明显的沉积单元并在一定时间内重复出现。1~10m 的薄沉积单元经常被称为沉积旋回，在层序地层学中则被称为准层序，时间跨度一般为几万年到几十万年。准层序组成层序，层序的厚度在几十米到几百米之间，时间跨度为 0.5~3Ma（图 6-41）。

图 6-41 泥岩变为砂质灰岩的米级旋回，左侧地层较新
（据 Tucker，2011）

旋回地层学可以帮助在序列间建立联系。在某些情况下，一个典型的旋回可以表现出一些特殊的特征，如化石层、具有特殊颜色的暴露风化面等，这些有助于在不同露头间建立联系。一旦对所研究地层的特征有所了解，便可以在露头上寻找这些特征。旋回中更常见的特征如宽度、相、厚度以及粒径在垂向上的变化也可以帮助在序列间建立联系。

野外露头以其客观性、真实性以及高分辨性在旋回划分与层序划分中扮演了重要的角色，它可以避免钻孔、测井及地震资料解释的主观性，还可以采取不同尺度，使用镜下、化学分析等手段，借助于古生物学、岩石地球化学、古地磁学、同位素地质学，特别是沉积学的有关理论及手段，极大地丰富其所研究的内容（图 6-42、图 6-43）。

 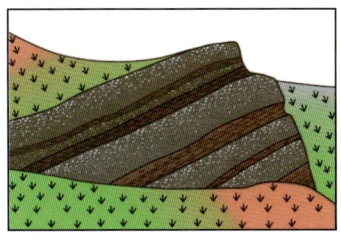

图 6-42　扇三角洲分流河道前积砂体

岩性为浅红褐色中细砂岩，局部含砾，可分为四个次级反旋回；向上砂质含量增加，砂体逐渐变厚，旋回规模变大；上部两套砂体可见较为明显的底积层、前积层和顶积层，也可见明显的流水沙纹和槽状交错层理，反映了沉积时期沉积物向湖盆推进的前积作用；拍摄于准噶尔盆地呼图壁河剖面

图 6-43　深水杂砂岩（据 Tucker, 2011）

浊流层呈向上变粗的单元，厚度 2~5m，由 5~10 次事件层组成，之间夹 0.5~1m 的泥岩；单旋回厚度向上增加，右边地层较新

二、研究方法

（一）露头各级层序界面识别

在露头上寻找有关不整合的标志，建立露头层序骨架，根据不整合面类型与规模，识别不同级别的层序界面并划分不同级别的层序，如根据不整合是岩相不整合还是构造不整合、不整合波及范围、发育时间长短、侵蚀规模大小等划分。

（二）各级层序旋回识别

在明确宏观层序格架基础及沉积体系格局基础上，根据纵向层序旋回及横向沉积相演变划分不同体系域、准层序及准层序组。不同沉积背景有着不同的划分体系域、准层序的方法；建立不同体系域、准层序组及准层序的野外沉积相模式，以进行区域对比。同时还可以在野外露头上肉眼观察地层纵向旋回性，初步建立宏观地层格架。

（三）露头平面层序地层研究

条件允许下，尽可能多的观察露头剖面，然后进行区域性不同级别层序相互间的对比研究，从而建立区域性层序地层预测模型（表6-18）。

表6-18 米级旋回/准层序野外研究方法

A 旋回/准层序边界
旋回顶部常出现暴露标志（古岩溶、坑槽、古土壤、根系、煤、潮上蒸发岩层、晶簇、滑塌角砾岩），因此确定旋回边界的最好方法就是寻找暴露标志；
如果没有沉积暴露，则寻找沉积间断（强烈的生物扰动、介壳化石和洞穴组成的硬壳）或在旋回底部寻找洪泛证据（页岩、磷灰石、海绿石、滞留沉积、改造的砾石和化石）
B 旋回/准层序内部构造
寻找向上岩性变化（石灰岩变为白云岩或石膏，灰质泥岩变为碎屑岩，泥岩变为砂岩）；
寻找向上粒度的变化（向上变粗或向上变细）；
寻找向上层厚度的变化（层厚度向上变薄或向上变厚）
C 旋回/准层序叠加样式
旋回垂向厚度的变化（旋回是更厚或更薄）；
旋回顶部的暴露程度（在旋回叠加上是增加还是减弱）；
准层序组内的沉积相（较长时间内是变深还是变浅）

三、露头选择

进行层序地层学研究的露头的选择需要基于以下标准：沉积类型的特征明显、露头剖面相带的齐全、地质现象丰富、所选的类型与经典案例或油田资料具有较好的可比性、交通条件尽量方便。

选择典型的大剖面进行沉积学写实并绘制垂向层序剖面图，以正确表现和客观描述沉积体系内部各种成因相的结构与物质组成以及成因相的空间配置格架，从而为总结沉积体系模式奠定基础。具体表现方式包括：

（1）用素描和提取的办法直接进行大剖面写实。

（2）用照片镶嵌法将露头剖面真实地体现，然后对照照片进行沉积学解释。

（3）在露头上选取若干个点，建立每个点的垂直剖面，然后进行对比，以达到写实并反映各类界面和研究目标的内部构成和分布特征的目的。

（4）在露头上钻井并测井，根据测井剖面进行对比。

（5）野外露头取样，通常采用三种方式：规则的线性取样，即在剖面上按照一定的间距布置取样线；均匀取样，即横向与垂向取样的间距相等或接近；随机取样。

四、界面识别

旋回界面可以是很明显的层面，在多数情况下，旋回界面是一个暴露面，例如古土壤、煤层底板或根土岩、古岩溶面、干燥的微生物层或者窗格状的灰质泥岩层，也可以是剧烈的冲刷界面。一些旋回的顶部界面并没有暴露，但是有向上变浅的证据，并且可能会有强烈的生物扰动构造、发育有硬结壳或者富含有机质的沉积层等无沉积的记录。层面的变化经常反映了旋回界面的变化。旋回的底部经常是洪泛面，可能会存在经过改造的薄层砾岩（滞留沉积）等侵蚀冲刷的证据。可能存在薄层泥岩，体现了初始海泛之前的深水环境（图6-44）。

（一）不整合面以及相关的整合面

不整合面是一个分开较新与较老地层的物理界面，沿着该界面

图 6-44 层序界面的砾岩层

变黑的砾岩是暴露风化的结果；拍摄于准噶尔盆地南缘呼图壁河剖面

存在重大沉积间断性质的陆上侵蚀削截面或暴露面。野外识别不整合面标志包括（表6-19）：

（1）古风化暴露面；（2）河流冲刷面；（3）台地冲蚀的水道沉积；（4）斜坡砾屑岩；（5）溶洞滑塌岩；（6）鸟眼构造、窗孔构造带；（7）岩相转换面；（8）火山事件作用面；（9）下切谷。

表6-19 沉积地质体特征与野外识别标志

地质体	识别标志
古风化暴露面	包括古土壤层与植物根系；古暴露面上风化壳是很好的不整合标志，以钙质风化壳最为常见，其次是铁质、铝质和硅质风化壳
河床滞留沉积	滞留在河床底部的不连续透镜体的砾石等粗碎屑沉积物，代表了河流的强烈侵蚀作用，底部常具明显的冲刷面，是旋回界面与层序界面的标志
风暴岩	强大的风暴浪在湖泊/海洋等地域形成的风暴岩沉积；界面之上常发育砂质风暴岩，代表了发生大规模水进
岩性、岩相标志	岩性和岩相在垂向上的缺失、突变以及底砾岩的出现
凝缩段	代表了最大洪泛面，以深色泥页岩为主，水体安静，底栖生物发育
煤层	一些学者认为，广泛发育的煤层可以作为旋回界面与层序界面的一种类型，因为泥炭的堆积只能发生在重要的碎屑沉积缺乏时以及特定的构造和古气候条件下

(二) 海泛面

海泛面又可分为首次海泛面、最大海泛面、主要海泛面。首次海泛面指海平面由低位状态上升并初次跨越陆架坡折的海泛面。当海泛继续并达到一个层序的最大海进期时，称为最大海泛面，这时海侵范围最广，以厚层深色泥页岩为主，水体安静，底栖生物发育。海泛面一般是一个整合面，下部具水体向上变深的沉积特征，上部具水体逐渐变浅的沉积特征。

第四节 综合实例分析

米级旋回的组成和变化主要取决于沉积环境。大多数浅水、滨岸、陆架、台地的旋回呈向上变浅的趋势并通过岩性、组成、粒度、化石和微相表现出来。一些旋回是通过岩性的变化表现出来的，如从泥岩—砂质灰岩的深水—浅水旋回；泥岩—砂岩的浅海—深海的碎屑岩序列；曲流河中砂岩—泥岩序列。一些米级旋回是通过垂向上的粒度变化表现出来，例如三角洲相中粒度向上变粗的旋回；海底扇中泥岩—砂岩向上变粗的旋回；曲流河中砂岩—泥岩向上变细的旋回。也有的米级旋回通过厚度的垂向变化表现出来。

一、河流环境

以准噶尔盆地南缘大龙口剖面梧桐沟组整体和局部的典型剖面解释为例（图6-45），分析其旋回地层、沉积作用与沉积条件，进而剖析该地层组的沉积相类型与沉积亚相特征。

整体向上可划分为5套正粒序沉积，反映了不断水进的过程。底部砂体为单层长条状，底部可见明显的冲刷面和滞留砾石沉积，并发育明显的植物茎干和双壳类化石，单套砂体正韵律，通过沉积序列判定为单期的曲流河道沉积，该套砂体宽度为3m，长度为35m；向上发育的砂体规模明显减少，为典型的长条状，宽度约为1~3m，厚度约2m，冲刷面特征不明显，同期沉积中河道砂体数目增多，为河道边滩的侧向加积所组成。各个侧积体之间有明显的泥质沉积，为泥岩夹层。单期砂体之间可连通也可被泛滥平原所断开；

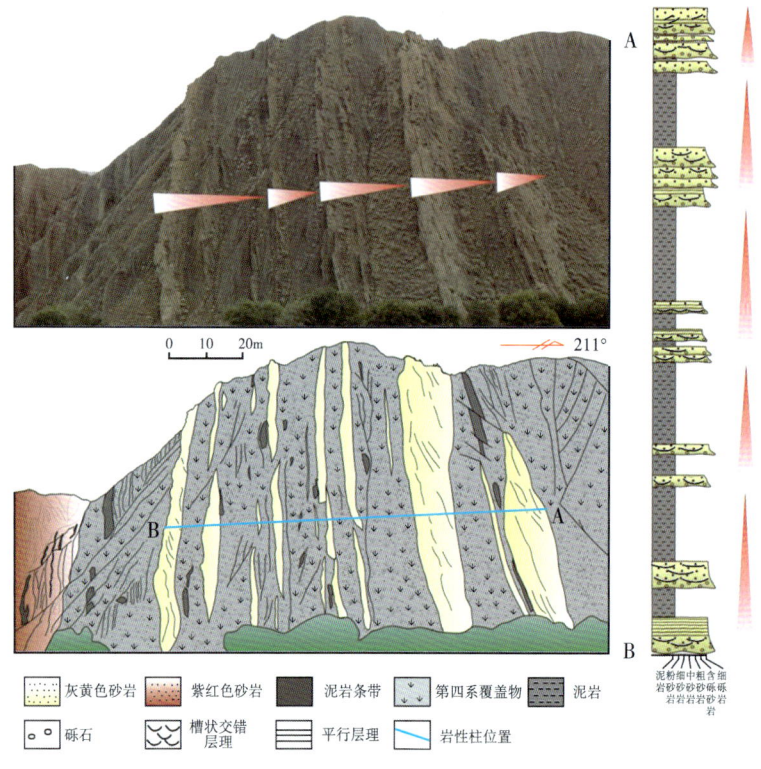

图 6-45 大龙口剖面梧桐沟组典型剖面解释

最上部两套大型砂体均为大型河道砂体，沉积规模较大，冲刷面明显，并可见两期河道砂体的叠加，厚度约为 6m，长度延伸至整个剖面。

二、滨岸环境

选取准噶尔盆地南缘大龙口剖面克拉玛依组典型剖面进行砂体精细解剖（图 6-46），整体剖面可分为 5 套砂体，呈灰色、灰绿色，砂体厚度中等—较厚，粒度中等，以中砂岩、砂岩为主，砂体内可见槽状交错层理、板状交错层理及平行层理，此外还可见少量小型沙纹层理。剖面灰黑色泥岩、泥质粉砂岩及碳质泥岩较为发育，其中可见植物碎屑分布，推测为滨岸环境沉积。

由垂向沉积序列分析可得，剖面上以泥包砂为特征，砂体主要以中砂岩为主，分选、磨圆中等，剖面上整体为向上变细的正粒序，层理类型主要以板状交错层理、槽状交错层理及平行层理为主，具有典型的曲流河沉积特点，此外小型纹层也较为发育。沉积序列上可以看出，剖面中沉积物粒度整体较细，且多为灰黑色的碳质泥岩，并可见植物化石分布。

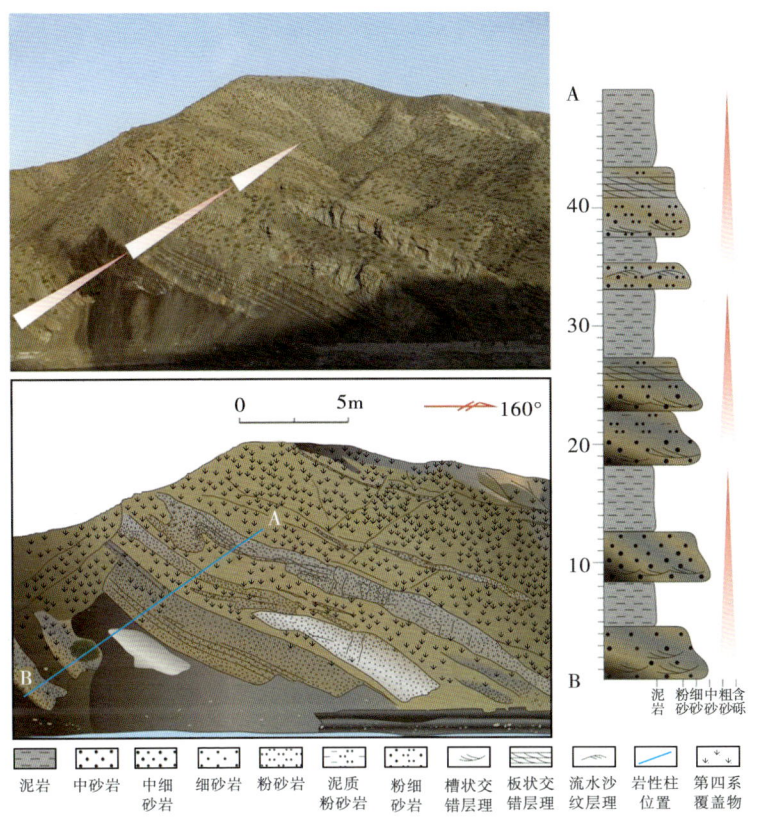

图 6-46　大龙口剖面克拉玛依组典型剖面解释

通过剖面精细解剖可以看出，大龙口剖面克拉玛依组沉积物颗粒中等偏细，沉积构造主要为槽状交错层理、板状交错层理及平行层理相互叠置发育，表明了一种曲流河沉积环境。此外，在河道砂体两侧还可见还原环境中形成的大套灰黑色碳质泥岩，为滨岸平原沉积环境产物。

— 273 —

三、三角洲环境

分别选取准噶尔盆地南缘八道湾组下部、中部和上部的典型剖面，对其进行沉积特征解释。

八道湾组下部（图6-47）的剖面以灰黄色和浅灰色砂砾岩为主，粒度较粗，分选、磨圆均较差，发育不明显槽状交错层理。剖面底部和上部发育深色泥岩和薄煤层，推测为扇三角洲平原泛滥平原沉积。该剖面的主要岩相类型为块状层理砾岩相（Gm）、槽状层理砾岩相（Gt）和片泛沉积砂岩相（Ss），少见平行层理砂岩相（Sh）。整个剖面除上下为细粒泥岩或煤层沉积之外，中部均为水道沉积。以水道底部大型冲刷面及其滞留沉积为识别依据，共识别出7期水道，每期水道的底部均为明显的、起伏不平的冲刷面，底部发育滞留砾石，单期水道均表现为正韵律，垂向上的岩相组合多为块状层理砾岩相（Gm）—槽状层理砾岩相（Gt），局部夹片泛沉积砂岩相（Ss）。结合前文的典型沉积特征和沉积相标志，综合分析为水进型扇三角洲扇根多期水道沉积，水道稳定性差，频繁切割、叠置。

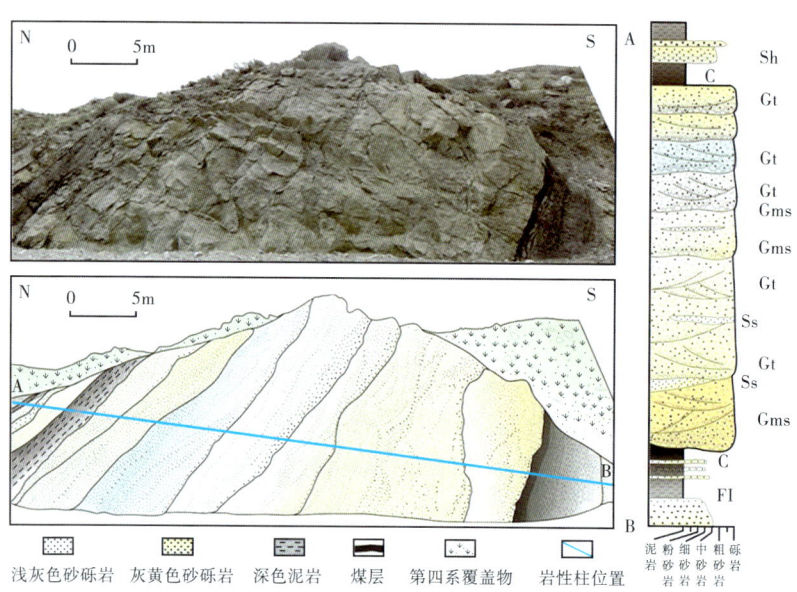

图6-47 八道湾组下部（扇根）典型剖面解释

八道湾组中部的剖面以灰黄色和灰绿色砾岩为主,但是灰绿色泥岩厚度发育规模变大。岩相类型主要为槽状交错层理砾岩相(Gt)和泥岩相(M)。单套砾岩底部仍然可见冲刷现象,并且其剖面形态为明显的顶平底凹,属于典型的水道沉积,但是水道发育规模(无论垂向厚度还是横向延伸范围)明显小于下部典型剖面。常出现多期水道多层式或多边侧向叠置。水道上部保留部分细粒泥岩沉积,综合分析为扇三角洲扇中辫状水道沉积(图6-48)。该剖面中,依据泥岩隔夹层的数量,可大致识别出5期水道砂体,由下向上,第1期水道孤立分布,第2、第3、第4、第5期水道规模较大,可粗略视为垂向叠置的水道砂体复合体,但是各单期水道之间存在泥质或

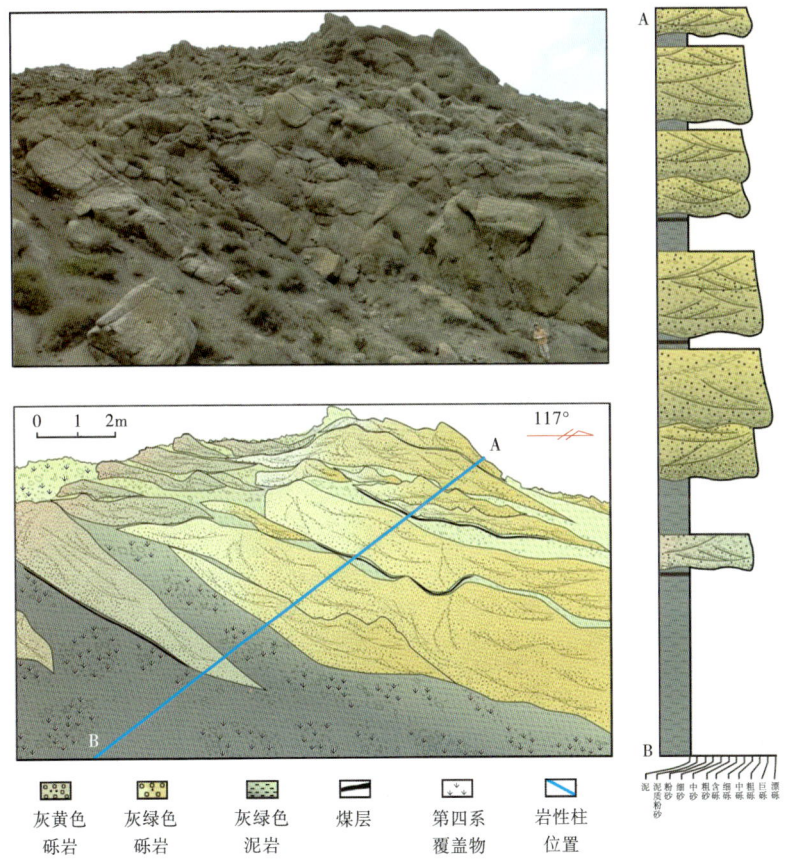

图6-48 八道湾组中部(扇中)典型剖面解释

细粒隔夹层。由此说明，即便是距离物源很近的扇三角洲扇中辫流水道沉积，也并非纯粹的砂砾岩，其中也存在细粒隔夹层。

与下部和中部剖面相比，八道湾组上部剖面的沉积物粒度明显变细，以灰黄色泥岩为主，局部夹灰绿色中细砂岩。整体表现为泥多砂少。砂体多呈板状，底部和顶部均十分平坦。砂岩中局部发育水平层理、流水沙纹层理、浪成沙纹层理。泥岩颜色（黄绿色）指示为半氧化—半还原沉积环境，为典型扇三角洲扇端沉积，其沉积物受波浪和流水的共同作用，滨浅湖（半还原环境）的泥岩与薄层席状砂岩互层产出（图6-49）。

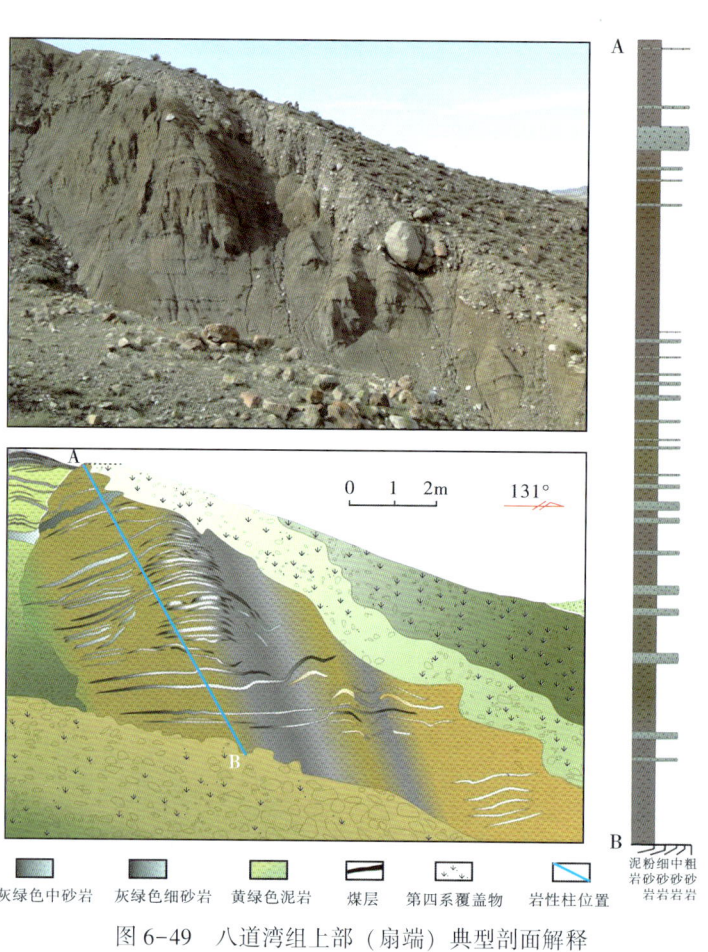

图6-49 八道湾组上部（扇端）典型剖面解释

参 考 文 献

《沉积构造与环境解释》编著组.1984.沉积构造与环境解释［M］.北京：科学出版社.

《区域地质调查野外工作方法》编著组.1979.区域地质调查野外工作方法［M］.北京：地质出版社.

蔡观强,郭锋,刘显太,等.2006.碎屑沉积物地球化学：物源属性、构造环境和影响因素［J］.地球与环境,（04）：75-83.

陈景山,陈昌明.1981.三角洲沉积与油气勘探［M］.北京：石油工业出版社.

程立雪,陈洪德,郭垚.2014.川东北元坝地区下侏罗统珍珠冲段扇三角洲沉积相与储层特征［J］.成都理工大学学报（自然科学版）,（03）：283-292.

段其发,张开明,黄照先,等.2000.海南阳江盆地北部始新世地层［J］.华南地质与矿产,（01）：24-28.

丁海峰,马东升,姚春彦,等.2009.新疆果子沟埃迪科拉纪冰碛岩沉积环境［J］.科学通报,（23）：3726-3737.

冯烁,田继军,孙铭赫,等.2015.准噶尔盆地南缘芦草沟组沉积演化及其对油页岩分布的控制［J］.西安科技大学学报,（04）：436-443.

高建,马德胜,侯加根,等.2011.洪积扇砂砾岩储层岩石相渗流特征及剩余油分布规律［J］.地质科技情报,（05）：49-53.

高智梁,康永尚,刘人和,等.2011.准噶尔盆地南缘芦草沟组油页岩地质特征及主控因素［J］.新疆地质,（02）：189-193.

古莉,于兴河,万玉金,等.2004.冲积扇相储层沉积微相分析——以吐哈盆地鄯勒油气田第三系气藏为例［J］.天然气地球科学,（01）：82-86.

黄锡强,覃洪峰,梁国科,等.2015.广西融水地区榴江—五指山组地层及沉积环境分析［J］.南方国土资源,（08）：31-33,37.

韩丛发,张振文,等.2007.地质制图与识图［M］.徐州：中国矿业大学出版社.

何登发,翟光明,况军,等.2005.准噶尔盆地古隆起的分布与基本特征［J］.地质科学,（02）：248-261.

纪友亮,张世奇.1998.层序地层学原理及成因机制模式［M］.北京：地质出版社.

况军,邵雨,于兴河,等.2014.准噶尔盆地南缘侏罗系地质剖面图集［M］.北京：石油工业出版社.

李林,曲永强,孟庆任,等.2011.重力流沉积：理论研究与野外识别［J］.沉积学报,29（04）：677-688.

李学义,王兵,于兴河,等.2017.准噶尔盆地典型野外地质露头踏勘指南

[M]．北京：石油工业出版社．

林建平，赵国春，程捷，等．2005．北戴河地质认识实习指导书［M］．北京：地质出版社．

刘宝珺，曾允孚．1985．岩相古地理基础和工作方法［M］．北京：地质出版社．

罗超，杨菊，陈伟，等．2010．准噶尔盆地南缘中段古近系—新近系沉积特征及沉积相类型［J］．重庆科技学院学报（自然科学版），（01）：23-26．

马锋，钟建华，段宏亮．2006．柴达木盆地西部阿尔金山前中生界浊积岩特征及意义［J］．地质论评，（05）：618-623．

齐雪峰，何云生，赵亮，等．2013．新疆三塘湖盆地二叠系芦草沟组古生态环境［J］．新疆石油地质，（06）：623-626．

秦黎明，张枝焕，朱雷，等．2011．准噶尔盆地南缘中二叠统烃源岩封闭体系生烃热模拟实验分析［J］．天然气地球科学，（05）：860-865．

师庆民，冯乐，窦鲁星，等．2013．基于驻波理论解释丘状交错层理——以徐州地区贾园组风暴沉积为例［J］．沉积学报，31（06）：1008-1013．

宋振亚，赵霞飞，赵永胜，等．1994．准噶尔盆地南缘上二叠统芦草沟组和红雁池组层序地层学初析［J］．成都理工学院学报，（03）：112-120．

苏春乾，杨兴科，崔建军，等．2006．西天山东段天格尔峰—艾维尔沟一带泥盆—二叠纪地层的厘定及地质意义［J］．中国地质，（03）：516-528．

孙国智，柳益群．2009．新疆博格达山隆升时间初步分析［J］．沉积学报，（03）：487-493．

孙文军，赵淑娟，李三忠，等．2014．准噶尔盆地东部中生代构造迁移规律［J］．大地构造与成矿学，（01）：52-61．

单新，于兴河，李胜利，等．2014．准南水磨沟侏罗系喀拉扎组冲积扇沉积模式［J］．中国矿业大学学报，（02）：262-270．

谭成仟，宋子齐，吴少波．2001．克拉玛依油田八区克上组砾岩油藏岩石物理相研究［J］．石油勘探与开发，（05）：82-84．

谭程鹏，于兴河，李胜利，等．2014．辫状河—曲流河转换模式探讨：以准噶尔盆地南缘头屯河组露头为例［J］．沉积学报，32（03）：450-480．

王成云，匡立春，高岗，等．2014．吉木萨尔凹陷芦草沟组泥质岩类生烃潜力差异性分析［J］．沉积学报，（02）：385-390．

王丹，何幼斌，张磊，等．2008．判断大地构造环境的沉积学方法［J］．石油天然气学报，（02）：206-210．

王东营，汤达祯，苟明福，等．2007．准噶尔南缘阜康地区芦草沟组油页岩地质特征［J］．中国石油勘探，（06）：18-22．

王剑，谭富文，付修根，等．2015．沉积岩工作方法［M］．北京：地质出版社．

王勇，钟建华，王志坤，等．2007．柴达木盆地西北缘现代冲积扇沉积特征及石油地质意义［J］. 地质论评,（06）：791-796.

肖子洋, 黄传炎, 谢通, 等. 2016. 砂质碎屑流典型特征及识别标志［J］. 特种油气藏,（02）：45-49.

校佩曦, 黄玉华, 王育习, 等. 2006. 新疆北山南部地区石炭-二叠纪岩石地层单位厘定及沉积环境分析［J］. 西北地质,（01）：76-82.

谢俊, 张金亮, 梁会珍, 等. 2008. 塔里木盆地志留系柯坪塔格组沉积相与沉积模式研究［J］. 西安石油大学学报（自然科学版）,（02）：1-5.

徐亚军, 杜远生, 杨江海. 2007. 沉积物物源分析研究进展［J］. 地质科技情报,（03）：26-32.

徐耀辉, 文志刚, 唐友军. 2007. 准噶尔盆地南缘上二叠统烃源岩评价［J］. 石油天然气学报,（03）：20-22.

闫义, 林舸, 王岳军, 等. 2002. 盆地陆源碎屑沉积物对源区构造背景的指示意义［J］. 地球科学进展,（01）：85-90.

杨颖, 周立发, 白斌, 等. 2013. 准噶尔盆地南缘小泉沟群沉积物源特征及构造—环境分析［J］. 石油天然气学报,（02）：16-19.

杨振恒, 李志明, 王果寿, 等. 2010. 北美典型页岩气藏岩石学特征、沉积环境和沉积模式及启示［J］. 地质科技情报,（06）：59-65.

于兴河, 瞿建华, 谭程鹏, 等. 2014. 玛湖凹陷百口泉组扇三角洲砾岩岩相及成因模式［J］. 新疆石油地质,（06）：619-627.

于兴河. 2008. 碎屑岩系油气储层沉积学［M］. 北京：石油工业出版社.

张驰, 于兴河, 李顺利, 等. 2017. 准噶尔盆地南缘井井子沟组露头沉积特征及模式［J］. 新疆石油地质, 38（05）：544-552.

张传恒, 刘典波, 张传林, 等. 2005. 新疆博格达山初始隆升时间的地层学标定［J］. 地学前缘,（01）：294-302.

张金伟, 王军, 吴明荣. 2008. 利用地震前积反射特征确定古水流方向的沉积几何方法［J］. 油气地质与采收率,（05）：53-55.

张洲, 周敏. 2008. 河流沉积层理的水动力分析［J］. 科技情报开发与经济,（10）：136-137.

赵灿, 陈孝红, 李旭兵, 等. 2013. 峡东地区埃迪卡拉系灯影组风暴岩的发现及其环境意义［J］. 地质学报, 87（12）：1901-1912.

钟建华, 梁刚. 2009. 沉积构造的研究现状及发展趋势［J］. 地质论评,（06）：831-839.

Allen J R L. 1970. Sediments of the modern Niger Delta∥J P Morgan. Deltaic sedimentation modern and ancient：Sic. Econ. Palontol. And Mineral［J］. Spec. Publ. 15：138-151.

Angela L. Coe, et. al. 2011. Geological Field Techniques［M］. New Jersey：Wiley-

Blackwell.

Ashton Embry 著，邓宏文，肖毅等译. 2012. 实用层序地层学［M］. 北京：石油工业出版社.

Bluck B J. 1967. Deposition of some upper Old Red Sandstone conglomerates in the Clyde area: a study in the significance of bedding: Scottish Jour［J］. Geology, 3 (2): 139-167.

Bouma A H, Kuenen P H, Shepard F P. 1962. Sedimentology of some flysch deposits: a graphic approach to facies interpretation［M］. Elsevier Amsterdam.

Cant D J, Walker R G. 1978. Fluvial processes and facies sequences in the sandy braided South Saskatchewan River, Canada［J］. Sedimentology, 25 (5): 625-648.

Clifton H E, Hunter R E Phillips R L. 1971. Depositional structures and processes in the non-barred, high-energy nearshore［J］. J Sediment Petrol 41: 651-670.

Dorrik A V Stow. 2009. Sedimentary Rocks in the Field A Color Guide［M］. Pittsburgh: Academic Press.

Fisher J A, Krapf C B, Lang S C, et al. 2008. Sedimentology and architecture of the Douglas Creek terminal splay, Lake Eyre, central Australia［J］. Sedimentology, 55 (6): 1915-1930.

Galloway W E. 1976. Sediments and stratigraphic framework of the Copper River fan-delta, Alaska［J］. J. sedim. Petrol., 46, 726-737.

Ginsburg R N, Hardie L. A. 1975. Tidal and storm deposits, northen Andros Island, Bahamas［M］. // Ginsburg R N. Tidal deposits, Springer, Berlin Heidelberg New York: 201-208.

Harms J C et al. 1975. Depositional environments as interpreted from primary sedimentary structures and stratification sequence. Dallas Texas: S. EP. M. short course No. 2.

Harms J C et al. 1975. Depositional environments as interpreted from primary sedimentary structures and stratification sequence［M］. Texas: Society of Sedimentary.

Klein G V. 1972a. A sedimentary model for determining Plaeotidal range［J］. Geol. Soc. Am. Bull, 82: 2585-2592.

Klein G V. 1970b. Depositional and dispersal dynamics of intertidal sand bars: Jour［J］. Sedimentary Petrology, 40: 1095-1127.

Klein, Ginsburg R N. 1975. Tidal deposits: a casebook of Recent examples［M］. Springer, Berlin Heidelberg New York: 428.

Komatsubara J. 2004. Fluvial architecture and sequence stratigraphy of the Eocene to Oligocene Iwaki Formation, northeast Japan: channel-fills related to the sea-level change [J]. Sedimentary Geology, 168 (1): 109-123.

Li Shunli, Yu Xinghe, Chen Bintao, et al. 2015. Quantitative characterization of Architecture elements and their response to Base-level in a sandy Braided Fluvial system at a mountain front [J]. Journal of Sedimentary Research, 85: 1258-1274.

Maurice E Tucker. 2011. Sedimentary Rocks in the Field: a practical guide [M]. New Jersey: Wiley-Blackwell.

Miall A D. 1988. Reservoir hetrerogeneities in fluvial sandstones: Lessons from outcrop studies [M]. Bull. Am. Ass. Petrol. Geol. , 72: 682-697.

Miall A D. 1985. Architectural element analysis: A new method of facies analysis applied to fluvial deposits [J]. Earth Science Reviews, 22: 261-308.

Orton G J. 1988. A spectrum of Middle Ordovician fan deltas and braid-plain deltas North Wales: a consequence of varying fluvial clastic input// W Nemec, R J Steel. Fan Deltas: Sedimentology and Tectonic Settings [J]. Blackie, London: 23-49.

Passega R. 1964. Grain size representation by C. M. patterns as a geological tool [J]. Joural of Sedimentary Petrology, 34: 830-847.

Reineck H E, Singh I B. 1973. Depositional sedimentary environments with reference to terrigenous clastics [M]. Springer-Verlag, Berlin: 439.

Reinson G E. 1984. Barrier island and associated strand plain systems [J]//Walker R G. Facies models, 2nd edn. Geosci Canada Reprint Ser 1, Geol Soc Canada: 119-140.

Richard J Lisle, Peter J Brabham, John W Barnes. 2011. Basic Geological Mapping, 5th Edition [M]. New Jersey: Wiley-Blackwell.

Smith D G. 1983. Anastomosed fluvial deposits, modern examples from Western Canada//Collinson J D, Lewin J. Modern and ancient fluvial systems [J]. c Sedimentol Spec Publ 6: 155-168.

Visher G S. 1969. Grain size distributions and deposition processes [J]. Journal of Sedimentary Petrology, 39: 1074-1106.

Walker R G. 1978. Deep-water sandstone facies and ancient submarine fans: models for exploration for stratigraphic traps [J]. Bull. Am. Ass. Petrol. Geol. , 62: 932-966.